普通高等教育"十四五"规划教材

材料科学软件应用

张骁勇　刘文婷　肖美霞　雒设计　赵文文 ◎编著

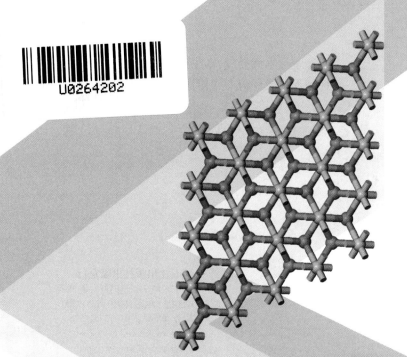

中国石化出版社

内 容 提 要

本书针对材料科学研究过程中常用的 MATLAB、Origin、Materials Studio 等软件，从基本原理、操作方法以及结果分析等展开详细论述，使读者可以尽快了解并掌握相关软件的原理及操作。同时，引入材料科学研究过程中的典型实例，促进学科交叉融合，体现学科研究和应用的前沿性，培养学生利用计算机解决实际问题的能力。

本书可作为高等院校材料专业学生的参考用书，也可供相关科研人员及工程技术人员使用。

图书在版编目(CIP)数据

材料科学软件应用 / 张骁勇等编著 . —北京：
中国石化出版社,2022.4
普通高等教育"十四五"规划教材
ISBN 978-7-5114-6651-8

Ⅰ.①材… Ⅱ.①张… Ⅲ.①材料科学-应用软件-
高等学校-教材 Ⅳ.①TB3-39

中国版本图书馆 CIP 数据核字(2022)第 055745 号

未经本社书面授权,本书任何部分不得被复制、抄袭,或者以任何形式或任何方式传播。版权所有,侵权必究。

中国石化出版社出版发行

地址:北京市东城区安定门外大街 58 号
邮编:100011   电话:(010)57512500
读者服务部电话:(010)57512575
http://www.sinopec-press.com
E-mail:press@ sinopec.com
北京科信印刷有限公司印刷
全国各地新华书店经销
*
787×1092 毫米 16 开本 14 印张 340 千字
2022 年 5 月第 1 版   2022 年 5 月第 1 次印刷
定价:49.00 元

前言 PREFACE

计算机作为一种现代工具在当今世界的各个领域发挥着巨大作用，并在很大程度上促进了材料科学研究的发展。计算机在材料科学中的应用涉及内容较多，包括数学建模和数值分析处理、图像处理、材料性能计算模拟、计算机辅助设计与过程控制等。随着计算机技术的发展，开辟材料科学研究新领域的软件不断涌现，了解并掌握这些软件的原理、操作方法以及结果分析等，对材料科学的深入研究和发展至关重要。

鉴于此，作者编写了《材料科学软件应用》。全书共分 4 章，分别介绍了数学建模与数值分析软件、数据与图形图像处理软件、Materials Studio 软件以及科技文献检索。具体内容包括：数学模型基础、常用的数学模型方法、材料科学研究中常用的数值分析方法以及 MATLAB 数值分析计算；数据与图形图像处理用 Excel 软件、Origin 软件和 3ds Max 软件；Materials Studio 软件的 Castep 模块和 DMol3 模块；Internet 在材料科学信息资源检索中的应用和材料科学科技文献检索。

其中，西安石油大学张骁勇编写第 1 章第 1~3 节；雒设计编写第 1 章第 4 节；刘文婷编写第 2 章第 1~2 节、第 4 章；赵文文编写第 2 章第 3 节；肖美霞编写第 3 章。全书由张骁勇统稿。

由于计算机软件在材料科学研究中的应用非常广泛，且新方法、新应用不断出现，加之编者水平有限，如有不当之处，敬请读者批评指正。

目录 CONTENTS

第1章 数学建模与数值分析软件

1.1 数学模型基础

1.1.1 基本概念

科学的发展离不开数学，数学模型在其中又起着非常重要的作用。无论是自然科学还是社会科学的研究都离不开数学模型。数学模型有广义理解和狭义理解。按照广义理解，凡是以相应的客观原型（即实体）作为背景加以抽象的数学概念、数学式子、数学理论等都叫数学模型。按照狭义理解，反映特定问题或特定事物系统的数学符号系统叫数学模型。通常所指的数学模型是按狭义理解的，构造的目的仅在于解决具体的问题。因此数学模型是为了一定目的对客观实际进行的一种抽象模拟，它用数学符号、数学公式、程序、图表等展现客观事物的本质属性与内在联系，是对客观世界的抽象、简化而又本质的描述。

1.1.2 数学模型的分类

按照不同的分类标准，数学模型有多种分类。

（1）按照人们对实体的认识过程

按照人们对实体的认识过程，数学模型可分为描述性和解释性数学模型。

1）描述性模型

描述性模型是从特殊到一般，从分析具体客观事物及其状态开始，最终得到数学模型。客观事物之间量的关系通过数学模型被概括在一个具体的数学结构中。

2）解释性模型

解释性模型是由一般到特殊，从一般的公理系统出发，借助数学客体对公理系统给出正确解释。

（2）按照建立模型的数学方法

按照建立模型的数学方法，数学模型可分为初等模型、图论模型、规划论模型、微分方程模型、最优控制模型、随机模型、模拟模型等。

1）初等模型

初等模型是采用简单而初等的方法建立问题的数学模型，容易被更多人理解、接受和采用，更有价值。该模型包括代数法建模、图解法建模等。

2）图论模型

图论模型是根据图论的方法，通过由点和线组成的图形为任何一个包含了某种二元关系的系统提供一个数学模型，并根据图的性质进行分析。

3）微分方程模型

微分方程模型指的是在所研究的现象或过程中取某一局部或一瞬间，然后找出有关变量的和未知变量的微分（或差分）之间的关系式，从而获得系统的数学模型。微分方程模型在材料研究中的应用很广泛，材料中的扩散问题、电子显微分析中的衍衬运动学、衍衬动力学

1

理论等都属于此类模型。

4）随机模型

随机模型是根据概率论的方法讨论描述随机现象的数学模型，例如描述多晶体材料晶体生长模型中基于 Monte Carlo 方法的 Ising 模型、Q-State Potts 模型，描述高分子材料链式化学反应的数学模型等。

5）模拟模型

模拟模型是用其他现象或过程来描述所研究的现象或过程，用模型的性质来代表所研究问题的性质，如采用非牛顿流体力学和流变学来描述高聚物加工过程、建立液晶高分子材料的本构方程等。已发展的模型有液晶高分子流体 B 模型、聚合物熔体流动不稳定性的扰动本构方程。

（3）按照模型的特征

按照模型的特征，数学模型可分为静态模型和动态模型、确定性模型和随机模型、离散模型和连续性模型、线性模型和非线性模型。在许多系统中，由于受到一些复杂而尚未完全搞清楚的因素的影响，使得系统在确定的输入时，得到的输出是不确定的，该系统称为随机系统，它的数学模型为随机模型。反之，系统有确定的输入时，系统的输出也是确定的，这样的系统称为确定系统，它的数学模型为确定性模型。

如果系统的有关变量是连续变量，则称其为连续系统，它们的数学模型为连续性模型。如果系统的有关变量是离散变量，则称该系统为离散系统，其模型为离散模型。离散系统及离散模型描述了客观世界中很广泛的一类系统。由于计算机只能对离散数值进行运算，所以离散模型在应用上非常重要，连续性模型有时候也要转化成离散模型。当采用有限单元法和有限差分法研究材料某些性质时（比如材料的稳、瞬态热传导问题），连续性模型被转化成离散模型。

如果系统输入和输出呈线性关系，则该系统称为线性系统，线性系统的数学模型称为线性模型。与之相反，如果系统输入与输出呈非线性关系，则该系统称为非线性系统，非线性系统的数学模型称为非线性模型。

（4）按照模型的经验成分

1）机理模型

机理模型是依据基本定律推导而得到的模型，它含有最少的臆测或经验处理成分，例如热传导问题、电磁场计算、层流过程等。这类模型多以偏微分方程形式出现，与相应边界条件一起用数值法求解。由于机理模型的理论根据要求严格，其应用范围受到限制。

2）半经验模型

半经验模型是主要依据物理定律而建立的模型，同时又包括一定的经验假设。在这种模型中，由于缺少某些数据或模拟过程过于复杂而难于求解，需要提出一些经验假设。实际应用的大量数学模型均属于这一类。

3）经验模型

经验模型是以对某一具体系统的考察结果而不是以基本理论为基础的。这种模型虽然不能反映过程内部的本质与特征，但作为一种变通的研究手段，对过程的自动控制往往有效。

1.1.3　建立数学模型的一般步骤和原则

数学模型的建立，简称数学建模。数学建模（mathematical modeling）是构造刻画客观事物原型的数学模型并用以分析、研究和解决实际问题的一种科学方法。运用这种科学方法，必须从实际问题出发，紧紧围绕建模的目的，运用观察力、想象力和逻辑思维，对实际问题进行抽象、简化，反复探索、逐步完善，直到构造出一个能够用于分析、研究和解决实际问题的数学模型。因此，数学建模不仅是一种定量解决实际问题的科学方法，还是一种从无到有的创新活动过程。

按照建模过程，一般采用的建模基本步骤如下：

（1）建模准备

建模准备是确立建模课题的过程，就是要了解问题的实际背景，明确建模的目的。建模之前应该掌握与课题有关的第一手资料，汇集与课题有关的信息和数据，弄清问题的实际背景和建模的目的，进行建模筹划。

（2）建模假设

作为课题的原型往往都是复杂的、具体的。这样的原型，如果不经过抽象和简化，人们对其认识是困难的，也无法准确把握它的本质属性。建模假设就是根据建模的目的对原型进行适当的抽象、简化，把那些反映问题本质属性的形态、量及其关系抽象出来，简化掉那些非本质的因素、使之摆脱原来的具体复杂形态，形成对建模有用的信息资源和前提条件。这是建立模型最关键的一步。

对原型的抽象、简化不是无条件的，必须按照假设的合理性原则进行。假设合理性原则有以下几点：

1）目的性原则：从原型中抽象出与建模目的有关的因素，简化那些与建模目的无关的或关系不大的因素；

2）简明性原则：所给出的假设条件要简单、准确，有利于构造模型；

3）真实性原则：假设要科学，简化带来的误差满足实际问题所能允许的误差范围；

4）全面性原则：对事物原型本身做出假设的同时，还要给出原型所处的环境条件。

（3）构造模型

在建模假设的基础上，进一步分析建模假设的内容，首先区分哪些是常量、哪些是变量，哪些是已知的量、哪些是未知的量，然后查明各种量所处的地位、作用和它们之间的关系，选择恰当的数学工具和构造模型的方法对其进行表征，构造出刻画实际问题的数学模型。一般来讲，在能够达到预期目的的前提下，所用的数学工具越简单越好。

（4）模型求解

构造数学模型之后，根据已知条件和数据，分析模型的特征和模型的结构特点，设计或选择求解模型的数学方法和算法，然后编写计算机程序或运用与算法相适应的软件包，并借助计算机完成对模型的求解。

（5）模型分析

根据建模的目的要求，对模型求解的数字结果，或进行稳定性分析(指分析结果重复获得的可能性)，或进行系统参数的灵敏度分析，或进行误差分析等。通过分析，如果不符合要求，就修改或增减建模假设条件，重新建模，直到符合要求。如果通过分析符合要求，可以对模型进行评价、预测、优化等方面的分析和探讨。

（6）模型检验

模型分析符合要求之后，必须回到客观实际中对模型进行检验，看是否符合客观实际。若不符合，就修改或增减假设条件，重新建模。以此循环往复，不断完善，直到获得满意结果。

（7）模型应用

模型应用是数学建模的宗旨，也是对模型最客观、最公正的检验。一个成功的数学模型，必须根据建模的目的，将其用于分析、研究和解决实际问题，充分发挥数学模型在生产和科研中的特殊作用。

1.2 常用的数学建模方法

1.2.1 理论分析法

理论分析法是指应用自然科学中的定理和定律，对被研究系统的有关因素进行分析、演绎、归纳，从而建立系统的数学模型。理论分析法是人们在科学研究中广泛使用的方法。在工艺比较成熟、对机理比较了解时，可采用此法。根据问题的性质可直接建立模型。

【例 1-1】 在渗碳工艺过程中通过平衡理论找出控制参量与炉气碳势之间的理论关系式。

甲醇加煤油渗碳气氛中，描述炉气碳势与 CO_2 含量的关系的实际数据如表 1-1 所示。

表 1-1　甲醇加煤油渗碳气氛 (930℃)

序号	CO_2 的体积分数 φ_{CO_2}/%	炉气碳势 C_C/%
1	0.81	0.63
2	0.62	0.72
3	0.51	0.78
4	0.38	0.85
5	0.31	0.95
6	0.21	1.11

渗碳过程中钢在炉气中发生如下反应：

$$C_{Fe} + CO_2 \Longrightarrow 2CO \tag{1-1}$$

式中，C_{Fe} 为钢中的碳。

可求出平衡常数 K 为：

$$K = \frac{P_{CO}^2}{P_{CO_2} \alpha_C} = P \frac{\varphi_{CO}^2}{\varphi_{CO_2} \alpha_C} \tag{1-2}$$

式中，P_{CO}、P_{CO_2} 分别为 CO、CO_2 气体的分压；φ_{CO}、φ_{CO_2} 分别为 CO、CO_2 的体积分数；α_C 为碳在奥氏体中的活度；P 为总压，设 $P = 1$ atm（1 atm = 101.325kPa），则

$$\alpha_C = \frac{1}{K} \frac{\varphi_{CO}^2}{\varphi_{CO_2}} \tag{1-3}$$

又

$$\alpha_C = \frac{C_C}{C_{C(A)}} \tag{1-4}$$

式中，C_C 表示平衡碳浓度，即炉气碳势；$C_{C(A)}$ 表示加热温度为 T 时奥氏体中的饱和碳浓度。

同样，可得

$$C_C = \frac{C_{C(A)}}{K} \cdot \frac{\varphi_{CO}^2}{\varphi_{CO_2}} \tag{1-5}$$

在温度一定时，$C_{C(A)}$ 和 K 均为常数，如不考虑 CO 及其他因素的影响，将 φ_{CO} 等视为常数，可得出

$$C_C = A \frac{1}{\varphi_{CO_2}} \quad\quad\quad (1-6)$$

式中，A 为常数。

对式(1-6)取对数，得

$$\lg C_C = \lg A - b\lg \varphi_{CO_2} \quad\quad\quad (1-7)$$

设 $\lg C_C = y$，$\lg A = a$，$\lg \varphi_{CO_2} = x$，可得

$$y = a - bx \quad\quad\quad (1-8)$$

利用表中的实验数据进行回归，求出回归方程为 $y = -0.02278 - 0.3874x$，即

$$C_C = \frac{0.5918}{0.3874\,\varphi_{CO_2}} \quad\quad\quad (1-9)$$

式(1-9)即为碳势控制的单参数数学模型。

1.2.2 模拟方法

模型的结构及性质已知，但其数量描述及求解都相当麻烦。如果有另一种系统，结构和性质与其相同，而且构造出的模型也类似，就可以把后一种模型看成是原来模型的模拟，对后一个模型去分析或实验并求得其结果。

例如，研究钢铁材料中裂纹尖端在外载荷作用下的应力、应变分布，可以通过弹塑性力学及断裂力学知识进行分析计算，但求解非常麻烦。此时可以借助实验光测力学的手段来完成分析。首先，根据一定比例，采用模具将环氧树脂制备成具有同样结构的模型，并根据钢铁材料中裂纹形式在环氧树脂模型中加工出裂纹。随后，将环氧树脂模型放入恒温箱内，对环氧树脂模型在冻结应力的温度下加载，并在载荷不变的条件下缓缓冷却到室温卸载。在平面偏振光场或圆偏振光场下观察已冻结应力的环氧树脂模型可以发现，环氧树脂模型中出现了一定分布的条纹，这些条纹反映了模型在承受载荷时的应力、应变情况。先用照相法将条纹记录下来并确定条纹级数，再根据条纹级数计算应力，最后，根据相似原理、材料等因素确定一定的比例系数，将计算出的应力换算成钢铁材料中的应力，从而获得了裂纹尖端的应力、应变分布。

以上是用实验模型来模拟理论模型，分析时也可用简单理论模型来模拟、分析复杂理论模型，或用可求解的理论模型来分析尚不可求解的理论模型。

1.2.3 类比分析法

若两个不同的系统可以用同一形式的数学模型来描述，则此两个系统可以互相类比。类比分析法是根据两个(或两类)系统某些属性或关系的相似，去猜想两者的其他属性或关系也可能相似的一种方法。

例如，在聚合物的结晶过程中，结晶度随时间的延续不断增加，最后趋于该结晶条件下的极限结晶度，现期望在理论上描述这一动力学过程(即推导 Avrami 方程)，即可采用类比分析法。聚合物的结晶过程包括成核和晶体生长两个阶段，这与下雨时雨滴落在水面上生成一个个圆形水波并向外扩展的情形相似，因此可通过水波扩散模型来推导聚合物结晶时的结晶度与时间的关系。

1.2.4 数据分析法

在系统的结构性质不大清楚，无法从理论分析中得到系统的规律，也不便于进行类比分

析，但有若干能表征系统规律、描述系统状态的数据可利用时，就可以通过数据分析来建立系统的结构模型。回归分析是处理这类问题的有力工具。求系统回归方程的一般方法如下：

设有一个未知系统，已测得该系统有 n 个输入、输出数据点为：

$$(x_i, \ y_i) \quad i=1, \ 2, \ \cdots, \ n$$

希望用多项式

$$y=b_0+b_1x+b_2x^2+\cdots+b_mx^m \tag{1-10}$$

代表的曲线最佳地描述数据点，这就要使多项式估值 y 与观测值 y_i 的差的平方和

$$Q=\sum_{i=1}^{n}(y-y_i)^2 \tag{1-11}$$

为最小，也就是所谓的最小二乘法。若能确定多项式的阶数以及系数 b_0，b_1，b_2，$\cdots$，b_m，则可得到回归方程。为此，令：

$$\frac{\partial Q}{\partial b_j}=0 \qquad j=0, \ 1, \ 2, \ \cdots, \ m \tag{1-12}$$

得到下列正规方程组

$$\begin{cases} \dfrac{\partial Q}{\partial b_0}=2\sum(b_0+b_1x_i+\cdots+b_mx_i^m-y_i)=0 \\[2mm] \dfrac{\partial Q}{\partial b_1}=2\sum(b_0+b_1x_i+\cdots+b_mx_i^m-y_i)x_i=0 \\[1mm] \vdots \\[1mm] \dfrac{\partial Q}{\partial b_m}=2\sum(b_0+b_1x_i+\cdots+b_mx_i^m-y_i)x_i^m=0 \end{cases} \tag{1-13}$$

从式(1-13)中求解出回归系数 b_0，b_1，b_2，$\cdots$，b_m，从而建立回归方程数学模型。

【例 1-2】 经实验获得低碳钢的屈服点 σ_s 与晶粒直径 d 对应关系如表 1-2 所示，用最小二乘法建立 d 与 σ_s 之间关系的数学模型(霍尔-配奇公式)。

表 1-2　低碳钢屈服点与晶粒直径

$d/\mu m$	400	50	10	5	2
σ_s/kPa	86	121	180	242	345

根据霍尔-配奇公式，以 $d^{-1/2}$ 作为 x 轴，σ_s 作为 y 轴，则 $y=a+bx$ 为一直线。设实验数据点为 $(X_i, \ Y_i)$，则一般来说直线并不通过其中任一实验数据点，因为每点均有偶然误差 e_i，e_i 为：

$$e_i=a+b\,X_i-Y_i \tag{1-14}$$

所有实验数据点误差的平方和为：

$$\sum_{i=1}^{5}(e_i^2)=(a+b\,X_1-Y_1)^2+(a+b\,X_2-Y_2)^2+(a+b\,X_3-Y_3)^2+(a+b\,X_4-Y_4)^2+(a+b\,X_5-Y_5)^2 \tag{1-15}$$

按照最小二乘法原理，误差平方和为最小的直线是最佳直线。求 $\sum_{i=1}^{5}(e_i^2)$ 最小值的条件是：

$$\frac{\partial \sum_{i=1}^{5}e_i^2}{\partial a}=0 \ \ \text{及} \ \ \frac{\partial \sum_{i=1}^{5}e_i^2}{\partial b}=0 \tag{1-16}$$

得出：

$$\begin{cases} \sum_{i=0}^{5} Y_i = \sum_{i=0}^{5} a + b \sum_{i=0}^{5} X_i \\ \sum_{i=0}^{5} X_i Y_i = a \sum_{i=0}^{5} X_i + b \sum_{i=0}^{5} X_i^2 \end{cases} \tag{1-17}$$

将相关数据代入式(1-17)，联立解得：

$$\begin{cases} a = \dfrac{1}{5} \left(\sum_{i=0}^{5} Y_i - b \sum_{i=0}^{5} X_i \right) = \dfrac{1}{5} (974 - 393.69 \times 1.66) = 64.09 \\ b = \dfrac{\sum_{i=0}^{5} X_i Y_i - \dfrac{1}{5} \sum_{i=0}^{5} X_i \sum_{i=0}^{5} Y_i}{\sum_{i=0}^{5} X_i^2 - \dfrac{1}{5} \left(\sum_{i=0}^{5} X_i \right)^2} = \dfrac{430.209 - \dfrac{1}{5} \times 1.66 \times 974}{0.8225 - \dfrac{1}{5} \times 1.66^2} = 393.69 \end{cases} \tag{1-18}$$

取 $a = \sigma_0$，$b = K$，得到以下公式：

$$\sigma_s = \sigma_0 + K d^{-1/2} = 64.09 + 393.69\ d^{-1/2} \tag{1-19}$$

这是典型的霍尔-配奇公式。

1.3　材料科学研究中常用的数值分析方法

1.3.1　有限差分法

1.3.1.1　有限差分法简介

有限差分法(FDM)是计算机数值模拟最早采用的方法，至今仍被广泛运用。该方法将求解域划分为差分网格，用有限的网格节点代替连续的求解域。有限差分法通过 Taylor 级数展开等方法，把控制方程中的导数用网格节点上的函数值的差商代替进行离散，从而建立以网格节点上的值为未知数的代数方程组。该方法是一种直接将微分问题变为代数问题的近似数值解法，数学概念直观，表达简单，是发展较早且比较成熟的数值方法。

有限差分法在材料成形领域的应用较为普遍，是材料成形计算机模拟技术领域中最主要的数值分析方法之一。目前材料加工中的传热分析(如铸造过程、塑性成形过程、焊接过程中的传热等)、流动分析(如铸件的充型过程，焊接熔池的产生、移动过程等)都可以用有限差分法进行模拟。与有限元法相比，有限差分法在流场分析方面优势明显。

对于有限差分格式，从格式的精度来划分，有一阶格式、二阶格式和高阶格式。从差分的空间形式来考虑，可分为中心格式和逆风格式。考虑时间因子的影响，差分格式还可以分为显格式、隐格式、显隐交替格式等。目前常见的差分格式，主要是上述几种形式的组合，不同的组合构成不同的差分格式。差分方法主要适用于有结构网格，构造差分的方法有多种形式，包括 Taylor 级数展开法、多项式拟合法、控制容积积分法和平衡法，目前主要采用的是 Taylor 级数展开方法。其基本的差分表达式主要有三种形式：一阶向前差分、一阶向后差分、一阶中心差分和二阶中心差分等，其中前两种格式为一阶计算精度，后两种格式为二阶计算精度。通过对时间和空间这几种不同差分格式的组合，可以组合成不同的差分计算格式。

1.3.1.2　有限差分法解题基本步骤

（1）建立微分方程

根据问题的性质选择计算区域，建立微分方程式，写出初始条件和边界条件。

（2）构建差分格式

首先对求解区域进行离散化，确定计算节点，选择网格布局、差分形式和步长；然后以有限差分代替无限微分，以差商代替微商，以差分方程代替微分方程及边界条件。

（3）求解差分方程

差分方程通常是一组数量较多的线性代数方程，其求解方法主要包括两种：精确法和近似法。其中精确法又称直接法，主要包括矩阵法、Gauss 消元法及主元素消元法等；近似法又称间接法，以迭代法为主，主要包括直接迭代法、间接迭代法以及超松弛迭代法。

（4）精度分析和检验

对所得到的数值解进行精度与收敛性分析和检验。

1.3.1.3　商用有限差分软件简介

商用有限差分软件主要包括 FLAC、UDEC/3 DEC 和 PFC 程序，其中，FLAC 是一个基于显式有限差分方法的连续介质程序，主要用来进行土质、岩石和其他材料的三维结构受力特性模拟和塑性流动分析；UDEC/3 DEC 是针对岩体不连续问题开发，用于模拟非连续介质在静、动态载荷作用下的反应；PFC（Particle Flow Code）是利用显式差分算法和离散元理论开发的微、细观力学程序，它是从介质的基本粒子结构的角度考虑介质的基本力学特性，并认为给定介质在不同应力条件下的基本特性主要取决于粒子之间接触状态的变化，适用于研究粒状集合体的破裂和破裂发展问题，以及颗粒的流动（大位移）问题。下面主要介绍与材料科学关系比较密切的 PFC 有限差分软件。

PFC 不能直接给模型介质赋予物理力学参数和初始应力条件，必须通过不断调整构成模型介质的基本粒子组成、接触方式和相应的微力学参数实现。

（1）PFC 程序基本功能简介

1）介质是颗粒的集合体，它由颗粒、颗粒之间的接触两个部分组成，颗粒大小可以服从任意的分布形式。

2）"接触"物理模型由线性弹簧或简化的 Hertz-Mindlin、库仑滑移、接触或平行链接等模型组成，内置接触模型包括：简单的黏弹性模型、简单的塑性模型以及位移软化模型。凝块模型支持凝块的创建，凝块体可以作为普通形状"超级颗粒"使用。

3）可指定任意方向线段为带有自身接触性质的墙体、普通的墙体提供几何实体。

4）模拟过程中颗粒和墙体可以随时增减。

5）提供了两种阻尼：局部非黏性和黏性。

6）密度调节功能可用来增加时间步长和优化解题效率。

7）通过能量跟踪可以观察链接能、边界功、摩擦功、动能、应变能。

8）可以在任意多个环形区域测量平均应力、应变率和孔隙率。

（2）PFC 程序特色

1）功能强大

PFC 是以介质内部结构为基本单元（颗粒和接触），从介质结构力学行为角度研究介质系统的力学特征和力学响应。PFC 中有效的接触探测方式和显式求解方法可以保证精确快速地进行大量不同类型问题的模拟——从快速流动到坚硬固体的脆性断裂。

2）应用广泛

PFC 是高级非连续介质程序，适用于任何需要考虑大应变、破裂、破裂发展以及颗粒流动问题。在岩土体工程中可以用来研究结构开裂、堆石材料特性和稳定性、矿山崩落开采、边坡解体、爆破冲击等一系列采用传统数值方法难以解决的问题。

3）性能独特

PFC 采用的显式求解方式为不稳定物理过程提供稳定解。它通过模拟介质系统内部颗粒间接触状态的变化精确描述介质的非线性特征，这一固有特性使 PFC 成为同类程序中唯一的商业软件。

1.3.2 有限元法

有限元法（又称为有限单元法、有限元素法）是 20 世纪 50 年代初才出现的一种新的数值分析方法，最初它只应用于力学领域中，自 20 世纪 70 年代以来被应用到传热学计算中。与有限差分法相比较，有限元法的准确性和稳定性都比较好，且由于其单元的灵活性，它更适应于数值求解非线性热传导问题以及具有不规则几何形状与边界，特别是要求同时得到热应力场的各种复杂导热问题。有限元法在传热学中的应用正处于开拓与发展阶段，迄今为止，应用已波及热传导、对流传热及换热器设计与计算。

有限元法是变分法与经典有限差分法相结合的产物，它既吸收了古典变分近似解析解法——泛函求极值的基本原理，又采用了有限差分的离散化处理方法，突出了单元的作用及各单元的相互影响，形成了自身的独特风格。

古典变分法是要寻求定解问题的级数形式近似解析解，在这种方法中，首先构造一个与定解问题（微分方程及其边值条件）相对应的泛函，然后对此泛函求极值，从而得到满足微分方程和边值条件的近似解析解。这样一来，就把选择泛函并对泛函求极值的运算，等价于一个在数学上对微分方程及其边值条件所组成的定解问题的求解。由于这种方法首先在弹性力学中得到应用，而在弹性力学中是以最小能位原理为平衡条件加以分析的，故曾将上述泛函求极值的数学概念与最小能位原理的物理概念联系起来，因此称上述变分法为能量法（又称 Ritz 法）。

但是，遗憾的是并非所有定解问题都可以找到其相对应的泛函，有些定解问题可能根本不存在其对应的泛函。于是，人们设法直接从微分方程出发去寻找其近似级数解，从而回避了寻找泛函这一难题。这种解法就是加权余量法，其中 Galerkin 法是较典型的一种。由于这种方法与能量法相似，也要选择适当的函数代入微分方程，然后对其加权积分使其为零，故在广义上也称为变分法。无论采用能量法，还是加权余量法，都要选择与微分方程相对应的适当的函数代入泛函或微分方程，再对泛函求极值或对微分方程加权积分使其为零，这种函数称为试探函数。对此函数，求其在全区域内满足定解问题，这一要求是极苛刻的，不能适应许多工程实际中的复杂热传导问题，使古典变分法的应用受到了很大的限制。

有限元法是对古典变分法的改进，它采取与有限差分相类似的方法，即将区域离散化，以只在离散化有限小的单元内使试探函数满足定解问题要求并在单元内积分，代替在全区域内满足要求与积分的条件，消除了古典变分法的局限性。在这层意义上来说，有限元法就是有限的单元变分法。

1.3.2.1 有限元法常用术语

（1）单元

有限元模型中每一个小的块体称为一个单元。根据其形状的不同，可以将单元划分为以下几种类型：线段单元、三角形单元、四边形单元、四面体单元和六面体单元等。由于单元是构成有限元模型的基础，因此单元类型对于有限元分析至关重要。一个有限元软件提供的单元种类越多，该程序功能就越强大。

（2）节点

用于确定单元形状、表述单元特征及连接相邻单元的点称为节点。节点是有限元模型中最小构成元素。多个单元可以共用一个节点，节点起连接单元和实现数据传递的作用。

（3）载荷

工程结构所受到的外部施加的力或力矩称为载荷，包括集中力、力矩及分布力等。在不同的学科中，载荷的含义有所差别。在通常结构分析过程中，载荷为力、位移等；在温度场分析过程中，载荷是指温度等；而在电磁场分析过程中，载荷是指结构所受的电场和磁场作用。

（4）边界条件

边界条件是指结构在边界上所受到的外加约束。在有限元分析过程中，施加正确的边界条件是获得正确的分析结果和较高的分析精度的关键。

（5）初始条件

初始条件是结构响应前所施加的初始速度、初始温度及预应力等。

1.3.2.2 有限元分析基本步骤

（1）建立求解域并将其离散化为有限单元，将连续体问题分解成节点和单元等个体问题；

（2）假设代表单元物理行为的形函数，即假设代表单元解的近似连续函数；

（3）建立单元方程；

（4）构造单元整体刚度矩阵；

（5）施加边界条件、初始条件和载荷；

（6）求解线性或非线性的微分方程组，得到节点求解结果及其他重要信息。

1.3.2.3 常用有限元软件

（1）ANSYS 软件

① ANSYS 软件简介

ANSYS 软件是融结构、热、流体、电磁、声学于一体的大型通用有限元商用分析软件，其代码长度超过 10000 行，可广泛应用于核工业、铁道、石油化工、航空航天、机械制造、能源、电子、造船、汽车交通、国防军工、土木工程、生物医学、轻工、地矿、水利、日用家电等一般工业及科学研究，是目前最主要的有限元程序。ANSYS 软件是第一个通过 ISO 9001 质量认证的大型分析设计类软件，是美国机械工程师学会（ASME）、美国核安全局（NQA）及近 20 种专业技术协会认证的标准分析软件。该软件可在大多数计算机及操作系统上行，从 PC 机到工作站直至巨型计算机，ANSYS 文件在其所有的产品系列和工作平台上均兼容；该软件基于 Motif 的菜单系统使用户能够通过对话框、下拉式菜单和子菜单进行数据输入和功能选择，此举大大方便了用户操作。ANSYS 软件能与大多数 CAD 软件实现数据共享和交换，它是现代产品设计中高级的 CAD/CAE 软件之一。

② ANSYS 使用环境

ANSYS 程序可运行于 PC 机、NT 工作站、UNIX 工作站以及巨型计算机等各类计算机及操作系统中，其数据文件在其所有的产品系列和工作平台上均兼容。其多物理场耦合的功能，允许在同一模型上进行各种耦合计算，如：热-结构耦合、热-电耦合、磁-结构耦合以及热-电-磁-流体耦合；同时在 PC 机上生成的模型可运行于工作站及巨型计算机上，所有这一切就保证了 ANSYS 用户对多领域多变工程问题的求解。

ANSYS 可与多种先进的 CAD（如 AutoCAD、Pro/Engineer、NASTRAN、Alogor、IDEAS

等)软件共享数据,利用 ANSYS 的数据接口,可以精确地将在 CAD 系统下生成的几何数据传输到 ANSYS,并通过必要的修补,可准确地在该模型上划分网格并进行求解,这样就可以节省用户在创建模型的过程中所花费的大量时间,使用户的工作效率大幅度提高。

③ ANSYS 软件功能

ANSYS 软件主要包括三个部分:前处理模块、求解模块和后处理模块。前处理模块提供了一个强大的实体建模及网格划分工具,用户可以方便地构造有限元模型;求解模块包括结构分析(结构线性分析、结构非线性分析和结构高度非线性分析)、热分析、流体动力学分析、电磁场分析、声场分析、压电分析以及多物理场的耦合分析,可模拟多种物理介质的相互作用,具有灵敏度分析及优化分析能力;后处理模块可将计算结果以彩色等值线显示、梯度显示、矢量显示、粒子流迹显示、立体切片显示、透明及半透明显示等图形方式显示出来,也可将计算结果以图表、曲线形式显示或输出。ANSYS 程序提供了近 200 种的单元类型,用来模拟工程中的各种结构和材料。

(2)ABAQUS 程序

ABAQUS 是一套功能强大的工程模拟的有限元软件,其解决问题的范围从相对简单的线性分析到许多复杂的非线性问题。ABAQUS 包括一个丰富的、可模拟任意几何形状的单元,并拥有各种类型的材料模型,可以模拟典型工程材料的性能,其中包括金属、橡胶、高分子材料、复合材料、钢筋混凝土、可压缩超弹性泡沫材料以及土壤和岩石等地质材料。ABAQUS 除了能解决大量结构问题,还可以模拟其他工程领的许多问题,例如热传导、质量扩散、热电耦合分析、声学分析、岩土力学分析(流体渗透/应力耦合分析)及压电介质分析。

ABAQUS 产品包括以下模块:ABAQUS/CAE、ABAQUSFOR CATIA(前后处理模块)、ABAQUS/Standard(隐式求解器模块)以及 ABAQUS/Explicit(显求解器模块)。

ABAQUS 软件的功能可以归纳为线性分析、非线性和瞬态分析、机构分析三部分:

① 线性分析

即静力学、动力学和热传导分析。包括静强度/刚度、动力学/模态、热力学/声学、金属/复合材料、应力、振动、声场以及压电效应等。

② 非线性和瞬态分析

包括汽车碰撞、飞机坠毁、电子器件跌落、冲击、损毁、接触、塑性失效、断裂/磨损以及橡胶超弹性等。

③ 机构分析

包括挖掘机机械臂的运动、起落架收放、汽车悬架、微机电系统 MEMS 以及医疗器械等。

1.4 MATLAB 数值分析计算

1.4.1 MATLAB 概述

1.4.1.1 MATLAB 的发展及特点

1980 年,美国新墨西哥州大学计算机系主任 Cleve Moler 在给学生讲授线性代数课程时,发现学生在高级语言编程上花费很多时间,于是着手编写供学生使用的 Fortran 子程序库接口程序,他将这个接口程序取名为 MATLAB(即 Matrix Laboratory 的前三个字母的组合,意为

"矩阵实验室"）。这个程序获得了很大的成功，受到学生的广泛欢迎。

MATLAB 经过几十年的研究与不断完善，现已成为国际上最为流行的科学计算与工程计算软件工具之一，现在的 MATLAB 已经不仅仅是一个最初的"矩阵实验室"了，它已发展成为一种具有广泛应用前景、全新的计算机高级编程语言，可以说它是"第四代"计算机语言。经过多年的国际竞争，MATLAB 已经占据了数值软件市场的主导地位。

MATLAB 的特点有：

（1）简单易学。MATLAB 是一种面向科学与工程计算的高级语言，语法特征与 C++类似，但更加简单，更符合科技人员对数学表达式的书写格式，允许用数学形式的语言编写程序。

（2）能与其他语言编写的程序结合，具有输入/输出格式化数据的能力。

（3）移植性和开放性好。MATLAB 适合多种平台，可跨平台应用；除内部函数以外，所有的核心文件和工具箱文件都是公开的，都是可读/写的源文件，用户可以通过对源文件的修改和自己编程构成新的工具箱。

（4）语言简单。MATLAB 最突出的特点就是简洁，它用更直观的，符合人们思维习惯的代码，代替 C 和 FORTRAN 语言的冗长代码。MATLAB 给用户带来的是最直观、最简洁的程序开发环境。

（5）编程容易、效率高。从形式上看，MATLAB 程序文件是一个纯文本文件，扩展名为 .m，用任何字处理软件都可以对其进行编写和修改，因此程序易调试，人机交互性强。

（6）有强大的绘图功能。有一系列绘图函数，可方便地输出复杂的二维、三维图形。高级图形处理，如色彩控制、句柄图形、动画等。图形用户界面(GUI)制作工具，可以制作用户菜单和控件，使用者可以根据自己的需求编写出满意的图形界面。

（7）具有丰富的数学功能。有矩阵运算，如正交变换、三角分解、特征值、常见的特殊矩阵等；各种特殊函数，如贝塞尔函数、勒让德函数、伽马函数、贝塔函数、椭圆函数等；各种数学运算功能，如数值微分、数值积分、插值、求极值、方程求根、快速傅里叶变换（FFT）、常微分方程的数值解等。

（8）可以直接处理声音和图形文件。声音文件如 WAV 文件；图形文件如 bmp、gif、pcx、tif、jpeg 等文件。

（9）具有很好的帮助功能。提供了十分详细的帮助文件，以及联机查询指令：help 指令（help elfun、help exp、help Simulink）和 lookfor 关键词（lookfor fourier）。

1.4.1.2　MATLAB 主菜单及功能

（1）File 主菜单

单击 File 主菜单或者同时按下快捷键〈Alt+F〉，弹出下拉菜单。

1）New：建立新的 .m 文件、图形、模型和图形用户界面。

2）Open：打开文件，也可使用快捷键〈Ctrl+O〉实现此操作。

3）Close Command Window：关闭命令窗口。

4）Import Data：从其他文件导入数据。

5）Save Workspace As：将工作空间的数据保存到相应的路径中。

6）Set Path：设置工作路径。

7）Preferences：设置命令窗口属性。

8）Page Setup：页面设置。

9）Print：设置打印属性。

10）Print Selection：对选择的文件数据进行打印设置。

11）Exit MATLAB：退出 MATLAB。

（2）Edit 主菜单

单击 Edit 主菜单或者同时按下快捷键〈Alt+E〉，弹出下拉菜单。

1）Undo：撤销上一步操作，也可使用快捷键〈Ctrl+Z〉实现此操作。

2）Redo：重做上一步操作。

3）Cut：剪切选中对象，也可使用快捷键〈Ctrl+W〉实现此操作。

4）Copy：复制选中对象，也可使用快捷键〈Alt+W〉实现此操作。

5）Paste：粘贴剪切板上的内容，也可使用快捷键〈Ctrl+Y〉实现此操作。

6）Paste to Workspace：打开 Import Wizard（输入向导）对话框，将剪贴板上的数值粘贴到 MATLAB 的工作空间中。

7）Select All：选择全部内容。

8）Delete：删除所选对象，也可使用快捷键〈Ctrl+D〉实现此操作。

9）Find：查找所需对象。

10）Find Files：查找所需文件。

11）Clear Command Window：清除命令窗口区的对象。

12）Clear Command History：清除命令窗口的历史记录。

13）Clear Workspace：清除工作区对象。

（3）Debug 主菜单

单击 Debug 主菜单或者同时按下快捷键〈Alt+B〉，弹出下拉菜单。

1）Open M-Files when Debugging：调试时打开 M 文件。

2）Step：单步调试程序，也可使用快捷键〈F10〉实现此操作。

3）Step In：单步调试进入子函数，也可使用快捷键〈F11〉实现此操作。

4）Step Out：单步调试从子函数中跳出，也可使用快捷键〈Shift+Fll〉实现此操作。

5）Continue：程序执行到下一断点，也可使用快捷键〈F5〉实现此操作。

6）Clear Breakpoints in All Files：清除所有打开文件中的断点。

7）Stop if Errors/Warnings：在程序出错或报警处停止继续执行。

8）Exit Debug Mode：退出调试模式。

（4）Desktop 主菜单

单击 Desktop 主菜单或者同时按下快捷键〈Alt+D〉，弹出下拉菜单。

1）Undock Command Window：将命令窗口变为全屏显示，并设为当前活动窗口。

2）Move Command Window：将命令窗口在桌面平台中根据需要进行移动。

3）Resize Command Window：将命令窗口在桌面平台中根据需要重新设置界面的大小。

4）Desktop Layout：控制整个桌面的 4 种不同显示方式。

5）Save Layout：保存当前桌面窗口设置。

6）Organize Layouts：管理保存的桌面窗口设置。

7）Command Window：在桌面系统中显示/不显示命令窗口。

8）Command History：在桌面系统中显示/不显示历史窗口。

9）Current Directory：在桌面系统中显示/不显示当前路径浏览器。

10）Workspace：在桌面系统中显示/不显示工作空间。

11）Help：在桌面系统中显示/不显示帮助界面。

12）Profiler：在桌面系统中显示/不显示模仿界面。

13）Toolbar：在桌面系统中显示/不显示工具栏。

14）Shortcuts Toolbar：在桌面系统中显示/不显示快捷工具栏。

15）Titles：在桌面系统中显示/不显示标题栏。

（5）Window 主菜单

单击 Window 主菜单或者同时按下快捷键〈Alt+W〉，弹出下拉菜单。

1）Close All Documents：关闭所有文档。

2）Command Window：选定命令窗口为当前活动窗口，也可使用快捷键〈Ctrl+0〉实现此操作。

3）Command History：选定命令历史窗口为当前活动窗口，也可使用快捷键〈Ctrl+1〉实现此操作。

4）Current Directory：选定当前路径窗口为当前活动窗口，也可使用快捷键〈Ctrl+2〉实现此操作。

5）Workspace：选定工作空间窗口为当前活动窗口，也可使用快捷键〈Ctrl+3〉实现此操作。

（6）Help 主菜单

单击 Help 主菜单或者同时按下快捷键〈Alt+H〉，弹出下拉菜单。

1）Full Product Family Help：显示所有 MATLAB 产品的帮助信息。

2）MATLAB Help：启动 MATLAB 帮助。

3）Using the Desktop：启动 Desktop 帮助。

4）Using the Command Window：启动命令窗口的帮助。

5）Web Resources：显示 Internet 上一些相关的资源网址。

6）Check for Updates：检查软件是否更新。

7）Demos：调用 MATLAB 所提供的范例程序。

8）About AMTLAB：显示有关 MATLAB 的信息。

1.4.1.3　MATLAB 命令窗口

MATLAB 命令窗口具有以下两个主要的功能：

1）用户可以通过此窗口输入命令和数据。

2）命令执行完以后，用户可以通过该窗口看到命令执行的结果。MATLAB 命令窗口中常用的命令及功能如表 1-3 所示。

表 1-3　MATLAB 命令窗口中常用的命令及功能

命令	功能	命令	功能
clc	清除一页命令窗口，光标回屏幕左上角	size（变量名）	显示当前工作空间中变量的尺寸
clear	清除工作空间中所有的变量	length（变量名）	显示当前工作空间中变量的长度
clear all	从工作空间清除所有变量和函数	"↑"或"Ctrl+P"	调用上一行的命令
clear 变量名	清除指定的变量	"↓"或"Ctrl+N"	调用下一行的命令

命令	功能	命令	功能
clf	清除图形窗口内容	"←"或"Ctrl+B"	退后一格
delete<文件名>	从磁盘中删除指定的文件	"→"或"Ctrl+F"	前移一格
help<命令名>	查询所列命令的帮助信息	"Ctrl+←"	向左移一个单词
which<文件名>	查找指定文件的路径	"Ctrl+→"	向右移一个单词
who	显示当前工作空间中所有变量的一个简单列表	Home 或"Ctrl+A"	光标移到行首
whos	列出变量的大小、数据格式等详细信息	End 或"Ctrl+E"	光标移到行尾
what	列出当前目录下的 .m 文件和 .mat 文件	Esc 或"Ctrl+U"	清除一行
load name	下载 name 文件中的所有变量到工作空间	Del 或"Ctrl+D"	清除光标后字符
load name x y	下载 name 文件中的变量 x、y 到工作空间	Backspace 或"Ctrl+H"	清除光标前字符
save name	保存工作空间变量到文件 name.mat 中	"Ctrl+K"	清除光标至行尾字
save name x y	保存工作空间变量 x、y 到文件 name.mat 中	"Ctrl+C"	中断程序运行
pack	整理工作空间内存		

1.4.1.4　MATLAB 工作空间

（1）工作空间常用命令

MATLAB 中常用的工作空间操作命令有 who、whos、clear、size、length。

who：显示当前工作空间中所有变量的一个简单列表。

whos：列出变量的大小、数据格式等详细信息。

clear：清除工作空间中所有的变量。

clear 变量名：清除指定的变量。

size(a)：获取向量 a 的行数与列数。

length(a)：获取向量 a 的长度，并在屏幕上显示。如果 a 是矩阵，则显示的参数为行数中的最大值。

（2）工作空间的数据存取函数

1）save 函数

save 命令将 MATLAB 工作空间中的变量存入磁盘中，具体格式如下：

save：将当前工作空间中所有变量以二进制格式存入 matlab.mat（默认文件名）的文件中。

save dfile（文件名）：将当前工作空间中所有变量以二进制格式存入名为 dfile.mat 的文件，扩展名自动产生。

save dfile x：把变量 x 以二进制格式存入 dfile.mat 文件中，扩展名自动产生。

save dfile.dat x-ascii：将变量 x 以 8 位 ASCII 码形式存入 dfile.mat 文件中。

save dfile.dat x-ascii-double：将变量 x 以 16 位 ASCII 码形式存入 dfile.mat 文件中。

save (fname, 'x', '-ascii')：fname 是一个预先定义好的包含文件名的字符串，该用法将变量 x 以 ASCII 码形式存入由 fname 定义的文件中。

2）load 函数

load 命令将磁盘上的数据读入到工作空间，具体格式如下：

load：把磁盘文件 matlab.mat（默认文件名）的内容读入内存，由于存储 .mat 文件时已包

15

含了变量名的信息，因此，调回时已直接将原变量信息代入，不需要重新赋值变量。

load dfile：把磁盘文件 dfile. mat 的内容读入内存。

load dfile. dat：把磁盘文件 dfile. mat 的内容读入内存，这是一个 ASCII 码文件，系统自动将文件名(dfile)定义为变量名。

x＝load（fname）：fname 是一个预先定义好的包含文件名的字符串，将由 fname 定义的文件名的数据文件读入变量 x 中。

1.4.2 MATLAB 的数据类型

MATLAB 支持 15 种基本的数据类型，包括数值类型、字符和字符串、逻辑类型、元胞、构架和函数句柄等。每一种数据类型的数据都以矩阵或数组的形式表现。下面介绍 MATLAB 中的常用数据类型。

1.4.2.1 数值、变量与常量

（1）数值型

数值型数据是指可以直接使用自然数描述或度量衡单位进行计量的具体数值。例如，考试分数 90 分、金属质量 17kg 等，这些数值都是数值型数据。对于数值型数据，可直接用算术方法进行汇总和分析。MATLAB 中的所有计算都以双精度数值型数据格式进行。

在 MATLAB 中可以通过 format 对数据的显示格式进行设置。format 只影响结果的显示，不影响计算与存储。如果没有指定数据的显示格式，则默认为短格式，即只显示含 4 位小数的十进制数。

format short：表示短格式计数法。

format long：表示长格式计数法，显示含 14 位小数的十进制数。

format long e：表示长格式(科学)计数法。

format short e：表示短格式(科学)计数法。

format bank：表示 2 位十进制格式。

format hex：表示十六进制格式。

（2）变量

变量是数值计算的基本单元。MATLAB 语言中的变量无须事先定义，一个变量以其名称在语句命令中第一次合法出现而定义，运算表达式变量中不允许有未定义的变量，也不需要预先定义变量的类型，MATLAB 会自动生成变量，并根据变量的操作确定其类型。

MATLAB 中的变量命名规则如下：

1）变量名的大小写是敏感的，A 与 a 表示的是不同的变量。

2）变量的第一个字符必须为英文字母，而且不能超过 31 个字符。

3）变量名可以包含下划线、数字，但不能为空格符、标点。

4）命名变量时可以取一个容易记忆并且能表达出其含义的名称，如汇率，可以定义为 exchange_ rate。

5）某些常量也可以作为变量使用，如 i 在 MATLAB 中表示虚数单位，但也可以作为变量使用。

（3）常量

常量是指那些在 MATLAB 中已预先定义其数值的变量，默认的常量如表 1-4 所示。

表 1-4　MATLAB 默认常量

名称	说明	名称	说明
pi	圆周率	eps	浮点数的相对误差
INF(或 inf)	无穷大	i(或 j)	虚数单位,定义为 $\sqrt{-1}$
NaN(或 nan)	代表不定值(即 0/0)	nargin	函数实际输入参数个数
realmax	最大的正实数	nargout	函数实际输出参数个数
realmix	最小的正实数	ANS(或 ans)	默认变量名,以应答最近一次操作运算结果

（4）MATLAB 变量的存取

变量可以用 save 命令存储到磁盘文件中。键入命令"save<文件名>",将工作空间中全部变量存到"<文件名>. mat"文件中去,若省略"<文件名>"则存入文件"matlab. mat"中;命令"save<文件名><变量名集>"将"<变量名集>"指出的变量存入文件"<文件名>. mat"中。

用 load 命令可将变量从磁盘文件读入 MATLAB 的工作空间,其用法为"load<文件名>",它将"<文件名>"对应的磁盘文件中的数据依次读入名称与"<文件名>"相同的工作空间中的变量中。若省略"<文件名>",则"matlab. mat"从中读取所有数据。

用 clear 命令可以从工作空间中清除现存的变量。

1.4.2.2　字符和字符串

字符是 MATLAB 中符号运算的基本元素,也是文字等表达方式的基本元素,在 MATLAB 中,字符串作为字符数组用单引号('')引用到程序中,还可以通过字符串运算组成复杂的字符串。字符串数值和数字数值之间可以进行转换,也可以执行字符串的有关操作。

（1）设定字符串

MATLAB 对字符串的设定非常简单,只需使用单引号(''),将所需设定的字符串引注即可。

（2）字符串的操作

由于 MATLAB 语言是采用 C 语言开发的,因此它的字符串操作与 C 语言的相应操作基本相同。在 MATLAB 中用函数 eval( )来执行字符串的功能。

（3）字符串常用函数

字符串常用函数及其功能如表 1-5 所示。

表 1-5　字符串常用函数及其功能表

函数	功能	函数	功能
size	查看字符数组的维数	abs	查看一个字符的 ASCII 码
char	把数字按照 ASCII 码转换为字符串	strcat	字符串连接
strcmp	比较字符串	strrep	替换字符串
strcmpi	忽略大小写比较字符串	upper	转换为大写
stmcmp	比较字符串的前个字符	lower	转换为小写
findstr	在一个字符串中查找另一个字符串	strtok	返回字符串中第一个分隔符(空格、回车和 Tab 键)前的部分
strjust	对齐字符数组,包括左对齐、右对齐和居中	blanks	产生空字符串
strmatch	查找匹配的字符串	deblank	删除字符串中的空格

1.4.2.3　元胞数组

元胞是元胞数组(Cell Array)的基本组成部分。元胞数组与数字数组相似，以下标来区分，单元胞数组由元胞和元胞内容两部分组成。用花括号{}表示元胞数组的内容，用圆括号()表示元胞元素。与一般的数字数组不同，元胞可以存放任何类型、任何大小的数组，而且同一个元胞数组中各元胞的内容可以不同。

在 MATLAB 中也内置了很多元胞数组操作函数，其主要函数如表 1-6 所示。

表 1-6　元胞数组函数

函数	功能
celldisp()	显示单元阵列的内容
cellplot()	画出单元阵列的结构图
reshape()	改变元胞数组的形状
cell2struct()	把元胞数组转化为构架数组
num2cell()	把数字矩阵转化为元胞数组
cellstr()	把二维字符数组转化为相应的字符串单元阵列
char()	把字符串单元阵列转化为相应的字符数组

1.4.2.4　构架数组

与元胞数组相似，构架数组(StructureArray)也能存放各类数据，使用指针方式传递数值。构架数组由结构变量名和属性名组成，用指针操作符"."连接结构变量名和属性名。例如，可用 parameter.temperature 表示某一对象的温度参数，用 parameter.humidity 表示某一对象的湿度参数等，因此该构架数组 parameter 由两个属性组成。

在 MATLAB 中内建了许多函数，其中部分函数能对构架数组进行相应操作。具体操作包括返回构架数组的所有域名、检测是否为构架数组和检测构架数组中是否存在某域名等操作，具体函数的使用方法如表 1-7 所示。

表 1-7　构架数组操作函数

函数	功能
fleldnames(struct_ arry)	以字符串的形式返回构架数组的所有域名
isstruct(A)	检测是否为构架数组，若是则返回 1，否则返回 0
isfield(struct_ arry, 'chars')	检测构架数组中是否存在名为 'chars' 的域名

1.4.2.5　逻辑型

逻辑型数据也是 MATLAB 的一类重要的数据类型。逻辑型数据就是值仅为 true(常用 1 表示)或 false(常用 0 表示)并用其来完成逻辑或者关系运算的一种数据类型。和一般数据类型相似的是，逻辑类型的数据只能通过数值类型转化，或者使用特殊的函数生成相应类型的数组或矩阵。

常用的逻辑运算函数包括 logical()、true() 和 false() 等，如表 1-8 所示。

表 1-8　逻辑运算函数

函数	功能
logical(m)	将任意类型的数据转化为逻辑数据，其中非零为逻辑真，零为逻辑假

函数	功能
true(m, n)	将任何数据转化为逻辑真(即结果为1)
false(m, n)	将任何数据转化为逻辑假(即结果为0)

1.4.3 数学运算

1.4.3.1 常用的数学函数

（1）三角函数

三角函数在 MATLAB 中的使用十分广泛，其语法也相对简单。MATLAB 三角函数分为三角函数和反三角函数两类，常用三角函数如表1-9所示。

表1-9　三角函数的名称和功能说明

函数	功能	函数	功能
sin( )／sind( )	正弦函数，输入值为弧度／角度	acos( )／acosd( )	反余弦函数，返回值为弧度／角度
cos( )／cosd( )	余弦函数，输入值为弧度／角度	acsc( )／acscd( )	反余割函数，返回值为弧度／角度
tan( )／tand( )	正切函数，输入值为弧度／角度	asec( )／asecd( )	反正割函数，返回值为弧度／角度
sec( )／secd( )	正割函数，输入值为弧度／角度	atan( )／atand( )	反正切函数，返回值为弧度／角度
csc( )／cscd( )	余割函数，输入值为弧度／角度	acot( )／acotd( )	反余切函数，返回值为弧度／角度
cot( )／cotd( )	余切函数，输入值为弧度／角度	atan2( )	四象限内反正切
asin( )／asind( )	反正弦函数，返回值为弧度／角度		

（2）双曲线函数

MATLAB 中双曲线函数同样分为双曲线函数和反双曲线函数两类，表1-10给出了常用双曲线函数及其功能说明。

表1-10　双曲线函数的名称及功能

函数	功能	函数	功能
sinh( )	双曲正弦	asinh( )	反双曲正弦
cosh( )	双曲余弦	acos( )	反双曲余弦
tanh( )	双曲正切	atanh( )	反双曲正切

（3）复数函数

MATLAB 可以对复数进行运算，简便易行。MATLAB 以 i 或 j 字符来代表虚部，其他的与复数相关的函数有 real( )、imag( )、conj( )、abs( )和 angle( )等，如表1-11所示。

表1-11　复数函数的名称及功能

函数	功能	函数	功能
abs( )	求复数的模	unwrap( )	复数的相角展开
angle( )	求复数的相角(弧度制)	isreal( )	判断是否为实数
real( )	求复数的实部	cplxpair( )	按共轭复数对重新排列
imag( )	求复数的虚部	complex( )	由实部和虚部创建函数
conj( )	求复数的共轭值		

（4）求和、乘积和差分

① 求和函数

求和函数命令的一般格式为：

sum(x)：返回数组 x 的所有值之和，这里 x 表示一个数组。

sum(X)：返回矩阵 X 各列元素之和的矩阵。

cumsum(x):%返回一个数组 x 中元素累计和的向量。

cumsum(X):%返回矩阵 X 各列元素之和的矩阵，和 sum(X)的结果相同。

② 乘积函数

乘积函数命令的一般格式为：

prod(x)：返回数组 x 中各元素乘积，x 表示数组。

prod(A)：返回按列向量的所有元素的积，然后组成一行向量。

prod(A, dim)：给出 dim 维内的元素乘积。

cumprod(x)：返回一个 x 中各元素累计积的向量，也就是第 2 个元素是 x 中前两个元素的累计积，以此类推。

cumprod(A)：返回一个矩阵，其中列元素是 A 中列元素的累计积。

cumprod(A, dim)：给出在 dim 维内的累计积。

③ 差分函数

差分函数命令的一般格式如表 1-12 所示。

表 1-12　diff( )函数

函数	功能
diff(x)	给出一个长度为 n-1 的向量，它的元素是长度为 n 的向量 x 中相邻元素的差。如果 x=(x1, x2, …, xn)，则 diff(x)=(x2-x1, x3-x2, …xn-xn-1)
diff(A)	在 A 的第一维内计算相邻元素的差分
diff(x, k)	求出第 k 次差分，diff(x, 2)和 diff(diff(x))等价
diff(A, k, dim)	在 dim 维内求出第 k 次差分

（5）最大值和最小值

可以使用 max( )和 min( )函数求给定函数或者表达式的最大值、最小值。其具体用法如表 1-13 所示。

表 1-13　最大值和最小值函数

函数	功能
max(x)	返回 x 中的最大值；如果 x 为复数，则返回 abs(x)的最大值
max(X)	返回一个矩阵，该矩阵的元素包含矩阵 X 中第一维元素中的最大值。例如，X 是一个二维矩阵，则返回的函数为一行行向量，它的第一个元素即 X 中第一列的最大值，以此类推。若 X 为复数，则返回 abs(X)的最大值
max(A, B)	返回一个与 A、B 同维数的矩阵，该矩阵的每个元素均为 A、B 矩阵相同位置元素的最大值
min(x)	返回 x 中的最小值；如果为复数，则返回 abs(x)的最小值
min(X)	返回一个矩阵，该矩阵的元素包含矩阵 X 中第一维元素中的最小值。例如，X 是一个二维矩阵，则返回的函数为一个行向量，它的第一个元素即 X 中第一列的最小值，以此类推。若 X 为复数，则返回 abs(X)的最小值
min(A, B)	返回一个与 A、B 同维数的矩阵，该矩阵的每个元素均为 A、B 矩阵相同位置元素的最小值

（6）排序

在 MATLAB 中可以通过 $_s$ort( ) 函数实现排序功能，使用方法如表 1-14 所示。

表 1-14　排序函数

函数	说明
sort(x)	返回一个向量 x 的元素按递增排序的向量。如果元素是复数，则使用绝对值进行排序，即 sort (abs(x))
[y, ind] = sort(x)	返回下标向量 ind，即 y = x(ind)。向量 y 是 x 中元素按递增排序得到的
sort(A, dim)	对 A 中各列按递增排序，如果给出了 dim，则在 dim 维内进行排序
[B, Ind] = sort(A)	返回矩阵 Ind 和矩阵矩阵 B 的列为矩阵 A 中按递增排序的列，矩阵 Ind 的每列对应于上面提到的向量中列 ind
sortrows(X, col)	对矩阵 X 的各行按递增排序。如果行的元素是复数，它们以 abs(x) 为主，以 angle(x) 为辅进行排序。如果给出 col，则根据指定的列数对行进行排序

1.4.3.2　关系和逻辑运算及多项式运算

除了传统的数学运算，MATLAB 还支持关系和逻辑运算。这些操作符和函数的目的是提供求解真/假命题的答案。

多项式是若干个单项式的代数和组成的式子。多项式中每个单项式称为多项式的项，这些项的最高次数，就是这个多项式的次数。不含字母的项称为常数项。只含一个变元的多项式称为一元多项式，含两个(或两个以上)变元的多项式称为多元多项式。

（1）关系操作符

MATLAB 提供的操作符如表 1-15 所示，通过操作符运算可以实现两个量或者关系式之间关系的比较。

表 1-15　关系操作符及其功能

关系操作符	功能	关系操作符	功能
<	小于	>=	大于或者等于
<=	小于或者等于	==	等于
>	大于	~=	不等于

需要注意的是：关系运算的优先级别低于算术运算，高于逻辑运算。参与比较的两个量，如果都是标量，则按照比较结果返回逻辑值，两者关系成立则返回逻辑真，两者关系不成立则返回逻辑假。标量可以与任何维数的数组比较，并在该标量和数组的每个元素之间进行比较，比较结果与后者相同。数组与数组比较，两数组维数必须相同，并在两者相同位置上的元素之间进行比较。操作符<、<= 和>、>= 仅对被比较量的实部进行比较，而 == 和 ~= 同时也对它们的虚部进行比较。= 和 == 是不同的概念，= 是赋值运算符，将运算结果赋值给特定变量；== 用于比较，当两值相等时返回 1，不相等时返回 0。

（2）逻辑操作符

MATLAB 提供逻辑操作符来实现两个量之间的逻辑比较，如表 1-16 所示。

表 1-16　逻辑操作符

逻辑操作符	功能	逻辑操作符	功能
&	与	‖	只是用于标量，表示"或"
&&	只是用于标量，表示"与"	~	非
｜	或	xor	异或

在逻辑运算中，非零元素表示逻辑真，用"1"来表示；零元素表示逻辑假，用"0"来表示。运算符"&""｜"和"~"分别代表逻辑运算中的且（and）、或（or）和非（not）。标量可以和任意维数的数组进行逻辑运算。运算比较在标量和数组的所有元素之间进行，运算结果与数组维数相同。数组与数组进行逻辑运算，两者的维数必须相同。运算比较在两数组的对应元素间进行，结果与参与运算的数组维数相同。在算术运算、关系运算和逻辑运算中，逻辑运算的优先级最低。在逻辑运算的运算符中，"~"优先级最高，"&"和"｜"的优先级相同。a&&b，若 a 为假，则结果为假，忽略 b 的值。a‖b，若 a 为真，则结果为真，忽略 b 的值。

（3）关系与逻辑函数

除了关系和逻辑操作符，MATLAB 还提供了关系与逻辑函数，如表 1-17 所示。

表 1-17　关系与逻辑函数

函数	功能
xor(x)	异或运算
any(x)	如果向量中有非 0 元素则返回 1，否则返回 0
all(x)	如果向量 x 中所有元素非 0 则返回 1，否则返回 0
isequal(x，y)	x 和 y 对应元素相等时置 1，否则置 0
ismember(x，y)	若 x 元素是 y 的子集，相应 x 元素置 1，否则置 0

（4）多项式运算

在 MATLAB 中处理多项式命令的函数及功能如表 1-18 所示。

表 1-18　多项式运算函数

函数	功能
poly(A)	计算矩阵 A 的特征多项式向量
poly(x)	给出一个长度为 $n+1$ 的向量，其中的元素是次数为 n 的多项式的系数。这个多项式的根是长度为 n 的向量 x 中的元素
polyval(p，x)	计算多项式 p。如果 x 是一个标量，则计算多项式在 x 点的值；如果 x 是一个向量或者一个矩阵，则计算多项式在 x 中所有元素上的值
polyvalm(p，A)	直接对矩阵 A 进行多项式计算
company(p)	计算带有系数 p 的多项式的友矩阵 A，这个矩阵的特征多项式为 p
roots(p)	计算多项式 p 的根，是一个长度为 n 的向量，也就是方程 p(x)= 0 的解
conv(p，q)	计算多项式 p 和 q 的乘积，也可以认为是 p 和 q 的卷积
[k，r]=deconv(p，q)	计算多项式 p 除 q。k 是商多项式，r 是残数多项式。等价于 p 和 q 的逆卷积

1.4.4　数值计算

1.4.4.1　函数极值点

（1）一元函数的极小值点

数学中可以通过对函数求导确定斜率为零的点，再通过它的增减性判断极大值和极小值点。如果函数比较简单，这种方法使用起来非常方便，但是如果函数过于复杂，即使求导很容易，也不一定能求出导数为零的点。在这种情况下，可以通过 MATLAB 确定函数的极值点。完成此功能的函数是 fminbnd( )，可用于求解一元函数的最小值点。由于函数 f(x) 的最大值为函数-f(x) 或 1/f(x) 的最小值，所以利用 fminbnd( ) 函数也可以求出函数的最大值。

（2）多元函数的极小值点

求多元函数极小值点主要有两种方法：单纯行下山法（Downhill simplex methods）和拟牛顿法（qussi-Newton methods），格式为：

x = fminsearch(fun，x0)

单纯行下山法求多元函数极值点的指令的最简格式。

[x，fval，exitflag，output] = fminsearch(fun，x0，options，p1，p2，…)

单纯行下山法求多元函数极值点指令最完整的格式。

x = fminunc(fun，x0)

拟牛顿法求多元函数极值点的指令的最简格式。

[x，fval，exitflag，output，grad，hessian] = fminunc(fun，x0，options，p1，p2，…)

拟牛顿法求多元函数极值点的指令的最完整格式。

1.4.4.2　函数积分

（1）一元函数的数值积分

函数的积分等于它对应函数图形围成的面积，求图形围成的面积也就是求函数的积分。

① 梯形法数值积分

梯形法数值积分函数 trapz( ) 通过计算若干个梯形的面积求和来近似某函数的积分。这些梯形是通过相邻数据形成的，相邻数据间的距离越小，求出来的面积越接近真实值。

② 辛普森数值积分

辛普森数值积分函数 quad( ) 和科茨数值积分函数 quadl( ) 比梯形法数值积分函数 trapz( ) 的计算结果更加精确一些，调用格式如下：

q = quad('f(x)'，x1，x2)

表示使用自适应递归的辛普森方法从积分区间[x1，x2]对函数 f(x) 进行积分，积分的相对误差在 1e-3 范围内。输入参数中的 'f(x)' 是一个字符串，表示积分函数的表达式。当输入的是向量时返回值必须是向量形式。

q = quad('f(x)'x1，x2，tol)

表示使用自适应递归的辛普森方法从积分区间[x1，x2]对函数 f(x) 进行积分，积分的误差在 tol 范围内。

q = quad('f(x)'x1，x2，tol，trace)

表示当输入参数 trace 不为零时，以动态点图的形式进行积分，积分的误差在 tol 范围内。

q = quad('f(x)'x1，x2，tol，trace，p1，p2…)

表示允许参数 p1、p2 直接输给函数 f(x)，即 g = F(x，p1，p2…)。当 tol 和 trace 使用默认值时，需要输入空矩阵。

③ 科茨数值积分

科茨数值积分函数 quadl( ) 的语法和辛普森数值积分函数基本相同，具体格式为：

q = quadl('f(x)'，x1，x2)

q = quadl($'f(x)'$x1, x2, tol)

q = quadl($'f(x)'$x1, x2, tol, trace)

q = guadl($'f(x)'$x1, x2, tol, trace, p1, p2…)

（2）多重数值积分

① 二重积分

MATLAB 中用 dblquad( ) 函数求二重积分，根据 dxdy 的顺序，x 为内积分变量，y 为外积分变量。函数先计算内积分变量，再利用内积分的中间结果计算外积分变量。

二重积分的形式为：

$$Q = \int_{ymin}^{ymax} \int_{xmin}^{xmax} f(x, y) \, dxdy$$

具体的使用方法如下：

q = dblquad(fun, xmin, xmax, ymin, ymax)

计算函数在[xmin, xmax, ymin, ymax]上的二重积分。fun 为函数句柄，xmin、xmas、ymin 和 ymax 分别表示积分区间的上下界。

q = dblquad(fun, xmin, xmax, ymin, ymax, tol)

tol 用来指定绝对计算精度。

② 三重积分

MATLAB 中，三重积分和一、二重积分的语法基本相似，求解三重积分的语法如下：

triplequad(fun, XMIN, XMAX, YHIN, YMAX, ZMIN, ZMAX)

用来求函数 fun(x, y, z) 在矩形区间[XMIN, XMAX, YMIN, YMAX, ZMIN, ZMAX]上的积分值。函数 fun(x, y, z) 必须接受向量 x 及标量 y 和 z，并返回一个积分向量。

triplequad(fun, XMIN, XMAX, YMIN, YMAX, ZMIN, ZMAX, fun)

使用 tol 作为允许的误差值，取代默认值 l.e-6。

1.4.4.3 函数微分

（1）diff( ) 函数求解数值微分

在 MATLAB 中，使用 diff( ) 函数求解数值微分，其语法如表 1-19 所示。

表 1-19 diff( ) 函数的语法格式

调用格式	说明
diff(x)	用来求解向量 x 的微分，所得值为[x(2)-x(1), x(3)-x(2), …, x(n)-x(n-1)]
	用来求解矩阵 X 的微分，所得值为矩阵的差分[X(2)-X(1), X(3)-X(2), …, X(n)-X(n-1)]
	对 n 维数组求微分，所得值为沿第一个相关维的差分值
diff(x, n)	用来求解矩阵的 n 阶差分值，如果 n>size(x, dim)，diff( ) 函数先计算可能的连续差分值，直到 size(x, dim)=1，然后 diff( ) 函数沿任意 n+1 维进行差分计算
diff(x, n, dim)	用来计算 n 阶差分，如果 n>size(x, dim)，函数将返回空数组

（2）用 graidient( ) 函数求近似梯度

在 MATLAB 中，使用 gradient( ) 函数求解近似梯度，其语法如表 1-20 所示。

表 1-20　gradient 函数的语法格式

调用格式	说明
[fx，fy] = gradient(f)	命令返回矩阵 f 的数值梯度，fx 为函数在 x 方向上的差分值，fy 为函数在 y 方向上的差分值。此时，各个方向间隔的默认值为 1。如果 f 是一个向量，df = gradient(f) 返回一个一维向量
[fx，fy] = gradient(f，h)	命令用 h 作为各个方向的间断点，h 为一个向量
[fx，fy，fz] = gradient(f)	命令返回 f 的三维梯度，其中 f 是一个三维向量，fz 是函数 f 在 z 方向上的差分。gradient (f，h)命令用 h 作为各个方向上的间距，h 为一个向量

1.4.4.4　常微分方程

（1）常微分方程介绍

在微分方程中，自变量的个数只有一个，称为常微分方程。自变量的个数为两个或两个以上的微分方程叫偏微分方程。在微分方程中，通常在给定初始条件时，通过计算求解一系列微分方程的历史问题，成为微分方程的初值问题。可以定义为如下形式：

$$y' = f(t，y)，y(t_0) = y_0$$

其中，y'、y 和 y_0 都是向量形式的表达式，$y(t_0) = y_0$ 是初值条件，需要求解的是 y。各种微分方程形式上基本相同，但性质上有一些差别。MATLAB 提供了多个不同微分方程的求解命令。

ode23：二阶或三阶，单步算法，在误差允许范围大的情况下适用。

ode45：四阶或五阶，单步算法不需要附加的初始值，不改变步长和结果。

ode113：可变阶 Adams PECE 算法，多步算法，对误差允许范围较小的问题较为适宜。

ode15s：可变阶数值微分法，多步解，适用于解决刚性问题。

ode23s：基于改进的 rosen 公式，单步算法，用来解决误差允许范围较大的问题。

ode23t：自由内插实现梯形公式，用于解决刚性问题。

ode23b：TR-BDF2 方法，用来解决误差允许范围较大的问题。

（2）常微分方程求解

MATLAB 中用于求解微分方程的各种命令的使用语法一致。

具体的语法格式为：[t，y] = solver(odefun，tspan，y0，options)。其中，odefun 代表 ode()函数的具体名称，tspan 是变量的求解区间。tspan 为二元向量[tl，t2]时，定义的是时间求解区间；tspan 为多元向量[t_1，t_2，t_3，…t_k]时，命令会在 tspan 所定义的时间区间序列中求解，但是该序列必须按照单调顺序排列。y0 表示微分方程的初始值，options 可以通过 odeset 来设置，在命令窗口中输入 oedset 即可。

1.4.4.5　插值法

按插值函数的形式，插值法主要分为以下几类：代数多项式插值、三角多项式插值、有理分式插值。其中，代数多项式插值是最常用的插值方式，又可分为以下几种插值方式：①非等距节点插值，包括拉格朗日插值、艾特肯插值和利用均差的牛顿插值；②等距节点插值，包括利用差分的牛顿插值和高斯插值等；③在插值中增加了导数插值的埃尔米特插值；④分段插值，包括分段线性插值、分段埃尔米特插值和样条函数插值；⑤反插值。

按被插值函数的变量个数，插值法可以分为一元插值和多元插值。

（1）一元插值函数

MATLAB 中的一元插值函数为 interp1()，它的功能是一维数据插值。该命令对数据点之间进行计算内插值，找出一元函数 f(x) 在中间点的数值，其中函数 f(x) 由所给数据决定。interp1( ) 的几种调用格式如表 1-21 所示。

表 1-21　一元插值函数 interp1 的语法格式

语法形式	说明
y = interp1(x，Y，x_i)	由已知点集(x，Y)插值计算 x_i 上的函数值 y
y = interp1(Y，x_i)	相当于 x=1：length(Y) 的 interp1(x，Y，x_i)
y = interp1(x，Y，x_i，method)	用指定插值方法计算插值点 x_i 上的函数值 y
y = interp1(x，Y，x_i，method，'extrap')	对 x_i 中超出已知点集的插值点用指定方法计算函数值 y
y = interp1(x，Y，x_i，method，extrapval)	用指定方法插值 x_i 上的函数值 y，x_i 中超出已知点集处函数值取 extrapval
pp = interp1(x，Y，method，'pp')	用指定方法进行插值，但返回结果为分段多项式

一维插值的算法由 interp1 函数中的 method 参数指定，各种算法如表 1-22 所示。

表 1-22　一维插值算法

method	方法描述
'nearest'	最邻近插值：插值点处函数值取与插值点最邻近的已知点上的函数值
'linear'	分段线性插值：插值点处函数值由连接其最邻近的两侧点的线性函数预测，是 interp1 的默认方法
'spline'	样条插值：默认为三次样条插值。可用 spline 函数代替
'pchip'	三次 Hermite 多项式插值。可用 pchip 函数代替
'cubic'	同 pchip，三次 Hermite 多项式插值

在这几种方法中：nearest 方法速度最快，占用内存最小，但一般来说误差最大，插值结果最不光滑；linear 分段线性插值方法为默认的插值方法，它在速度和误差之间取得了比较好的均衡，其插值函数具有连续性，但在已知数据点处的斜率一般都会改变，因此是不光滑的；spline 三次样条插值法是所有插值方法中运行耗时最长的，因为其插值函数以及插值函数的一阶、二阶导函数都是连续的，因此是最光滑的插值方法，但当已知数据点不均匀分布时可能出现异常结果；cubic 三次多项式插值法中插值函数及其一阶导函数都是连续的，插值结果也比较光滑，运算速度比 spline 方法略快，但占用内存最多。在实际的使用中，应根据实际需求和运算条件选择合适的算法。

另外，对已知数据点集内部的点进行的插值运算，称作内插。内插可以根据已知数据点的分布构建函数关系，能比较准确地估测插值点上的函数值。当插值点落在已知数据集外部时，插值称为外插，可以通过在 interp1 函数中添加 'extrap' 参数用于外插运算。例如：y1 = interp1(x，y，xx，'nearest'，'extrap')、y2 = interp1(x，y，xx，'linear'，'extrap')、y3 = interp1(x，y，xx，'spline'，'extrap')、y4 = interp1(x，y，xx，'cubic'，'extrap')。

（2）二元插值函数

MATLAB 中提供了 interp2 函数进行二维插值，其用法类似于一维插值函数 interp1，但是可选的插值方法只有三种：'nearest'、'linear' 和 'cubic'。同样，linear 是默认的插值方法。在使用 interp2 的过程中要注意以下几点：

① 在二维插值中已知数据点集(X，Y)必须是栅格格式，一般用 meshgrid 函数产生。

② interp2 函数要求(X，Y)必须是严格单调递增或者单调递减。

③ interp2 函数输入中，若已知点集(X，Y)在平面上的分布不是等间距时，interp2 函数首先要通过一定的变换将其转换为等间距的。

④ 当点集(X，Y)是等间距分布时，可以在 method 参数前面加星号(＊)，即如 ' ＊ cubic' 这样输入参数，从而提高插值速度。

（3）拉格朗日插值法

拉格朗日插值法是基于基函数的插值方法，插值多项式可表示为：

$$L(x) = \sum_{i=0}^{n} y_i \, l_i(x)$$

其中$l_i(x)$称为 i 次基函数：

$$l_i(x) = \frac{(x-x_0)\cdots(x-x_{i-1})(x-x_{i+1})\cdots(x-x_n)}{(x_i-x_0)\cdots(x_i-x_{i-1})(x_i-x_{i+1})\cdots(x_i-x_n)}$$

则一般离散数据$(x_i，y_i)$的拉格朗日插值多项式如下：

$$L(x) = \sum_{i=0}^{n} y_i \frac{(x-x_0)\cdots(x-x_{i-1})(x-x_{i+1})\cdots(x-x_n)}{(x_i-x_0)\cdots(x_i-x_{i-1})(x_i-x_{i+1})\cdots(x_i-x_n)}$$

很容易验证它满足插值条件。

在 MATLAB 中编程实现的拉格朗日插值法函数为：Language。

调用格式为：f＝Language(x，y)或 f＝Language(x，y，x0)。其中，x、y 分别为已知数据点的 x 坐标向量和 y 坐标向量；x0 为插值点的 x 坐标值；f 为求得的拉格朗日插值多项式或在 x0 处的插值。

实现拉格朗日插值的代码如下：

```
function f＝Language(x，y，x0)
syms t;
if(length(x)＝＝length(y))
    n＝length(x);
else
    disp('x 和 y 的维数不相等');
    return;
end


f＝0.0;
for(i＝1：n)
    1＝y(i);
  for(j＝1：i-1)
    1＝1 ＊ (t-x(j))/(x(i)-x(j));
  end;
  for(j＝i+1：n)
    1＝1 ＊ (t-x(j))/(x(i)-x(j));          (计算拉格朗日基函数)
  end;

f＝f+1;                                   (计算拉格朗日插值函数)
```

```
simplify(f);                                        (化简)

if(i==n)
  if(nargin==3)
    f=subs(f, 't', x0);                             (计算插值点的函数值)
  else
    f=collect(f);                                   (将插值多项式展开)
    f=vpa(f, 6);                                     (将插值多项式的系数化成 6 位精度的小数)
    end
  end
end
```

【例 1-3】根据下表所示的数据点，用拉格朗日插值法计算当 x=0.54 时的 y 值。

x	0.4	0.5	0.6	0.7	0.8
y	−0.916291	−0.693147	−0.510826	−0.357765	−0.223144

解：在 MATLAB 命令窗口中输入以下命令：

```
>>x=[0.4 0.5 0.6 0.7 0.8];
>>y=[−0.916291 −0.693147 −0.510826 −0.357765 −0.223144];
>>f=Language(x, y, 0.54)
```

运行结果为：

```
f=
  −0.616143
```

表格中的数据点是按 $y=\ln(x)$ 给出的，精确解 $\ln(0.54)=-0.616186$ 与插值法结果相差不大，插值函数的精度是比较高的。

（4）艾特肯插值法

拉格朗日插值法简单且易于建立，但是一旦增加插值节点的个数，原有多项式的计算结果并不能加以利用，插值多项式必须重新建立，而且其形式不易简化，计算比较复杂。

艾特肯插值法是通过递推来建立插值多项式的，它的基本思想是 k+1 次插值多项式可由两个 k 次插值多项式通过线性插值得到，推导过程如下：

令

$$p_{0,1,\cdots,k}(x)=\frac{1}{x_n-x_k}\begin{vmatrix} p_{0,1,\cdots,k}(x) & x_k-x \\ p_{0,1,\cdots,k-1,n}(x) & x_n-x \end{vmatrix}$$

可得到

$$p_{0,1}(x)=\frac{1}{x_1-x_0}\begin{vmatrix} p_0(x) & x_0-x \\ p_1(x) & x_1-x \end{vmatrix}$$

$$p_{0,2}(x)=\frac{1}{x_2-x_0}\begin{vmatrix} p_0(x) & x_0-x \\ p_2(x) & x_2-x \end{vmatrix}$$

递推下去，可得到表 1-23 所示的计算表格（$p_{0,1,\cdots,k,n}(x)$ 代表多项式，n 代表有 n+1 个插值点，k 代表插值多项式是 k+1 次的）。$p_{0,1,\cdots,n-1,n}(x)$ 就是最终的插值多项式。

表 1-23　艾特肯插值多项式计算表格

已知数据		构造过程
x_0	$p_0(x) = f(x_0)$	
x_1	$p_1(x) = f(x_1)$	$p_{0,1}(x)$
x_2	$p_2(x) = f(x_2)$	$p_{0,2}(x)$ $p_{0,1,2}(x)$
x_3	$p_3(x) = f(x_3)$	$p_{0,3}(x)$ $p_{0,1,3}(x)$ $p_{0,1,2,3}(x)$
...		...
x_n	$p_n(x) = f(x_n)$	$p_{0,n}(x)$ $p_{0,1,n}(x)$ $p_{0,1,2,n}(x)$ $\cdots p_{0,1,2,\cdots,n}(x)$

　　MATLAB 中编程实现的艾特肯插值法函数为 Atken，其调用格式为 f = Atken(x，y) 或 f = Atken(x，y，x0)，其中 x、y 分别为已知数据点的 x 坐标向量和 y 坐标向量；x0 为插值点的 x 坐标值；f 为求得的艾特肯插值多项式或在 x0 处的插值。

　　实现艾特肯插值的代码如下：

```
function f = Atken(x，y，x0)
syms t;
if(length(x) = = length(y))
  n = length(x);
else
  disp('x 和 y 的维数不相等');
  return;
end

yl(1：n) = t;
for(i = 1：n-1)
  for(j = i+1：n)
  yl(j) = y(j) * (t-x(i))/(x(j)-x(i))+y(i) * (t-x(j))/(x(i)-x(j));
  end
  y = yl;
  simplify(yl);
end
if(nargin = = 3)
  f = subs(y1(n)，'t●，x0);
else
  simplify(yl(n));
  f = collect(yl(n));
  f = vpa(f，6);
end
```

　　【例 1-4】根据下表所示的数据点，使用艾特肯插值法计算 x = 1.4 时的 y 值。

x	0	0.4	0.8	1.2
y	1	0.921061	0.696707	0.362358

解：在 MATLAB 命令窗口中输入以下命令：

>>x=[0 0.4 0.8 1.2];
>>y=[1 0.921061 0.696707 0.362358];
>>f=Atken(x, y, 1.4)

运行结果为：

f=

  0.1650

表格中的数据点是按 y=cos x 给出的，cos(1.4)=0.1650，说明插值函数的精度是比较高的。

（5）利用均差的牛顿插值法

函数 f 的零阶均差定义为 $f[x_0]=f(x_0)$，一阶均差定义为：

$$f[x_0, x_m]=\frac{f(x_m)-f(x_0)}{x_m-x_0}$$

k 阶均差定义为：

$$f[x_0, x_1, \cdots, x_{k-1}, x_m]=\frac{f[x_0, x_1, \cdots, x_{k-2}, x_m]-f[x_0, x_1, \cdots, x_{k-1}]}{x_m-x_{k-1}}$$

利用均差的牛顿插值多项式为：

$$N(x)=f(x_0)+f[x_0, x_1](x-x_0)+f[x_0, x_1, x_2](x-x_0)(x-x_1)+\cdots+$$
$$f[x_0, x_1, \cdots, x_n](x-x_0)(x-x_1)\cdots(x-x_{n-1})$$

计算过程如表 1-24 所示。

表 1-24　均差计算表格

函数	一阶均差	二阶均差	三阶均差	…	n 阶均差
$f(x_0)$					
$f(x_1)$	$f[x_0, x_1]$				
$f(x_2)$	$f[x_0, x_2]$	$f[x_0, x_1, x_2]$			
$f(x_3)$	$f[x_0, x_3]$	$f[x_0, x_1, x_3]$	$f[x_0, x_1, x_2, x_3]$		
…					
$f(x_n)$	$f[x_0, x_n]$	$f[x_0, x_1, x_n]$	$f[x_0, x_1, x_2, x_n]$	…	$f[x_0, x_1, \cdots, x_n]$

在 MATLAB 中编程实现的均差形式的牛顿插值法函数为：Newton。

功能：求已知数据点的均差形式的牛顿插值多项式。

调用格式：f=Newton(x, y) 或 f=Newton(x, y, x0)，其中 x、y 分别为已知数据点的 x 坐标向量和 y 坐标向量；x0 为插值点的 x 坐标值；f 为求得的均差形式的牛顿插值多项式或在 x0 处的插值。

实现利用均差的牛顿插值的代码如下：

```
function f=Newton(x, y, x0)
syms t;

if(length(x)= =length(y))
```

```
    n=length(x);
    c(1: n)=0.0;
else
    disp('x 和 y 的维数不相等！');
    return;
end


f=y(1);
yl=0;
1=1


for(i=1: n-1)
    for(j=i+1: n)
        yl(j)=(y(j)-y(i))/(x(j)-x(i));
    end
    c(i)=yl(i+1);
    1=1*(t-x(i));
    f=f+c(i)*1;
    simplify(f);
    y=yl;

        if(i==n-1)
            if(nargin==3)
            f=subs(f, 't', x0);
        else
            f=collect(f);
            f=vpa(f, 6);
        end
    end
    end
end
```

【例 1-5】根据下表所列的数据点，采用均差形式的牛顿插值法计算 x=3.2 时的 y 值。

x	1	1.2	1.6	2.8	4
y	1	1.44	2.56	7.84	16

解：在 MATLAB 命令窗口中输入以下命令：
```
>>x=[1 1.2 1.6 2.8 4];
>>y=[1 1.442.56 7.84 16];
>>f=Newton(x, y, 3.2)
```
运行结果为：

f=

10. 24

表格中的数据点是按 $y=x^2$ 给出的，可以看出插值函数有很高的精度。

（6）等距节点插值法

1）利用差分的牛顿插值

差分分为前向差分、后向差分和中心差分三种，它们的记法及定义如下：

$$n \text{ 阶前向差分公式：} \Delta^n f(x_i) = \Delta^{n-1} f(x_{i+1}) - \Delta^{n-1} f(x_i)$$

$$n \text{ 阶后向差分公式：} \nabla^n f(x_i) = \nabla^{n-1} f(x_i) - \nabla^{n-1} f(x_{i-1})$$

$$n \text{ 阶中心差分公式：} \delta^n f(x_i) = \delta^{n-1} f(x_{i+\frac{1}{2}}) - \delta^{n-1} f(x_{i-\frac{1}{2}})$$

其中，Δ 代表前向差分；∇ 代表后向差分；δ 代表中心差分。

根据使用格式的不同，此类牛顿差值又可分为前向牛顿插值和后向牛顿插值两种形式。

① 前向牛顿插值

前向牛顿插值多项式可表示为：

$$N(x) = N(x_0 + th)$$
$$= f(x_0) + \binom{t}{1} \Delta f(x_0) + \binom{t}{2} \Delta^2 f(x_0) + \cdots + \binom{t}{n} \Delta^n f(x_0)$$

其中 h 为步长，且 t 的取值范围为 $0 \leqslant t \leqslant n$。

MATLAB 中的前向牛顿差分插值法函数为：Newtonforward。

调用格式为：f=Newtonforward(x, y)或者 f=Newtonforward(x, y, x0)，其中，x、y 分别为已知数据点的 x 坐标向量和 y 坐标向量；x0 为插值点的 x 坐标；f 为求得的前向牛顿差分插值多项式或在 x0 处的插值。

实现前向牛顿差分插值的代码如下：

```
function f=Newtonforward(x, y, x0)
syms t;
if(length(x)==length(y))
  n=length(x);
  c(1: n)=0.0;
else
  disp('x 和 y 的维数不相等！');
  return;
end
f=y(1);
yl=0;
xx=1inspace(x(1), x(n), (x(2)-x(1)));
if(xx~=x)
  disp('节点之间不是等距的！');
  return;
end
for(i=1: n-1)
  for(j=1: n-i)
```

32

```matlab
        yl(j)=y(j+l)-y(j);
    end
    c(i)=yl(1);
    l=t;
    for(k=1: i-1)
        1=1*(t-k);
    end;

    f=f+c(i)*1/factorial(i);
    simplify(f);
    y=yl;

    if(i= =n-l)
        if(nargin= =3)
            f=subs(f, 't', (x0-x(1))/(x(2)-x(1)));
        else
            f=collect(f);
            f=vpa(f, 6);
        end
    end
end
```

② 后向牛顿插值

后向牛顿插值多项式可表示如下：

$$N(x)=N(x_0+th)$$

$$=f(x_n)+\binom{t}{1}\nabla f(x_n)+\binom{t+1}{2}\nabla^2 f(x_n)+\cdots+\binom{t+n-1}{n}\nabla^n f(x_n)$$

其中 h 为步长，$x_n=x_0+nh$，t 的取值范围为 $-n\leqslant t\leqslant 0$。

MATLAB 中的后向牛顿差分插值法函数为：Newtonback。

调用格式：$f=$Newtonback(x, y) 或 $f=$Newtonback$(x, y, x0)$。其中，x、y 分别为已知数据点的 x 坐标向量和 y 坐标向量；x0 为插值点的 x 坐标；f 为求得的后向牛顿差分插值多项式或在 x0 处的插值。

实现后向牛顿差分插值的代码如下：

```matlab
function f=Newtonback(x, y, x0)
syms t;
if(length(x)= =length(y))
    n=length(x);
    c(1: n)=0.0;
else
    disp('x 和 y 的维数不相等! ');
```

```
        return;
    end
    f=y(n);
    yl=0;

    xx=1inspace(x(1), x(n), (x(2)-x(1)));
    if(xx~=x)
        disp('节点之间不是等距的!');
        return;
    end

    for(i=1: n-l)
        for(j=i+1: n)
            yl(j)=y(j)-y(j-1);
        end
        c(i)=yl(n);
        l=t;
        for(k=1: i-1)
            1=1*(t+k);
        end;

        f=f+c(i)*1/factorial(i);
        simplify(f);
        y=yl;

        if(i==n-l)
            if(nargin==3)
                f=subs(f, 't', (x(n)-x0)/(x(2)-x(1)));
            else
                f=collect(f);
                f=vpa(f, 6);
            end
        end
    end
end
```

【例1-6】根据下表所列的数据点，分别使用前向牛顿差分插值法和后向牛顿差分插值法求 $x=1.55$ 时的 y 值。

x	1	1.2	1.4	1.6	1.8
y	0.8415	0.9320	0.9854	0.9996	0.9738

解：在 MATLAB 命令窗口中输入以下命令：

```
>>x = 1: 0.2: 1.8;
>>y = [0.8415 0.9320 0.9854 0.9996 0.9738];
>>f = Newtonforward(x, y, 1.55)
```
运行结果为:
```
f =
    0.9998
>>f = Newtonback(x, y, 1.55)
```
运行结果为:
```
f =
    0.9998
```

表格中的数据点是按照 y = sinx 给出的，而 sin(1.55) = 0.9998，可以看出牛顿差分插值函数很准确。

2）高斯插值

高斯插值是从中间的节点开始的，它也有前向和后向之分。实际应用比较多的是由高斯公式衍生出来的斯特林公式和贝塞尔公式。

① 斯特林公式

斯特林公式适用于奇数个节点插值，是对前向高斯插值和后向高斯插值取平均值得到的：

$$S(x) = f(x_i) + \frac{1}{2}\binom{t}{1}(\delta f(x_{i+\frac{1}{2}}) + \delta f(x_{i-\frac{1}{2}})) + \frac{1}{2}\left[\binom{t}{2} + \binom{t+1}{2}\right]\delta^2 f(x_i) +$$

$$\frac{1}{2}\binom{t+1}{3}(\delta^3 f(x_{i+\frac{1}{2}}) + \delta^3 f(x_{i-\frac{1}{2}})) + \cdots +$$

$$\frac{1}{2}\left[\binom{t+m-1}{2m-1} + \binom{t+m}{2m-1}\right]\delta^{2m-1} f(x_{i+\frac{1}{2}}) + \binom{t+m-1}{2m}\delta^{2m} f(x_i)$$

② 贝塞尔公式

贝塞尔公式适用于偶数个节点插值，是高斯公式的另一种平均：

$$B(x) = \frac{1}{2}(f(x_i) + f(x_{i+1})) + \frac{1}{2}\left[\binom{t}{1} + \binom{t-1}{1}\right]\delta f(x_{i+\frac{1}{2}}) +$$

$$\frac{1}{2}\binom{t}{2}(\delta^3 f(x_i) + \delta^3 f(x_{i+1})) + \frac{1}{2}\left[\binom{t+1}{3} + \binom{t}{3}\right]\delta f(x_{i+\frac{1}{2}}) + \cdots +$$

$$\frac{1}{2}\left[\binom{t+m}{2m+1} + \binom{t+m-1}{2m+1}\right]\delta^{2m-1} f(x_{i+\frac{1}{2}})$$

MATLAB 中的高斯插值法函数为：Gauss。

调用格式：f = Gauss(x, y) 或 f = Gauss(x, y, x0)，其中 x、y 分别为已知数据点的 x 坐标向量和 y 坐标向量；x0 为插值点的 x 坐标；f 为求得的高斯插值多项式或在 x0 处的插值。

实现高斯插值的代码如下：

```
function f = Gauss(x, y, x0)
if(length(x) = = length(y))
    n = length(x);
    end
```

```
else
    disp('x 和 y 的维数不相等！');
    return;
end

xx = linspace(x(1), x(n), (x(2)-x(1)));
if(xx~=x)
    disP('节点之间不是等距的！');
    return;
end

if(mod(n, 2) == 1)
    if(nargin == 2)
        f = GStirling(x, y, n);
    else if(nargin == 3)
        f = GStirling(x, y, n. x0);
        end
    end
else
    ifif(nargin == 2)
        f = GBessel(x, y, n);
    else if(nargin == 3)
        f = GBessel(x, y, n, x0);
        end
    end
end

function f = GStirling(x, y, n, x0)
syms t;
nn = (n+1)/2;
f = y(nn);

for(i=1: n-1)
    for(j=i+1: n)
        yl(j) = y(j)-y(j-1);
    end
    if(mod(I, 2) == 1)
        c(i) = (yl((i+n)/2)+yl((i+n+2)/2))/2;
    else
        c(i) = yl((i+n+1)/2)/2;
    end
```
36

```matlab
    if( mod( i, 2)= =1)
        1=t+(i-l)/2;
        for( k=1: i-1)
            1=1 * ( t+(i-l)/2-k);
        end
    else
        1_ 1=t+i/2-1;
        1_ 2=t+i/2;
        for( k=1: i-1)
            1_ 1=1_ 1 * ( t+i/2-1-k);
            1_ 2=1_ 2 * ( t+i/2-k);
        end
        1=1_ 1+1_ 2;
    end
    1=1/factorial( i);
    f=f+c( i) *1;
    simplify( f);
    f=vpa( f, 6);
    y=yl;

    if( i= =n-l)
        if( nargin= =3)
            f=subs( f, 't', ( x0-x( nn))/( x( 2)-x( 1)));
        end
    end
end

function f=GBessel( x, y, n, x0)
syms t;
nn=n/2;
f=( y( nn)+y( nn+1))/2;

for( i=1: n-l)
    for( j=i+l: n)
        yl( j)=y( j)-y( j-1);
    end
    if( mod( i, 2)= =1)
        c( i)=yl( ( i+n+l)/2)/2;
    else
        c( i)=( yl( ( i+n)/2)+yl( ( i+n+2)/2))/2;
```

```
    end

  if(mod(i, 2)= =0)
    1 = t+i/2-1;
    for(k=1: i-1)
      1 = 1 * (t+i/2-l-k);
    end
  else
    1_ 1 = t+(i-1)/2;
    1_ 2 = t+(i-1)/2-1;
    for(k=1: i-1)
      1_ 1 = 1_ 1 * (t+(i-l)/2-k);
      1_ 2 = 1_ 2 * (t+(i-1)/2-1-k);
    end
    1 = 1_ 1+1_ 2;
  end

  1 = 1/factorial(i);
  f=f+c(i) * 1; simplify(f); f=vpa(f, 6);
  y=y1;

  if(i= =n-l)
    if(nargin= =4)
      f=subs(f, 't', (x0-x(nn))/(x(2)-x(1)));
    end
  end
end
```

  （7）埃尔米特插值法

  埃尔米特(Hermite)插值法满足在节点上等于给定函数值，而且节点的导数值也等于给定的导数值。对于有高阶导数的情况，埃尔米特插值多项比较复杂，在实际应用中常遇到的是函数值与一阶导数值给定的情况。此时，n 个节点 x_1，x_2，$\cdots$，x_n 的埃尔米特插值多项式 $H(x)$ 的表达式如下：

$$H(x) = \sum_{i=1}^{n} h_i \left[(x_i - x)(2 a_i y_i - y_i^{'}) + y_i \right]$$

其中 $y_i = y(x_i)$，$y_i^{'} = y^{'}(x_i)$。

$$h_i = \prod_{\substack{j=1 \\ j \neq i}}^{n} \left(\frac{x - x_j}{x_i - x_j} \right)^2$$

$$a_i = \sum_{\substack{j=1 \\ j \neq i}}^{n} \frac{1}{x_i - x_j}$$

MATLAB 中编程实现的埃尔米特插值法函数为：Hermite。

调用格式为：f=Hermite(x，y，y_ 1)或 f=Hermite(x，y，y_ l，x0)。其中 x、y 分别为已知数据点的 x 坐标向量和 y 坐标向量；y_ l 为已知数据点的导数向量，x0 为插值点的 x 坐标；f 为求得的埃尔米特插值多项式或在 x0 处的插值。

实现埃尔米特插值的代码如下：

```
function f=Hermite(x，y，y—l，x0)
syms t;
f=0. 0;

if(length(x)= =length(y))
  if|length(y)= =length(y_ 1))
    n=length(x);
  else
    dispr('x 和 y 的维数不相等！');
    return;
  end
else
  disp('x 和 y 的维数不相等！');
  return;
end

for i=1: n
  h=1. 0;
  a=0. 0;
  for j=1: n
    if(j~ =i)
      h=h * (t-x(j)^2/((x(i)-x(j))^2);
      a=a+1/(x(i)-x(j));
    end
  end

  f=f+h * ((x(i)-t) * (2 * a * y(i)-y_ l(i))+y(i));
  if(i= =n)
    if(nargin= =4)
      f=subs(f，'t'，x0);
    else
      f=vpa(f，6);
    end
  end
end
```

【例 1-7】根据下表所列的数据点求出埃尔米特插值多项式，并计算当 x=0.34 时的 y 值。

x	0.30	0.32	0.35
y	0.29552	0.31457	0.34290
y'	0.95534	0.94924	0.93937

解：在 MATLAB 命令窗口中输入以下命令：

```
>>x=0.30 0.32 0.35;
>>y=[0.29552 0.31457 0.34290];
>>y_1=[0.95534 0.94924 0.93937];
>>f=Hermite(x, y, y_1, 0.34)
```

运行结果为：

```
f=
  0.3335
```

表格中的数据点是按 y=sin(x)出的，而 sin(0.34)=0.3335，与插值函数的计算一致。

（8）有理分式插值法

有理分式插值基础是有理分式函数：

$$R_{m, n} = \frac{a_0 + a_1 x + \cdots + a_m x^m}{b_0 + b_1 x + \cdots + b_n x^n}$$

满足 $R_{m,n}(x_i)=f(x_i)$。

在已知 $f(x_i)$ 的情况下，可以通过以下两种算法得到 $R_{m,n}$。

① 倒差商-连分式算法

倒差商就是均差的倒数，一阶倒差商定义为：

$$f(x_0, x_m)^{-1} = \frac{x_m - x_0}{f(x_m) - f(x_0)}$$

k 阶倒差商可定义为：

$$f(x_0, x_1, \cdots, x_{k-1}, x_m)^{-1} = \frac{x_m - x_{k-1}}{f(x_0, x_1, \cdots, x_{k-2}, x_m) - f(x_0, x_1, \cdots, x_{k-1})}$$

参照均差处理方式，倒差商插值公式可以表示为：

$$R_{m, n} = f(x_0) + \cfrac{x - x_0}{f(x_0, x_1)^{-1} + \cfrac{x - x_1}{f(x_0, x_1, x_2)^{-1} + \cfrac{x - x_2}{\ddots \cfrac{x - x_{n-1}}{f(x_0, x_1, x_2, \cdots, x_n)^{-1}}}}}$$

MATLAB 中的有理分式形式的倒差商插值法函数为：DCS。

调用格式为：f=DCS(x, y)或 f=DCS(x, y, x0)。其中，x、y 分别为已知数据点的 x 坐标向量和 y 坐标向量；x0 为插值点的 x 坐标；f 为求得的有理分式形式的插值分式或在 x0 处的插值。

实现有理分式插值(倒差商算法)的代码如下：

```
function f=DCS(x, y, x0)
syms t;
if(length(x)==length(y))
```

40

```
    n=length(x);
    c(1: n)=0.0;
else
    disp('x 和 y 的维数不相等！');
    return;
end

c(1)=y(1);
for(i=1: n-1)
    for(j=i+1: n)
        yl(j)=((x(j)-x(i))/(y(j)-y(i)));
    end
    c(i+1)=yl(i+1);
    y=yl;
end

f=c(n);
for(i=1: n-1)
    f=c(n-i)+(t-x(n-i))/f;
    f=vpa(f, 6);
    if(i==n-1)
        if(nargin==3)
            f=subs(f, 't', x0);
        else
            f=vpa(f, 6);
        end
    end
end
```

【例 1-8】根据下表所列的数据点，用有理分式的倒差商形式进行插值计算 x=1.69 的 y 值。

x	1	1.2	1.4	1.6	1.8
y	1	1.0954	1.1832	1.2649	1.3416

解：在 MATLAB 命令窗口中输入以下命令：

```
>>x=[1 1.2 1.4 1.6 1.8];
>>y=[1 1.0954 1.1832 1.2649 1.3416];
>>f=DCS(x, y, 1.69)
```

运行结果为：

```
f=
    1.3000
```

表格中的数据点也是按 $y=\sqrt{x}$ 给出的，插值函数 DCS 的计算结果与精确计算结果吻合很好。

② Neville 迭代算法

由 Neville 迭代算法得到 $R_{m,n}$ 的迭代公式如下：

$$N_{i,k}(x) = \begin{cases} 0, & k=0 \\ f(x_i), & k=1 \\ N_{i,k-1}(x) + \dfrac{N_{i,k-1}(x) - N_{i-1,k-1}(x)}{\dfrac{x-x_{i-k}}{x-x_i}\left[1 - \dfrac{N_{i,k-1}(x) - N_{i-1,k-1}(x)}{N_{i,k-1}(x) - N_{i-1,k-2}(x)}\right]}, & k \geq 2 \end{cases}$$

式中，$i \geq 1$，$i = 1, 2, \cdots, n$。最终的 $N_{i,i-1}$ 就是所要的插值分式。

MATLAB 中的有理分式形式的 Neville 插值法函数为：Neville。

调用格式为：f = Neville(x, y) 或 f = Neville(x, y, x0)。其中，x、y 分别为已知数据点的 x 坐标向量和 y 坐标向量；x0 为插值点的 x 坐标；f 为求得的有理分式形式的插值分式或在 x0 处的插值。

实现有理分式插值(Neville 算法)的代码如下：

```
function f = Neville(x, y, x0)

syms t;
if(length(x) = = length(y))
  n = length(x);
else
  disp('x 和 y 的维数不相等！');
  return;
end

yl(1: n) = t;
for(i=1: n-1)
  for(j=i+1: n)
    if(j = = 2)
      y1(j) = y(j)+(y(j)-y(j-i))/((t-x(j-i))/(t-x(j))) * (1-(y(j)-y(j-1))/y(j));
    else
      y1(j) = y(j)+(y(j)-y(j-i))/((t-x(j-i))/(t-x(j))) * (1-(y(j)-y(j-1)/(y(j)-y(j-2))));
    end
  end
  y = y1;
  if(i = = n-1)
    if(nargin = = 3)
      f = subs(y(n-1), 't', x0);
    else
      f = vpa(y(n-1), 6);
    end
  end
end
```

end

【例 1-9】根据下面的数据点，用有理分式的 Neville 形式进行插值计算 x=1.44 的 y 值。

x	1	1.2	1.4	1.6	1.8
y	1	1.0954	1.1832	1.2649	1.3416

解：在 MATLAB 命令窗口中输入以下命令：
>>x=[1 1.2 1.4 1.6 1.8];
>>y=[l 1.0954 1.1832 1.2649 1.3416];
>>f=Neville(x, y, 1.44)

运行结果为：

f=

 1.0030

表格中的数据点是按 y=$\sqrt{x}$ 给出的，从插值结果看，与实际值 1.20 偏差比较大，一般来说迭代算法的精度很难保证。

1.4.4.6 函数逼近与曲线拟合

（1）函数逼近

在区间[a，b]上已知一连续函数 f(x)，如果 f(x) 的表达式太过复杂而用一个简单函数去近似，就是函数逼近问题。任何连续函数都可以泰勒展开，通过取展开项的前几项就构成了泰勒逼近，泰勒逼近十分简单，但它收敛慢，精度也不高，下面介绍几种比较实用的逼近方法。

1）切比雪夫逼近

当一个连续函数定义在区间[-1，1]上时，它可以展开成切比雪夫（Chebyshev）级数：

$$f(x) = \sum_{n=0}^{\infty} f_n T_n(x)$$

其中 $T_n(x)$ 为 n 次切比雪夫多项式，具体表达式可通过递推得出：

$$T_0(x) = 1, \ T_1(x) = x, \ T_{n+1}(x) = 2x T_n(x) - T_{n-1}(x)$$

它们之间满足如下的正交关系：

$$\int_{-1}^{1} \frac{T_n(x) T_m(x) dx}{\sqrt{1-x^2}} = \begin{cases} 0, & n \neq m \\ \dfrac{\pi}{2}, & n = m \neq 0 \\ \pi, & n = m = 0 \end{cases}$$

在实际应用中，可根据所需的精度来截取有限项数。切比雪夫级数中的系数由下式决定：

$$f_0 = \frac{1}{\pi} \int_{-1}^{1} \frac{f(x)}{\sqrt{1-x^2}} dx$$

$$f_n = \frac{2}{\pi} \int_{-1}^{1} \frac{T_n(x)f(x)}{\sqrt{1-x^2}} dx$$

MATLAB 中的切比雪夫逼近法函数为：Chebyshev。

调用格式为：f=Chebyshev(y, k) 或 f=Chebyshev(y, k, x0)。其中，y 为已知函数，k 为逼近已知函数所需项数，x0 是逼近点的 x 坐标，f 是求得的切比雪夫逼近多项式或是在 x0 处的逼近值。

实现切比雪夫逼近的代码如下：

```
function f=Chebyshev(y, k, x0)
syms t;
T(1: k+1)=t;
T(1)=1;
T(2)=t;
c(1: k+1)=0.0;


c(1)=int(subs(y, findsym(sym(y)), sym('t'))*T(1)/sqrt(1-t.^2), t, -1, 1)/pi;
c(2)=2*int(subs(y, findsym(sym(y)), sym('t'))*T(2)/sqrt(1-t.^2), t, -1, 1)/pi;
f=c(1)+c(2)*t;


for i=3: k+1
  T(i)=2*t*T(i-1)-T(i-2);
  c(i)=2*int(subs(y, findsym(sym(y)), sym('t'))*T(i)/sqrt(1-t.^2), t, -1, 1)/2;
  f=f+c(i)*T(i);
  f=vpa(f, 6);

  if(i==k+1)
    if(nargin==3)
      f=subs(f, 't', x0);
    else
      f=vpa(f, 6);
    end
  end
end
end
```

2）勒让德逼近

勒让德（Legendre）逼近也要求被逼近函数定义在区间$[-1, 1]$上，勒让德多项式可通过递推来定义：

$$P_0(x)=1, \quad P_1(x)=x, \quad (n+1)P_{n+1}(x)=(2n+1)xP_n(x)-nP_{n-1}(x)$$

它们之间也满足正交关系：

$$\int_{-1}^{1}P_n(x)P_m(x)\,\mathrm{d}x=\begin{cases}0, & n\neq m\\[2mm]\dfrac{1}{2n+1}, & n=m\end{cases}$$

勒让德级数中的系数由下式决定：

$$f_n=\frac{2n+1}{2}\int_{-1}^{1}P_n(x)f(x)\,\mathrm{d}x$$

MATLAB 中的勒让德逼近法函数为：Legendre。

调用格式为：f=Legendre(y, k)或 f=Legendre(y, k, x0)。其中，y 为已知函数，k 为逼近已知函数所需项数，x0 为逼近点的 x 坐标，f 为求得的勒让德逼近多项式或在 x0 处的

44

逼近值。

实现勒让德逼近的代码如下：

```
function f=Legendre(y, k, x0)
syms t;
P(1: k+1)=t;
P(1)=1;
P(2)=t;
c(1: k+1)=0.0;

c(1)=int(subs(y, findsym(sym(y)), sym('t')) * P(1), t, -1, 1)/2;
c(2)=int(subs(y, findsym(sym(y)), sym('t')) * P(2), t, -1, 1)/2;
f=c(1)+c(2) * t;

for i=3: k+1
  P(i)=((2 * i-3) * P(i-1) * t-(i-2) * P(i-2))/(i-1);
  c(i)=int(subs(y, findsym(sym(y)), t) * P(i), t, -1, 1)/2;
  f=f+c(i) * P(i);

  if(i==k+1)
    if(nargin==3)
      f=subs(f, 't', x0);
    else
      f=vpa(f, 6);
    end
  end
end
end
```

3）帕德逼近

帕德（Pade）逼近是一种有理分式逼近。逼近公式如下：

$$f(x) \approx \frac{\sum_{k=0}^{L} p_k x^k}{1 + \sum_{k=0}^{M} q_k x^k}$$

当 $L+M$ 为常数时，取 $L=M$，帕德逼近精确度最好，而且速度最快。此时分子与分母中的系数可通过以下方法求解。

首先，求解线性方程组 $Aq=b$，得到 $(q_1, q_2, \cdots, q_n)$ 的值，其中

$$A = \begin{bmatrix} a_1 & a_2 & \cdots & a_n \\ a_2 & a_3 & \cdots & a_{n+1} \\ \vdots & \vdots & & \vdots \\ a_n & a_{n+1} & \cdots & a_{2n-1} \end{bmatrix}, \quad q = \begin{bmatrix} q_n \\ q_{n-1} \\ \vdots \\ q_1 \end{bmatrix}, \quad b = \begin{bmatrix} -a_{n+1} \\ -a_{n+2} \\ \vdots \\ -a_{2n} \end{bmatrix}$$

$$a_0 = f(0), \quad a_n = \frac{1}{n!} \frac{d^n f(0)}{d x_n}$$

然后通过下式求出$(p_1, p_2, \cdots, p_n)$的值。

$$p_0 = a_0, \quad q_0 = 1, \quad p_n = \sum_{i=0}^{n} q_i\, a_{n-i}$$

需要注意的是：函数的帕德逼近不一定存在。

MATLAB 中的帕德逼近法函数为：Pade。

调用格式为：f=Pade(y, n)或 f=Pade(y, n, x0)。其中，y 为已知函数，n 为帕德有理分式的分母多项式的最高次数，x0 为逼近点的 x 坐标，f 为求得的帕德有理分式或在 x0 处的逼近值。

实现函数的帕德逼近的代码如下：

```
function f=Pade(y, n, x0)
syms t;
A=zeros(n, n);
q=zeros(n, 1);
p=zeros(n+1, 1);
b=zeros(n, 1);
yy=0;
a(1: 2 * n)=0.0;

for(i=1: 2 * n)
  yy=dif f(sym(y), findsym(sym(y)), n);
  a(i)=subs(sym(yy), findsym(sym(yy)), 0.0)/factorial(i);
end;

for(i=1: n)
  for(j=1: n)
    A(i, j)=a(i+j-1);
  end;
  b(i, 1)=-a(n+i);
end;

q=A \ b;
p(1)=subs(sym(y), findsym(sym(y)), 0.0);
for(i=1: n)
  p(i+l)=a(n)+q(i) * subs(sym(y), findsym(sym(y)), 0.0);
  for(j=2: i-1)
    p(i+1)=p(i+1)+q(j) * a(i-j);
  end
end

f_ 1=0;
```

46

```
f_2=1;
for(i=1: n+1)
  f_1=f_1+p(i)*(t.^(i-1));
end

for(i=1: n)
  f_2=f_2+q(i)*(t.^i);
end

if(nargin==3)
  f=f_1/f_2;
  f=subs(f, 't', x0);
else
  f=f_1/f_2;
  f=vpa(f, 6);
end
```

4) 傅里叶逼近

当被逼近函数为周期函数时，用代数多项式来逼近效率不高，而且误差也较大，用傅里叶逼近则是较好的选择，它通过选取有限的展开项数，就可以达到所需精度的逼近效果。

① 连续周期函数的傅里叶逼近

对于连续周期函数，只要计算出其傅里叶展开系数即可。MATLAB 中的连续周期函数的傅里叶逼近法函数为：FZZ。

调用格式为：[A0, A, B]=FZZ(func, T, n)。其中, func 为已知函数, T 为已知函数的周期, n 为展开级数的项数, A0 为展开后的常数项, A 为展开后的余弦项系数, B 为展开后的正弦项系数。

实现连续周期函数的傅里叶逼近的代码如下：

```
function[A0, A, B]=FZZ(func, T, n)
syms t;
func=subs(sym(func), findsym(sym(func)), sym('t'));
A0=int(sym(func), t, -T/2, T/2)/T;
for(k=1: n)
  A(k)=int(func*cos(2*pi*k*t/T), t, -T/2, T/2)*2/T;
  A(k)=vpa{A(k), 4);
  B(k)=int(func*sin(2*pi*k*t/T), t, -T/2, T/2)*2/T;
  B(k)=vpa(B(k), 4);
end
```

② 离散周期数据的傅里叶逼近

对于离散周期的数据拟合，只要计算其离散傅里叶展开系数即可。其展开公式为：

$$y = \sum_{k=0}^{n-1} c_i\, \mathrm{e}^{ikx}$$

其中

$$c_k = \frac{1}{N} \sum_{n=0}^{N-1} f_n \, \mathrm{e}^{-ikn\frac{2\pi}{N}} \, (k = 0, \ 1, \ \cdots, \ n-1)$$

MATLAB 中的离散周期数据点傅里叶逼近法函数为：DFF。

调用格式为：c = DFF(f, N)。其中，f 为已知离散数据点，N 为离散数据点的个数，c 为离散傅里叶逼近系数。

实现离散周期函数的傅里叶逼近的代码如下：

```
function c = DFF(f, N)
c(1: N) = 0;
for(m = 1: N)
  for(n = 1: N)
    c(m) = c(m) + f(n) * exp(-i * m * n * 2 * pi/N);
  end
  c(m) = c(m)/N;
end
```

(2) 曲线拟合

1) 多项式曲线拟合

对给定的试验数据点 $(x_i, \ y_i)(i = 1, \ 2, \ \cdots, \ N)$，可构造 m 次多项式：

$$P(x) = a_0 + a_1 x + \cdots + a_m x^m (m < N)$$

由曲线拟合的定义，应该使得下式取极小值：

$$\sum_{i=1}^{N} \left[\sum_{j=0}^{m} a_j x_i^j - y_i \right]^2$$

通过简单的运算可得出系数是下面线性方程组的解：

$$\begin{bmatrix} c_0 & c_1 & \cdots & c_m \\ c_1 & c_2 & \cdots & c_{m+1} \\ \vdots & \vdots & & \vdots \\ c_m & c_{m+1} & \cdots & c_{2m} \end{bmatrix} \begin{bmatrix} a_0 \\ a_1 \\ \vdots \\ a_m \end{bmatrix} = \begin{bmatrix} b_0 \\ b_1 \\ \vdots \\ b_m \end{bmatrix}$$

其中，

$$\begin{cases} c_k = \sum\limits_{i=1}^{N} x_i^k, \ (k = 0, \ 1, \ \cdots, \ 2m) \\ b_k = \sum\limits_{i=1}^{N} y_i x_i^k, \ (k = 0, \ 1, \ \cdots, \ m) \end{cases}$$

MATLAB 中的多项式曲线拟合函数为：multifit。

调用格式为：A = multifit(X, Y, m)。其中，X 为试验数据点的 x 坐标向量，Y 为试验数据点的 y 坐标向量，m 为拟合多项式的次数，A 为拟合多项式的系数向量。

实现多项式曲线拟合的代码如下：

```
function A = multifit(X, Y, m)
N = length(X);
M = length(Y);
```

48

```
if(N~=M)
  disp('数据点坐标不匹配!');
  return;
end


c(1：(2*m+l))=0；
b(1：(m+1))=0；


for j=1：(2*m+l)
  for k=1：N
    c(j)=c(j)+X(k)^(j-1)；
    if(j<(m+2))
      b(j)=b(j)+Y(k)*X(k)^(j-1)；
    end
  end
end


C(1,:)=c(1：(m+1))；  \
for s=2：(m+1)
  C(s,:)=c(s：(m+s))；
end
A=b'\C；
```

【例1-10】用二次多项式拟合下表中所列的数据点。

x	0	0.1	0.2	0.3	0.4	0.5	0.6	0.7	0.8	0.9	1.0
y	-0.447	1.978	3.28	6.16	7.08	7.34	7.66	9.56	9.48	9.30	11.2

解：在 MATLAB 命令窗口中输入以下命令：

```
>>x=0：0.1：1；
>>y=[-0.447 1.978 3.28 6.16 7.08 7.34 7.66 9.56 9.48 9.30 11.2]；
>>A=multifit(x，y，2)
```

运行结果为：

```
A=
  -9.8108  20.1293  -0.0317
```

即拟合的多项式为：$y = -9.8108x^2 + 20.1293x - 0.0317$。

2）线性最小二乘法拟合

最小二乘法拟合在科学实验的统计方法中经常使用，它的具体操作过程是从一组实验数据$(x_i，y_i)$中拟合出函数关系$y=f(x)$，拟合的标准是使$(f(x_i)-y_i)$的平方取极小值。也就是用线性函数$y=f(x)=ax+b$拟合离散数据$(x_i，y_i)$，$i=0，1，2，\cdots，n$。

在最小二乘意义上有：

$$F(a,\ b) = \sum_{i=0}^{n}(a\,x_i + b - y_i)^2 \quad \frac{\partial F}{\partial a} = 0,\ \frac{\partial F}{\partial b} = 0$$

解出 a 与 b 的值，则得到线性最小二乘函数。

① 利用 polyfit 函数

MATLAB 可以使用 polyfit 函数对数据进行最小二乘拟合，调用格式为：p = polyfit(X，Y，N)，表示用 N 次多项式拟合数据点[x_i，y_i]。

【例 1-11】用 polyfit 函数拟合下表中所列的数据点。

x	0.5	1.0	1.5	2.0	2.5	3.0
y	1.75	2.45	3.81	4.80	7.00	8.60

解：在 MATLAB 命令窗口中输入以下命令：

```
>>x=0.5: 0.5: 3.0;
>>y=[1.75 2.45 3.81 4.80 7.00 8.60];
>>p=polyfit(x, y, 2)
```

运行结果为：

```
p =
  0.5614 0.8287 1.1560
```

即拟合的多项为：$y = 0.5614x^2 + 0.8287x + 1.1560$。

② 编程实现拟合

MATLAB 中实现线性最小二乘拟合的函数为：LZXEC。

调用格式为：[a，b] = LZXEC(x，y)。其中，x 为数据点的 x 坐标向量，y 为数据点的 y 坐标向置，a 为拟合的一次项系数，b 为拟合的常数项。

MATLAB 中实现线性最小二乘拟合的代码为：

```
function[a, b]=LZXEC(x, y)
if(length(x)= =length(y))
  n=length(x);
else
  disp('x 和 y 的维数不相等！');
  return;
end
A=zeros(2, 2);
A(2, 2)=n;
B=zeros(2, 1);
for i=1: n
  A(1, 1)=A(1, 1)+x(i)*x(i);
  A(1, 2)=A(1, 2)+x(i);
  B(1, 1)=B(1, 1)+x(i)*y(i);
  B(2, 1)=B(2, 1)+y(i);
end
  A(2, 1)=A(1, 2);
```

```
s = A \ B;
a = s(1);
b = s(2);
```

【例 1-12】用线性最小二乘拟合下面的数据。

x	1	2	3	4	5
y	1.5	1.8	4	3.4	5.7

解：在 MATLAB 命令窗口中输入以下命令：

```
>>x = 1：5;
>>y = [1.5  1.8  4  3.4  5.7];
>>[a, b] = LZXEC(x, y)
```

运行结果为：

```
a =
  1.0000
b =
  0.2800
```

即拟合的式子为 y = x+0.28。

1.4.5　最优化计算

最优化指的是在一定条件下，寻求使目标函数最大（小）的决策，最优化计算在实际中有着广泛的应用。可以利用 MATLAB 提供的最优化计算工具箱中的函数进行最优化计算，也可以编程实现相应的最优化算法来计算。

1.4.5.1　无约束最优化

（1）黄金搜索法

黄金搜索法也叫 0.618 法，适用于在指定区间求解单峰函数最小值的问题。

MATLAB 中编程实现的黄金搜索算法为：Opt_ Golden。

调用格式为：[xo, fo] = Opt_ Golden(f, a, b, TolX, TolFun, k)。其中，f 为函数名，a 为搜索区间起始点，b 为搜索区间终止点，TolX 为最优值点间的误差阈值，TolFun 为函数的误差同值，k 为最大迭代次数，xo 为最优化点值，fo 为函数在点 xo 处的函数值。

黄金搜索法的 MATLAB 编程实现如下：

```
function[xo, fo] = opt_ Golden(f, a, b, TolX, TolFun, k)
r = (sqrt(5)-1)/2;
h = b-a;
rh = r * h;
c = b-rh;
d = a+rh;
fc = feval(f, c);
fd = feval(f, d);
if k <= 0 | (abs(h) < TolX&abs(fc-fd) < TolFun)
   if fc <= fd
```

```
        xo = c;
        fo = fc;
      else
        xo = d;
        fo = fd;
      end
      if k == 0
        fprintf('最好设定迭代次数大于0');
      end
    else
      if fc<fd
        [xo, fo] = Opt_ Golden(f, a, d, TolX, TolFun, k-1);
      else
        [xo, fo] = Opt_ Golden(f, c, b, TolX, TolFun, k-1);
      end
    end
end
```

【例 1-13】采用黄金搜索法求函数 $f(x) = x^2 - 2x + 3$ 的最小值，其中 $x \in [0, 3]$。

解：调用 Opt_ Golden( )函数求解如下：

```
>>f = inline('x-(x.^2-2*x+3', 'x');
>>a = 0;
>>b = 3;
>>TolX = le-4;
>>TolFun = le-4;
>>MaxIter = 100;
>>[xo, fo] = Opt_ Golden(f, a, b, TolX, TolFun, MaxIter)
```

运行结果为：

```
xo =
  1.0000
fo =
  2.0000
```

由计算结果可知，在[0, 3]区间内，x = 1 时函数 $f(x) = x^2 - 2x + 3$ 取得最小值2。

（2）二次插值法

插值法的基本思想是在搜索区间中不断用低次（通常不超过三次）插值多项式来近似目标函数，并逐步用插值多项式的极小点来逼近目标函数的极小点。此算法也用来求区间上的无约束最优化解。此处主要介绍三点两次插值法。

在包含 f(x) 极小值的区间[a, b]中，给定三点 x_0、x_1、x_2，其对应的函数值分别为 f_0、f_1、f_2，且满足 $x_0 < x_1 < x_2$。可以构造二次函数使其在三点处的值等于 f(x) 对应的函数值。可以求得该二项式取最小值时的点 x_3 为：

$$x_3 = \frac{1}{2} \frac{(x_1^2 - x_2^2)f_0 + (x_2^2 - x_0^2)f_1 + (x_0^2 - x_1^2)f_2}{(x_1 - x_2)f_0 + (x_1 - x_2)f_0}$$

根据求出的 x_3 的大小情况确定取代三点中的某一点。直到 $|x_2-x_0|<\varepsilon_1$，或 $|f_2-f_0|<\varepsilon_2$ 时停止迭代，其中 ε_1 和 ε_2 为精度要求，并令 x_3 为对应小值的点。

MATLAB 中实现的二次插值算法为：Opt_ Quadratic。

调用格式为：[xo，fo] = Opt_ Quadratic(f，x，TolX，TolFun，MaxIter)。其中，f 为函数名，x 为给出搜索区间，TolX 为最优值点间的误差阈值，TolFun 为函数的误差阈值，MaxIter 为最大迭代次数，xo 为最优化点值，fo 为函数在点 xo 处的函数值。

二次插值法的 MATLAB 算法程序 Opt_ Quadratic. m 的具体代码如下所示：

```
function[xo，fo]=Opt_ Quadratic(f，x，TolX，TolFun，MaxIter)
if length(x)>2
  x012=x(1：3)；
else
  if length(x)==2
    a=x(1)；
    b=x(2)；'
  else
    a=x-10；b=x+10；
  end
  x012=[a(a+b)/2b]；
  end
f012=f(x012)；
x0=x012(1)；
xl=x012(2)；
x2=x012(3)；
f0=f012(1)；
fl=f012(2)；
f2=f012(3)；
nd=[f0-f2 fl-f0 f2-fl]*[xl*xl x2*x2 x0*x0；xl x2 x0]'；
x3=nd(1)/2/nd(2)；
f3=feval(f，x3)；
if MaxIter<=0 | abs(x3-xl)<TolX | abs(f3-fl)<TolFun
  xo=x3；
  fo=f3；
else

  if x3<xl
    if f3<fl
      x012=[x0 x3 xl]；
      f012=[f0 f3 fl]；
    else
      x012=[x3 xl x2]；
```

```
        f012 = [ f3 fl f2 ];
    end
  else
    if f3 <= fl
      x012 = [ xl x3 x2 ];
      f012 = [ fl f3 f2 ];
    else
      x012 = [ x0 xl x3 ];
      f012 = [ f0 fl f3 ];
    end
  end
  [ xo, fo ] = Opt_ Quadratic( f, x012, TolX, TolFun, MaxIter-l );
end
```

【例 1-14】 采用二次插值法求解表达式数 $f(x) = (x^2-2)^2/2-1$ 的最小值, 其中 $x \in [0, 5]$。

解: 调用 Opt_ Quadratic( ) 函数求解如下:

```
>>f = inline( 'x-(x. * x-2). ^2/2-1', 'x' );
>>a = 0;
>>b = 5;
>>TolX = le-5;
>>TolFun = le-8;
>>MaxIter = 100;
>>[ xo, fo ] = Opt_ Quadratic( f, a, b, TolX, TolFun, MaxIter )
```

运行结果为:

```
xo =
  1. 4142
fo =
  -1. 0000
```

可知, 在 $[0, 5]$ 区间内, $x = 1.4142$ 时函数 $f(x) = (x^2-2)^2/2-1$ 取得最小值 -1。

(3) Nelder-Mead 算法

Nelder-Mead 算法是求多维函数极值的一种算法, 由 Nelder 和 Mead 提出, 由于未利用任何求导运算, 算法比较简单, 但收敛速度较慢, 适合变量不是很多的方程求极值。

Nelder-Mead 法是利用多面体来逐步逼近最佳点的。设函数变量为 n 维, 则在 n 维空间里多面体有 $(n+1)$ 个顶点。设 x_1, x_2, $\cdots$, x_{n+1} 为多面体的顶点, 且满足:

$$f(x_1) \leqslant f(x_2) \leqslant \cdots \leqslant f(x_{n+1})$$

Nelder-Mead 法试着将多面体中最差的顶点 $x_{n+1}^{(k)}$ (函数值最大的点) 以新的最佳的点替代, 来更新多面体, 使之逼近至最佳解。更新的设定方式有四种, 分别是: 反射 (reflection)、扩展 (expansion)、外收缩 (outside contraction) 和内收缩 (inside contraction)。如果这四种更新方式都不适用, 则进行变小 (shrink) 的处理步骤。

54

MATLAB 中的 Nelder-Mead 算法为：Opt_ Nelder。

调用格式为：[xo，fo] = Opt_ Nelder(f，x0，TolX，TolFun，MaxIter)。其中，f 为函数名，x0 为搜索初始值，TolX 为最优值点间的误差阈值，TolFun 为函数的误差阈值，Maxlter 为最大迭代次数，xo 为最优化点值，fo 为函数在点 xo 处的函数值。

Nelder-Mead 法的 MATLAB 编程如下：

Nelder-Mead 法的 MATLAB 算法程序为 Nelder0. m 和 Opt_ Nelder. m。其中子程序 Nelder0. m 用于二维空间上的多边形最优化逼近。对于维数大于 2 的最优化问题，可以通过若干二维的迭代计算求出最优解。Opt_ Nelder. m 可求解若干维变量的最优化问题。

① Nelder0. m 文件代码

```
function[xo，fo] = Nelder0(f，abc，fabc，TolX，TolFun，k)
```
f：函数名
abc：二维空间三个顶点值
fabc：三个顶点处的函数值
TolX：最优点值的误差阈值
TolFun：最优点处函数值的误差阈值
k：最大迭代次数
```
[fabc，I] = sort：(fabc);    %将二维空间中的多边形三个顶点的函数值按从小到大顺序
排列
a = abc( I (1));
b = abc( I (2));
c = abc( I (3));
fa = fabc(1);
fb = fabc(2);
fc = fabc(3);
```
判断三点或三点函数值的距离是否小于给定阈值，若小于阈值则停止循环，得最优解
```
x0 = a    fba = fb-fa;
fcb = fc-fb;
if k<=0 ｜ abs(fba)+abs(fcb)<TolFun ｜ abs(b-a)+abs(c-b)<TolX
  xo = a;
  fo = fa;
else
  m = (a+b)/2;
  e = 3 * m-2 * c;
  fe = feval(f，e);
  if fe<fb
    c = e;
    fc = fe;
  else
  r = (m+e)/2;
    fr = feval(f，r);
```

```
          if fr<fc
             c = r;
             fc = fr;
          end
          if fr> = fb
             s = (c+m)/2;
             fs = feval(f, s);
             if fs<fc
                c = s;
                fc = f s;
             else
                b = m;
                c = (a+c)/2;
                fb = feval(f, b);
                fc = feval(f, c);
             end
          end
       end
    [xo, fo] = Nelder0(f, [a; b; c], [fa fb fc], TolX, TolFun, k-1);
end
```

② Opt_ Nelder. m 文件代码

```
function[xo, fo] = Opt_ Nelder(f, x0, TolX, TolFun, MaxIter)
(Nelder-Mead 法用于多维变量的最优化问题, 维数> = 2)
x0: 多维空间中的搜索初值
N = length(x0);
if N = = 1           (一维情况, 用二次逼近计算)
   [xo, fo] = Opt_ Quadratic(f, x0, TolX, TolFun, MaxIter);
   return
end
S = eye(N);
for i = 1: N           (自变量维数大于 2 时, 重复计算每个子平面的情况)
   il = i+1;
   if il>N
      il = 1;
   end
   abc = [x0; x0+S(i,:); x0+S(il,:)];
   fabc = [feval(f, abc(1,:)); feval(f, abc(2,:)); feval(f, abc(3,:))];
   [xo, fo] = Nelder0(f, abc, fabc, TolX, TolFun, MaxIter);
   if N<3(二维情况不需重复)
      break;
```

```
    end
  end
```

【例 1-15】采用 Nelder-Mead 算法求函数 $f(x) = x_1(x_1 - 5 - x_2) + x_2(x_2 - 4)$ 的最小值。

解：具体代码如下所示：

```
>>f = inline('x(1) * (x(1)-5-x(2))+x(2) * (x(2)-4)', 'X');
>>x0 = [0 4];
>>TolX = le-4;
>>To1Fun = 1e-9;
>>MaxIter = 100;
>>[xo, fo] = Opt_ Nelder(f, x0, TolX, TolFun, Maxlter)
```

运行结果为：

```
xo =
  4. 6667    4. 3333
fo =
  -20. 3333
```

由计算结果可知，$x_1 = 4.6667$，$x_2 = 4.3333$ 时函数 $f(x, y) = x(x-5-y) + y(y-4)$ 取得最小值 -20.3333。

（4）最速下降法

最速下降法是一种沿着 N 维目标函数的负梯度方向搜索最小值的方法。其基本求解流程如下：

① 迭代次数初始化为 $k = 0$，求出初始点 x_0 处的函数值 $f_0 = f(x_0)$。

② 迭代次数加 1，即 $k = k + 1$，用一维线性搜索方法确定沿负梯度方向 $-g_{k-1}$ 的步长 α_{k-1}，其中 $\alpha_{k-1} = \text{ArgMin}_\alpha f(x_{k-1} - \alpha g_{k-1} / /\!/ g_{k-1} /\!/)$。

③ 沿着负梯度的方向寻找下一个接近最小值的点，其中步长为 α_{k-1}，可以得出下一点的坐标为：$x_k = x_{k-1} - \alpha_{k-1} g_{k-1} /\!/ g_{k-1} /\!/$。

④ 如果 $x_k \approx x_{k-1}$，且 $f(x_k) \approx f(x_{k-1})$，则认为 x_k 为所求的最小值点，结束循环；否则，跳到步骤②。

MATLAB 中的最速下降算法为：Opt_ Steepest。

调用格式为：$[xo, fo] = \text{Opt\_ Steepest}(f, grad, x0, ToIX, TolFun, dist0, Maxlter)$。其中 f 为函数名，grad 为梯度函数，x0 为搜索初始值，TolX 为最优值点间的误差阈值，TolFun 为函数的误差阈值，dist0 为初始步长，Maxlter 为最大迭代次数，xo 为最优化点值，fo 为函数在点 xo 处的函数值。

最速下降法的 MATLAB 编程实现如下：

算法程序 Opt_ Steepest. m

```
function[xo, fo] = Opt_ Steepest(f, grad, x0, TolX, TolFun, dist0, MaxIter)
```

首先判断输入的变量数，设定一些变量为默认值：

```
if nargin<7
  MaxIter = 100;                    （最大迭代次数默认为 100）
end
```

```
if nargin<6
  dist 0=10;                        （初始步长默认为 10）
end
if nargin<5
  TolFun=1e-8;                      （函数值误差为 le-8）
end
if nargin<4
  TolX=le-6;                            （自变量距离误差）
end
```

接下来求解初值的函数值：

```
x=x0;
fx0=feval(f, x0);
fx=fx0;
dis=dist0;
kmaxl=25;                   （线性搜索法确定步长的最大搜索次数）
warning=0;
```

最后迭代计算求最优解：

```
for k=1: MaxIter
  g=feval(grad, x);
  g=g/norm(g);              （求点 x 处的梯度方向）
  dist=dist*2;              （令步长为原步长的 2 倍）
fxl=feval(f, x-dist*2*g);
for kl=1: kmaxl
  fx2=fxl;
  fxl=feval(f, x-dist*g);
  if fx0>fxl+TolFun&fxl<fx2-TolFun%fx0>fxl<fx2
    den=4*fxl-2*fx0-2*fx2; num=den-fx0+fx2;          （二次逼近法）
    dist=dist*num/den;
    x=x-dist*g; fx=feval(f, x);
    break;
    else
      dist=dist/2;
    end
  end
  if kl>=kmaxl
      warnin=warning+1;                  （无法确定最优步长）
  else
    warning=0;
```

58

```
    end
        if warning>=2 │(norm(x-x0)<TolX&abs(fx-fx0)<TolFun)
            break;
        end
        x0=x;
        fx0=fx;
    end
    x0=x; fo=fx;
    if k==MaxIter
        fprintf('Just best in %d iterations', MaxIter);
    end
```

【例 1-16】采用最速下降法求函数 $f(x)=3x_1^2+2x_2^2-4x_1-6x_2$ 的最小值。

解：该函数的梯度函数为：$g(x)=(2x_1-4, 4x_2-6)$，具体代码如下：

```
>>f=inline('3x(1)*(x(1)+2*x(2)*x(2)-4*x(1)-6*x(2)', 'x');
>>grad=inline('[2*x(1)-4, 4*x(2)-6]', 'x');
>>x0=[0 1];
>>TolX=le-4;
>>To1Fun=1e-9;
>>MaxIter=100;
>>dist0=l;
>>[xo, fo]=Opt_ Steepest(f, grad, x0, TolX, TolFun, dist0, MaxIter)
```

运行结果为：

```
xo=
    0.6667    1.5000
fo=
    -5.8333
```

由计算结果可知，$x_1=0.6667$，$x_2=1.5000$ 时函数取得最小值-5.8333。

（5）牛顿法

牛顿法也是利用梯度来寻找目标函数的最小值解的。这些基于梯度的最优化方法的最终目标都是要寻找一个梯度为零（或接近零）的点。

在牛顿方法中，目标函数 $f(x)$ 的最优化求解等同于寻找其梯度函数 $g(x)$ 的零点，因此在求得梯度函数的表达式后，就可以利用牛顿法求解非线性方程 $g(x)=0$，从而得到 $f(x)$ 取最小值时的点 x。该方法以及上节所讲述的最速下降法的理论背景都是依据函数的二阶泰勒级数展开的。不同的是，最速下降法忽略了展开式中二阶的余项，而牛顿法则直接求函数二阶泰勒展开式导数的零点。

牛顿算法的核心是找到 $g(x)$ 的零点，所以任何求解向量非线性方程的解法都可以用来求函数的最优化解。因此，在使用牛顿法编程求解时，首先要定义梯度函数，然后将定义的函数名作为非线性方程的解答器输入。但是牛顿法通常很难保证可以到达最小值点，其致命性弱点是它得到的是梯度为零的点，而该点可能是局部最小值点或最大值点。

【例 1-17】采用牛顿法求函数 $f(x)=4x_1^2+x_2^2-8x_1-4x_2$ 的最小值。

解：该函数的梯度函数为 $g(x)=(8x_1-8, 2x_2-4)$，具体代码如下所示：

```
>>f=inline('4x(1)*(x(1)+x(2)*x(2)-8*x(1)-4*x(2)','x');
>>grad=inline('[8*x(1)-8, 2*x(2)-4]','x');
>>x0=[0, 1];
>>options=optimset('TolX', le-4, 'TolFun', le-9, 'MaxIter', 100);
>>xo=fsolve(grad, x0, options)
>>fo=f(xo)
```

运行结果为：

```
xo=
   1   2
fo=
  -8
```

由计算结果可知，当 $x_1=1$，$x_2=2$ 时，函数取得最小值-8。

（6）模拟退火法

上述讨论的几个最优化方法在寻求最小值点时，一般效率都不是很高，并且很难确定结果是否正确。模拟退火法可以通过退火过程与求最小化的过程之间的模拟，并依概率决定局部最小点的取舍，跳过局部最小点，得到全局的最小值点。

MATLAB 中的模拟退火算法为：Opt_ Simu。

调用格式为：[xo, fo]=Opt_ Simu(f, x0, l, u, kmax, q, TolFun)。其中，f 为函数名，x0 为搜索初始值，l 为搜索区间上限，u 为搜索区间下限，kmax 为最大迭代次数，q 为退火因子，TolFun 为函数的误差阈值，xo 为最优化点值，fo 为函数在点 xo 处的函数值。

模拟退火算法的 MATLAB 编程如下：

① $\mu-1$ 定理的程序实现：Mu_ Inv. m（模拟退火法中的 mu. ^(-1)定理）

```
function x=Mu_ Inv(y, mu)
x=(((1+mu).^abs(y)-1)/mu).*sign(y);
```

② 模拟退火算法主程序：Opt_ Simu. m

```
function[xo, fo]=Opt_ Simu(f, x0, l, u, kmax, q, To1Fun)

首先根据输入变量数，将某些量设为默认值：
if nargin<7
   To1Fun=1e-8;
end
if nargin<6
   q=1;
end
if nargin<5
   kmax=100;
end
```

60

接着求解一些基本变量：

```
N = length(x0);
x = x0;
fx = feval(f, x);
xo = x;
fo = fx;
```

然后进行迭代计算，找出近似全局最小点：

```
for k = 0: kmax
    Ti = (k/kmax).^q;
    mu = 10.^(Ti * 100);
    dx = Mu_ Inv(2 * rand(size(x))-1, mu). * (u-1);
    xl = x+dx;
    xl = (xl<1). * 1+(1<=xl)- * (xl<=u). * xl+(u<xl). * u;
    fxl = feval(f, xl);
    df = fxl-fx;
    if df<0 │ rand<exp(-Ti * df/(abs(fx)+eps)/TolFun)
        x = xl;
        fx = fxl;
    end
    if fx<fo
        xo = x;
        fo = fxl;
    end
end
```

（7）遗传算法

遗传算法（GA）是一种直接的随机搜索方法，也适用于寻找具有多个极值的目标函数的全局最小解。

在 MATLAB 中编程实现的遗传算法函数为：genetic。

调用格式为：[xo, fo] = genetic(f, x0, l, u, Np, Nb, Pc, Pm, eta, kmax)。其中，f 为函数名，x0 为搜索初始值，l、u 为搜索区间的上、下限，Np 为群体大小，Nb 为每一个变量的遗传值（二进制数），Pc 为交叉概率，Pm 为变异概率，eta 为学习率，kmax 为最大迭代次数，xo 为最优化点值，fo 为函数在点 xo 处的函数值。

遗传算法的 MATLAB 编程包括如下几个程序文件：genetic. m（主程序文件），gen_ encode. m, gen_ decode. m, crossover. m, mutation. m, shuffle. m。

① genetic. m

```
function[xo, fo] = genetic(f, x0, l, u, Np, Nb, Pc, Pm, eta, kmax)
N = length(x0);
if nargin<10, kmax = 100; end
if nargin<9 │ eta>1! │ eta<=0, eta = 1; end
```

61

```
if nargin<8, Pm=0.01; end
if nargin<7, Pc=0.5; end
if nargin<6, Nb=8*ones(1, N); end
if nargin<5, Np=10; end
生成初始群体：
NNb=sum(Nb);
xo=xO(:)'; l=l(:)'; u=u(:)';
fo=feval(f, xo);
X(1,:)=xo;
for n=2：Np, X(n,:)=1+rand(size(x0)).*(u-); end
P=gen_ encode(X, Nb, l, u);
for k=1：kmax
    X=gen_ decode(P, Nb, l, u);
    for n=1：Np, fX(n)=feval(f, X(n,:)); end
    [fxb, nb]=min(fX);
    if fxb<fo, fo=fxb; xo=X(nb,:); end
    fXl=max(fxb)-fX;
    fXm=fXl(nb);
    if fXm<eps, return; end
复制下一代：
    for n=1：Np
        X(n,:)=X{n,:)+eta*(fXm-fXl(n))/fXm*(X(nb,:)-X(n,:));
    end
    P=gen_ encode(X, Nb, l, u);
随机配对/交叉得新的染色体数组：
    is=shuffle([1：Np]);
    for n=1：2：Np-1
        if rand<Pc
            P(is(n：n+1),:)=crossover(P(is(n：n+l),:), Nb);
        end
    end
变异：
    P=mutation(P, Nb, Pm);
end
    ② gen_ encode. m
function P=gen_ encode(X, Nb, l, u)
Np=size(X, 1);
N=length(Nb);
for n=1：Np
    b2=0;
```

```
   for m=1: N
   bl=b2+l;
   b2=b2+Nb(m);
   Xnm=(2.^Nb(m)-l) * (X(n, m)-l(m))/(u(m)-lm));
   P(n, bl: b2)=dec2bin(Xnm, Nb(m));
 end
end
```

③ gen_ decode. m

```
function X=gen_ decode(P, Nb, l, u)
Np=size(P, 1);
N=length(Nb);
for n=1: Np
  b2=0;
  for m=1: N
    bl=b2+l;
    b2=bl+Nb(m)-1;
    X(n, m)=bin2dec(P(n, bl: b2)) * (u(m)-l(m))/(2.^Nb(m)-1)+l(m);
  end
end
```

④ crossover. m

```
function chrms2=crossover(chrms2, Nb)
Nbb=length(Nb);
b2=0;
for m=1: Nbb
  bl=b2+1;
  bi=b1+mod(floor(rand * Nb(m)), Nb(m));
  b2=b2+Nb(m);
  tmp=chrms2(1, bi: b2);
  chrms2(1, bi: b2)=chrms2(2, bi: b2);
  chrms2(2, bi: b2)=tmp;
end
```

⑤ mutation. m

```
function P=mutation(P, Nb, Pm)
Nbb=length(Nb);
for n=1: size(P, 1)
  b2=0;
  for m=1: Nbb
    if rand<Pm
      bl=b2+1;
      bi=bl+mod(floor(rand * Nb(m)), Nb(m));
```

```
        b2 = b+Nb(m);
        P(n, bi) = ~P(n, bi);
    end
  end
end
```

⑥ shuffle. m

```
function is = shuffle(is)
N = length(is);
for n = N: -1: 2
  in = ceil(rand * (n-1));
  tmp = is(in); is(in) = is(n); is(n) = tmp;
end
```

1.4.5.2 约束最优化

（1）拉格朗日乘子法

拉格朗日乘子法常用于求解一类常见的约束最优化问题，其约束条件为一系列等式。考虑 $\min f(x)$ 一个最优化问题，其包含 M 个等式约束条件：

$$h(x) = \begin{bmatrix} h_1(x) \\ h_2(x) \\ \vdots \\ h_M(x) \end{bmatrix} = 0$$

依据拉格朗日乘子法，上面的约束最优化问题可以转化为下面的无约束最优化问题：

$$\min l(x, \lambda) = f(x) + \lambda^T h(x) = f(x) + \sum_{m=1}^{M} \lambda_m h_m(x)$$

对于该无约束最优化问题，如果解存在的话，可以通过对变量 x、λ 的偏导等于零来求得最优解。例如，若原约束条件为 $g_j(x) \leq 0$，引入非负变量 y_i^2 后，约束条件变为 $g_j(x) + y_i^2 = 0$。此时满足等式约束条件，可用以上方法求解。

由计算结果可知存在两个极值点，分别为（1，1）和（-1，-1），比较它们的函数值可知函数在（-1，-1）处取极小值-2。

（2）惩罚函数法

惩罚函数法可以求解等式或不等式约束的最优化问题，比拉格朗日法适用性广。拉格朗日法的限制性条件为等式，对于限制条件为不等式的最优化问题，其虽可以近似求解，但不常用。惩罚函数法所求解的最优化问题的限制条件可以是没有严格零约束的模糊的或宽松的限制。考虑了最优化问题 $\min f(x)$，对应约束条件为：

$$H(x) = \begin{bmatrix} H_1(x) \\ \vdots \\ H_M(x) \end{bmatrix} = 0 \quad G(x) = \begin{bmatrix} G_1(x) \\ \vdots \\ G_L(x) \end{bmatrix} \leq 0$$

惩罚函数法包含以下两个步骤：

① 构造一个新的目标函数，将约束最优化问题转化为无约束最优化问题：

$$\min l(x) = f(x) + \sum_{m=1}^{M} \omega_m H_m^2(x) + \sum_{m=1}^{L} v_m \Psi(G_m(x))$$

② 利用前面介绍的求解无约束最优化问题的方法，求新目标函数的最小值点。此处使用的无约束最优化方法不能采用基于梯度的最优化方法，如不可采用牛顿法、最速下降法等，Nelder-Mead 方法可用于此步。

例如，在采用惩罚函数求解最优化问题：$minf(x) = [(x_1+1)^2 + 4(x_2-1.5)^2][(x_1-1.2)^2 + 0.4(x_2-0.5)^2]$ 时，如果约束条件为：

$$G(x) = \begin{vmatrix} -x_1 \\ -x_2 \\ 2x_1 - x_1 x_2 + 5x_2 - 6 \\ x_1 - x_2 + 0.5 \\ x_1^2 - 4x_2^2 + x_2 \end{vmatrix} \leqslant \begin{bmatrix} 0 \\ 0 \\ 0 \\ 0 \\ 0 \end{bmatrix}$$

则将该约束最优化问题转化为无约束问题，构造新的目标函数：

$$minl(x) = [(x_1+1)^2 + 4(x_2-1.5)^2][(x_1-1.2)^2 + 0.4(x_2-0.5)^2] + \sum_{m=1}^{5} v_m \Psi_m(G_m(x))$$

其中，$v_m = 1$，$\Psi_m(G_m(x)) = \begin{cases} 0 \ if\ G_m(x) \leqslant 0 \\ \exp(e_m G_m(x))\ if\ G_m(x) > 0 \end{cases}$，$e_m = 1$。

具体代码如下：

```
function[fc, f, c]f(x)
f = ((x(1)+1).^2+4*(x(2)-1.5).^2)*((x(1)-1.2).^2+0.4*(x(2)-0.5).^2);
c = [-x(1); -x(2); 2*x(1)-x(1)*x(2)+5*x(2)-6; x(1)-x(2)+0.5; x(1).^2-4*x(2).^2+x(2)];
v = [1 1 1 1 1]; e = [1 1 1 1 1];
fc = f+v*((c>0).*exp(e.*c));
```

接下来，采用前面介绍的解无约束的最优化问题求解该问题。需要注意的是，此时需采用非基于梯度的最优化算法求解，否则会得到错误结果。

1.4.5.3　MATLAB 内置最优化函数

（1）最优化工具箱

MATLAB 中有专用的最优化工具箱（Optimization Toolbox），其包含处理各种最优化问题的函数，最优化函数主要分为三类：求最小值的函数、等式求解函数和最小二乘函数。表 1-25、表 1-26、表 1-27 分别列出了这三类函数以及其用法。

表 1-25　MATLAB 中求最小值的函数

函数名	最优化问题描述
bintprog	求解二进制整数规划问题，约束条件包含等式和不等式
fgolattain	解决多目标实现问题
fminbnd	在一个确定的区间上寻找单变量函数的最小值点
fmincon	确定有约束、非线性、多变量函数的最小值点
fminimax	求解最小最大值问题
fminsearch	确定无约束、多变量函数的最小值点
fminunc	确定无约束、多变量函数的最小值点

函数名	最优化问题描述
fseminf	确定半无限、有约束、多变量、非线性函数的最小值点
linprog	求解线性规划问题
quadprog	求解二次规划问题

表 1-26　MATLAB 中求解等式最优解的函数

函数名	用法	函数名	用法
\	用于矩阵左除，可解线性方程	fzero	单变量连续方程的零解
fsolve	求解非线性方程		

表 1-27　MATLAB 求最小二乘法拟合系数最优解函数

函数名	用法	函数名	用法
lsqcurvefit	在最小二乘意义下求解非线性曲线拟合问题	lsqnonlin	求解非线性最小二乘问题
lsqlin	求解有约束线性最小二乘问题	lsqnonneg	求解非负最小二乘问题

（2）无约束最优化函数

① fminbnd 求定区间上单变量函数的最小值点

fminbnd 的调用形式如下：

x＝fminbnd(fun，xl，x2)；

x＝fminbnd(fun，xl，x2，options)。

式中，fun 为一元函数，xl、x2 分别为区间的上下界。

② fminsearch 与 fminunc 求多变量函数最小值点

MATLAB 工具箱中用于求解多变量无约束函数最小值问题的函数有 fminsearch 和 fminunc。其中 fmimmc 是基于梯度的最优化算法，而 fminsearch 是根据 Nelder 算法编写的，不涉及偏导的计算。

这两个函数的调用形式类似，下面以 fminsearch 为例对其说明。

x＝fminsearch(fun，x0)

x＝fminsearch(fun，x0，options)

[x，fval]＝fminsearch(…)

[x，fval，exitflag]＝fminsearch(…)

[x，fval，exitflag，output]＝fminsearch(…)

式中，x、x0 为向量形式。其中 x 为对应的最优解，x0 为初始值向量。fun 为函数表达式，option 为选项，用来选择允许计算误差、迭代次数和算法等。exitflag 为退出标志，exitflag>0 函数收敛于解 x，exitflag＝0 迭代次数超过，exitflag<0 函数值不收敛。output 输出解题信息，如有关的迭代次数、函数值计算次数、在 x 处的梯度范数和所用算法等。

【例 1-18】采用 MATLAB 中的无约束最优化函数求如下最小值问题：

$$minf(x_1，x_2) = 2x_1^3 + 4x_1x_2^2 - 8x_1x_2 + x_2^3$$

解：在 MATLAB 命令窗口中输入：

>>[xos，yos]=fminsearch('2*x(1).^3+4*x(1)*x(2).^2-8*x(1)*x(2)+x(2).^3',[0 0])

运行结果为：

xos=

  0.7883   0.7397

yos=

  -1.5551

在 MATLAB 命令窗口中输入：

>>[xou，you]=fminunc('2*x(1).^3+4*x(1)*x(2).^2-8*x(1)*x(2)+x(2).^3',[0 1])

运行结果为：

xou=

  0.7884   0.7397

you=

  -1.5551

由计算结果可知，采用 fminsearch 和 fminunc 算法可以得到相同的结果，$f(x_1，x_2)=2x_1^3+4x_1x_2^2-8x_1x_2+x_2^3$ 在 $x_1=0.7884$，$x_2=0.7397$ 处取最小值 -1.5551。

需要注意的是，fminsearch 和 fminunc 算法选择的初值不同，而选择的初值不同会影响所得结果，这是由于 fminsearch 和 fminunc 在求得局部最小值后就会终止程序，而无法继续搜索以寻找全局最小值点。

③ 最小二乘问题(平方和最小)

MATLAB 内置函数 lsqnonlin 可以给出非线性最小二乘解，其调用格式为：

$$x=lsqnonlin(fun，x0)$$

$$x=lsqnonlin(fun，x0，lb，ub)$$

$$x=lsqnonlin(fun，x0，lb，ub，options)$$

式中，fun 为一向量形式的函数或矩阵形式的函数，x0 为初值，也可以用 lb、ub 设定解区间的上下限，options 用于设定误差容限、迭代次数、算法等。

(3) 约束最优化函数

① fmincon 函数

MATLAB 中求解约束最优化问题功能强大的函数 fmincon 的具体用法如下所示：

$$[xo，fo]=fmincon('ftn'，x0，A，b)$$

$$[xo，fo]=mincon(('ftn'，x0，A，b，Aeq，beq)$$

$$[xo，fo]=fmincon('ftn'，x0，A，b，Aeq，beq，l，u)$$

$$[xo，fo]=fmincon('ftn'，x0，A，b，Aeq，beq，l，u，'nlcon'，options，p1，p2)$$

其中，'ftn' 表示目标函数 $f(x)$；x0 为解的初始估计值；A、b 为线性不等式约束 $Ax \leq b$，如果不需要此约束时，此变量用方括号"[ ]"代替。Aeq、beq 为线性等式约束 $Aeqx=beq$，不需要时用"[ ]"代替；l、u 为下限/上限量，使得 $l \leq x \leq u$，无限制时为方括号 [ ]，如果无上限或无下限，可设置 $l(i)=inf$ 或 $u(i)=inf$；'nlcon' 为用 .m 文件定义的非线性约束函数，该函数返回两个输出值，一个为不等式约束 $c(x) \leq 0$，另一个为等式约束 $ceq(x)=0$。如果不适用此类约束，则输入"[ ]"；options 用来设定显示参数、xo 或 fo 误差等，不考虑此参数时，输入"[ ]"；p1、p2 为需要传给目标函数 $f(x)$ 和非线性约束函数 $c(x)$、$ceq(x)$ 的和最优化问题有关的变量。xo 为满足约束条件的在指定区域内的最小值点，fo 为函数在最小值处的值。

【例1-19】采用约束最优化函数求解如下形式的最优化问题：

$$\min f(x) = e^{x_1}(4\,x_1^2 + 2\,x_2^2 + 4\,x_1\,x_2 + 2\,x_2 + 1)$$

约束条件：$1.5 + x_1 x_2 - x_1 - x_2 \leqslant 0$，$x_1 + x_2 = 0$，$-x_1 x_2 \leqslant 10$。

解：编写函数 fcon. m，用来输出非线性约束：

```
function[c, ceq]=fcon(x)
c=[l.5+x(1)*x(2)-x(1)-x(2);x(1)*x(2)-10]; c<=0
ceq=x(1)+x(2); ceq=0
f=inline('exp(x(1))*(4*x(1).^2+2*x(2).^2+4*x(1)*x(2)+2*x(2)+1)', 'x');
x0=[-1 1];
[xo, fo]=fmincon(f, x0, [], [], [], [], [], [], 'fcon')
```

运行结果为：

```
xo=
    -1.2247    1.2247
fo=
    1.8951
```

故 $f(x) = e^{x_1}(4\,x_1^2 + 2\,x_2^2 + 4\,x_1 x_2 + 2\,x_2 + 1)$ 在约束条件为 $1.5 + x_1 x_2 - x_1 - x_2 \leqslant 0$，$-x_1 x_2 \leqslant 10$ 的情况下，在 $x_1 = -1.2247$，$x_2 = 1.2247$ 处取最小值 1.8951。

② fminimax 函数

最小最大值函数 fminimax 主要是用来寻找一个点使得函数向量中的所有函数值的最大值最小，其具体调用形式与 fmincon 相同。

③ lsqlin 函数

有约束线性最小二乘函数 lsqlin 函数用于求解如下最优化问题：

$$\min \parallel C_x - d \parallel^2$$

约束条件：$Ax \leqslant b$，$A_{eq}x = b_{eq}$，且 $l \leqslant x \leqslant u$。

其调用形式为：

$$[\text{xo, fo}] = \text{lsqlin}(C, d, A, b)$$
$$[\text{xo, fo}] = \text{lsqlin}(C, d, A, b, A_{eq}, b_{eq})$$
$$[\text{xo, fo}] = \text{lsqlin}(C, d, A, b, A_{eq}, b_{eq}, l, u)$$
$$[\text{xo, fo}] = \text{lsqlin}(C, d, A, b, A_{eq}, b_{eq}, l, u, x0)$$
$$[\text{xo, fo}] = \text{lsqlin}(C, d, A, b, A_{eq}, b_{eq}, l, u, x0, \text{options}, p1, \dots)$$

（4）线性规划函数

线性规划问题是指在满足一定的线性约束条件下寻求线性目标函数极值的问题，因此也属于约束最优化问题。MATLAB 内置线性规划函数 linprog，用于求解如下形式的最优化问题：

$$\min f(x) = f^T x$$

约束条件：$Ax \leqslant b$，$A_{eq}x = b_{eq}$，且 $l \leqslant x \leqslant u$。

该函数的调用形式如下：$[\text{xo, fo}] = \text{linprog}(f, A, b, A_{eq}, b_{eq}, l, u, x0, \text{options})$。（输入至少3个参数）

linprog 函数与 fmincon 函数的主要区别是其对应的目标函数是线性的，约束条件也是线性的，且可以不设定初值。该函数在解线性最优化问题时，比 fmincon 更有效。

第2章 数据与图形图像处理软件

2.1 Excel 软件

2.1.1 Excel 软件概述

Microsoft Excel 是微软公司的办公软件 Microsoft office 的组件之一，是由 Microsoft 为 Windows 和 Apple Macintosh 操作系统的电脑编写和运行的一款试算表软件。Excel 是微软办公套装软件的一个重要的组成部分，它可以进行各种数据的处理、统计分析和辅助决策操作，广泛应用于管理、统计财经、金融等众多领域。

2.1.2 数据的输入和处理

在单元格中输入数值、文本等内容时，Excel 会根据不同的内容做出不同的处理并显示。

2.1.2.1 数值的输入

Excel 中使用最多的单元格内容就是数值。数值输入过程中，其内容不仅显示在单元格中，在编辑栏中也会显示；输入完成后，可以通过编辑栏确认，也可以按 Enter 键确认。确认后的数值默认的对齐方式为"右对齐"。

在单元格中输入的数字型的数据可以是整数、小数、分数，也可以是科学计数。数值中也可以掺杂数学符号，如负号(-)、百分号(%)、人民币(￥)、指数符号(E)等。在 Excel 中输入数字类数据时，有以下需要注意的地方：

(1) 分数的输入。输入分数时，需要在输入分数之前输入 0 和一个空格，以便与日期相区别。如直接输入"1/4"则显示"1 月 4 日"；而输入"0 1/4"，即 0、空格和 1/4 才会显示"1/4"，代表 0.25 的数值。

(2) 开头为 0 的一串数字，在 Excel 中将会自动忽略 0。如果想要显示这个"0"，需要先输入英文标点"'"，再输入"0"就可以显示了。

(3) 如果输入的数值过大，会以科学计数法的形式显示出来。

2.1.2.2 文本的输入

如果在单元格内输入的是中文字符或者英文字符，那 Excel 将把它当作文本处理。文本输入的时候默认的对齐方式为"左对齐"，当文本中带有数据值时，Excel 也会把其当作文本型数据进行处理。

当输入的文本数据过多，在当前的单元格列宽下无法完全显示，多余字符会自动显示到空的相邻单元格；如果没有相邻的空单元格，该文本会只显示部分，剩余部分需要调整列宽才会完全显示出来。在单元格中也可以实现多行输入，多行输入时行高会自动调整以匹配多行效果，可以使用 Alt+Enter 组合键来换行。

2.1.2.3 日期和时间的输入

Excel 中日期和时间的输入需要用特定的格式。Excel 中内置了一些时间日期的格式，当输入的数据内容与这些格式匹配时，Excel 会自动将其当作是日期和时间数据进行处理。

（1）时间的输入

输入时间的过程中，需要使用冒号"："作为时、分、秒之间的分隔符。时间分为 12 小时格式和 24 小时格式，使用 12 小时格式时要用空格加上 am 或者 pm 来区分上午和下午，如下午 4 点在 12 小时格式需要输入"4：00pm"，在 24 小时格式下只需输入 16：00，输入完毕后按 Enter 键确认。

输入当前时间也可以使用快捷键"Ctrl+Shift+"；完成。

（2）日期的输入

输入日期和时间一样，中间也要加入分隔符，日期的分隔符是左斜线"/"或者短线"–"。所以日期的显示方式有两种："2020/11/14"或者"2020–11–14"。

当前日期的输入快捷键是"Ctrl+"；组合。

2.1.2.4 货币类型数据的输入

如果想要在工作表的单元格明确显示该数字表达的是"货币"的话，可以在数字前面加上货币符号（如 ¥ 或者 $ 等），货币符号出现后再输入数字即可。出现货币符号的快捷键是 Shift+4。这里的 4 指的是键盘上方的数字 4，而非小键盘上的 4。在英文输入状态下按快捷键后显示 $，在中文输入状态下显示 ¥。

2.1.2.5 数据的快速输入

当输入的数据有规律时，比如 1、2、3…可以使用 Excel 内置的自动填充功能快速输入。具体操作为：

先输入至少两个单元格的数据，将规律显示出来，然后用鼠标拖曳光标所在单元格右下角的填充柄至最后一个单元格。当鼠标放到填充柄上时，鼠标会变成一个黑色十字，然后拖曳即可。根据填充数据的规律，以及是否复制输入，在自动填充选项中选择"填充序列"实现有规律的输入，或者选择"复制单元格"实现数据的复制输入。

2.1.2.6 数据的筛选

在大量的数据中，如果用户需要查找某些特定的数据，此时就会使用到筛选功能。筛选功能可以将数据中符合筛选条件的数据筛选出来，而不符合筛选条件的数据将会被自动隐藏。筛选功能分为自动筛选和高级筛选。

（1）自动筛选

自动筛选功能包括两个方面：单条件筛选和多条件筛选。

① 单条件筛选

单条件筛选是根据一个条件进行数据的筛选。单击"数据"选项卡中的"排序和筛选"选项组中的"筛选"按钮，进入自动筛选状态，此时的标题行每列会出现一个下拉按钮。接着在需要筛选的标题栏里单击该下拉按钮，在弹出的下拉按钮中选择筛选条件，单击确认即可完成筛选。筛选后该数据列只有筛选的数据显示出来，其余的数据都被隐藏。

② 多条件筛选

多条件筛选是相对单条件来说的，其实就是多个单条件筛选的组合，即在多个数据列同时进行数据筛选。

（2）高级筛选

高级筛选可以设置复杂的筛选条件。高级筛选之前需要先建立一个条件区域，该区域用来制定筛选数据必须满足的条件。条件区域中必须包含作为筛选条件的字段名。然后单击"数据"选项卡中的"排序和筛选"选项组中的"高级"按钮，进入"高级筛选"对话框。在该对话框中选择所需的"列表区域"和"条件区域"，单击确定按钮确认即可完成高级筛选。

2.1.2.7 数据的排序

数据排序是以单元格内数据为标准进行的。主要依据以下四类排序：数值、文本、逻辑值和空格。数值按其大小，文本按照英文字母 A–Z 顺序，逻辑值 False 在前、True 值在后，空格排到最后。

数据的排序和筛选类似，分为自动排序和自定义排序。

（1）自动排序

自动排序按条件个数分为单条件排序和多条件排序。

① 单条件排序

单条件排序就是将一行或者一列的数据按照升序或者降序的方式进行排序。打开所需排序数据列的任意一个单元格，找到"数据"选项卡中"排序和筛选"选项组中的"降序"或者"升序"按钮，单击即可完成该列数据的降序或者升序排列。

② 多条件排序

多条件排序可以在所需排序数据列中出现数据相同的情况下进行更加严格的排序。

首先选择数据所在表格中的任一单元格，单击"数据"选项卡中"排序和筛选"选项组中的"自定义排序"按钮。打开排序对话框，单击"主要关键字"旁边的下拉按钮，选择排序选项，设置排序依据以及降序(或升序)。

接着，设置次要关键字。单击"添加条件"按钮，会出现"次要关键字"按钮，单击该按钮旁边的下拉按钮，选择排序选项，设置排序依据以及降序(或升序)。单击确定按钮即可完成多条件排序。

（2）自定义排序

Excel 还可以采用自定义排序的方式，具体操作为：

首先选择数据所在表格中的任一单元格，单击"数据"选项卡中"排序和筛选"选项组中的"自定义排序"按钮。

打开排序对话框，单击"主要关键字"旁边的下拉按钮，选择排序选项，设置排序依据，设置次序为"自定义序列"后弹出"自定义序列"对话框，将自定义序列的内容输入到"输入序列"框中后单击"添加"按钮，即可将自定义序列的内容添加到"自定义序列"列表框中，最后单击"确定"按钮即可。

返回排序对话框，即可看到次序下拉框中显示出刚才自定义的序列，单击"确定"按钮即可完成自定义排序。

2.1.3 公式和函数

2.1.3.1 公式的使用

公式就是一个等式，是一个运算，是一个由单元格内数据和运算符(加减乘除等)组成的运算法则。输入公式必须以等号"＝"开始，之后紧接数据和运算符，例如＝Al+A2。

以学生成绩的处理过程为例：首先，在 Excel 中输入两个学生的成绩：

	A	B	C	D	E	F
1		英语	物理	化学	总分	
2	张三	85	75	80		
3	李四	75	90	82		
4						

如果需要在 E2 单元格存放"张三的各科总分"，也就是要将"张三"的英语、物理、化学成绩加和起来，放到 E2 单元格中，因此将 E2 单元格的公式设为"＝B2+C2+D2"。

具体操作过程为：选定要输入公式的 E2 单元格，并将指针移到 E2 单元格的数据编辑列中，输入等号"＝"：

SUM		▼	× ✓ *fx*	＝	
	A	B	C	D	E	F
1		英语	物理	化学	总分	
2	张三	85	75	80	＝	
3	李四	75	90	82		
4						

接着输入"＝"之后的公式，可以在单元格 B2 上单击，Excel 便会将 B2 输入到数据编辑列中：

SUM		▼	× ✓ *fx*	＝B2	
	A	B	C	D	E	F
1		英语	物理	化学	总分	
2	张三	85	75	80	＝B2	
3	李四	75	90	82		
4						

再输入"＋"，然后选取 C2 单元格，继续输入"＋"，选取 D2 单元格，公式的内容便输入完成了：

SUM		▼	× ✓ *fx*	＝B2+C2+D2	
	A	B	C	D	E	F
1		英语	物理	化学	总分	
2	张三	85	75	80	＝B2+C2+D2	
3	李四	75	90	82		
4						

最后按下数据编辑行上的确认按钮✓或按下 Enter 键，公式计算的结果马上显示在 E2 单元格中：

E2		▼	*fx*	＝B2+C2+D2	
	A	B	C	D	E	F
1		英语	物理	化学	总分	
2	张三	85	75	80	240	
3	李四	75	90	82		
4						

采用相同方法可以对"李四"的成绩进行处理：

E3		▼	*fx*	＝B3+C3+D3	
	A	B	C	D	E	F
1		英语	物理	化学	总分	
2	张三	85	75	80	240	
3	李四	75	90	82	247	
4						

同理，可通过公式进行"－""＊""/"和"％"等运算。

当需要对多行数据运用相同的公式运算时，也可用自动填充功能快速实现，即在第一行的单元格编辑完公式之后，用鼠标拖曳该单元格右下角的填充柄至该列的最后一个单元格，即可快速实现多行数据的相同公式运算。

2.1.3.2　函数的使用

（1）函数简介

函数其实就是在 Excel 中预先设定好的特殊公式。函数的运算法则是使用一些特定数值按特定规则进行计算。

应用函数首先要熟悉"插入函数"功能。打开该对话框有以下几种方法：

① 单击编辑栏中的插入函数按钮；

② 单击公式选项卡里的插入函数按钮；

③ 使用快捷键组合 Shift+F3。

Excel 中的函数由三部分组成，即标识符、函数名、函数参数。

① 标识符。不论是在单元格中或者编辑栏内，想要使用函数时必须先输入"="，这里的"="就是所谓的标识符。如果没有这个标识符的话，Excel 就会把输入的内容当作普通文本进行处理，此时不会产生任何运算结果。

② 函数名。紧跟着"="后面的英文单词缩写即是该函数的函数名，例如"SUM"就是求和运算。大多数函数名是对应的英文单词的缩写，也有一些是多个单词或者缩写的组合，如"SUMIF"就是"SUM"和"IF"的组合。

③ 函数参数。函数名后面紧跟着的括号里面的内容即是函数参数，也就是参与函数的数据。

（2）函数的分类

Excel 函数共有 11 个大类，分别是数据库函数、日期与时间函数、工程函数、信息函数、财务函数、逻辑函数、数学和三角函数、统计函数、文本函数、查询和引用函数及用户自定义函数等。每种函数的主要应用为：

① 数据库函数：分析数据清单数值是否符合特定条件。

② 日期与时间函数：分析和处理日期和时间值。

③ 工程函数：工程分析。

④ 信息函数：确定存储在单元格中数据的类型。

⑤ 财务函数：进行一般的财务计算。

⑥ 逻辑函数：进行真假值判断或者符合检验。

⑦ 数学和三角函数：处理简单计算。

⑧ 统计函数：对数据区域进行统计计算。

⑨ 文本函数：处理文字串。

⑩ 查询和引用函数：查找特定数值或者某一个单元格的引用。

⑪ 用户自定义函数：工作表函数无法满足需要时，用户可以自定义函数。

（3）常用函数简介

1）数学和三角函数

① ABS 函数

ABS 函数的主要功能是求出相应数字的绝对值。其使用格式为：ABS（number），number代表需要求绝对值的数值或引用的单元格。

例如，在 B1 单元格中输入公式：=ABS（A1），则在 A1 单元格中无论输入正数（如 100）还是负数（如 –100），B1 中均显示出正数（如 100）。如图 2-1 所示。

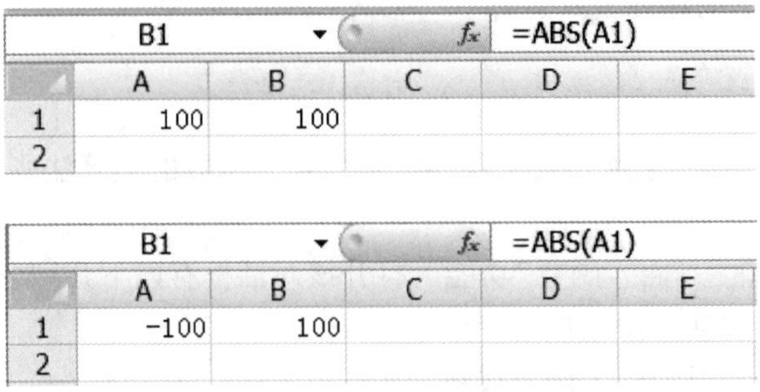

图 2-1　ABS 函数

② MOD 函数

MOD 函数的主要功能是求出两数相除的余数。其使用格式为：MOD（number，divisor），number 代表被除数，divisor 代表除数。

例如，输入公式：=MOD（13，4），确认后则显示出结果"1"。

③ INT 函数

INT 函数的主要功能是将数值向下取整为最接近的整数。其使用格式为：INT（number），number 表示需要取整的数值或包含数值的引用单元格。

例如，输入公式：=INT（18.89），确认后显示出 18。

④ SIN、COS 函数

返回弧度 x 的正弦（Sine）值、余弦（Cosine）值。使用格式为：=SIN（x）、=COS（x）。

2）统计函数

① AVERAGE 函数

AVERAGE 函数的主要功能是求出所有参数的算术平均值。其使用格式为：AVERAGE（number1，number2…）。

例如，在 A4 单元格中输入公式：=AVERAGE（B3：D3，F3：H3，7，8），确认后，即可求出 A3 至 D3 区域、F3 至 H3 区域中的数值和 7、8 的平均值。如图 2-2 所示。

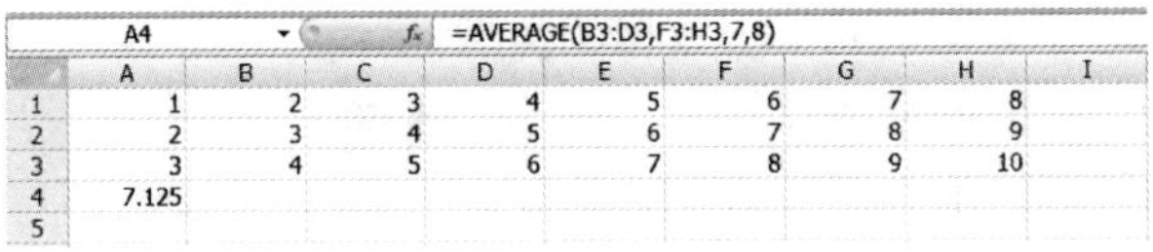

图 2-2　AVERAGE 函数

② MAX 函数

MAX 函数的主要功能是求出一组数中的最大值。使用格式为：MAX（number1，number2…）。

例如，在 A4 单元格中输入公式：=MAX（A2：H2，9，10，11），确认后即可显示出 A2 至 H2 区域和数值 9、10、11 中的最大值。如图 2-3 所示。

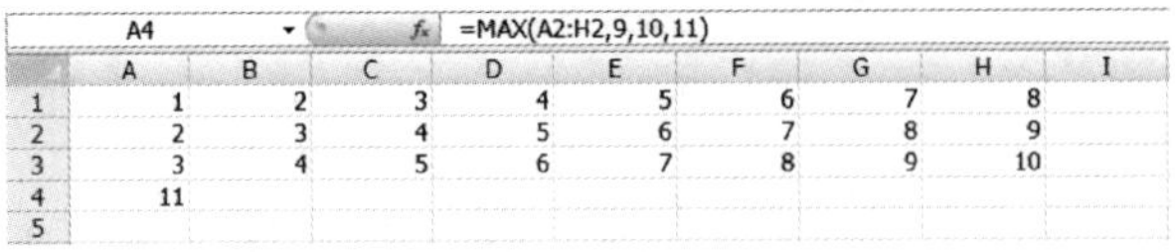

图 2-3　MAX 函数

③ MIN 函数

MIN 函数的主要功能是求出一组数中的最小值。使用格式为：MIN（number1，number2…）。

例如，在A4单元格中输入公式：=MIN（A2：H2，9，10，11），确认后即可显示出A2至H2区域和数值9、10、11中的最小值。如图2-4所示。

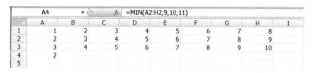

图2-4　MIN函数

④ SUM函数

SUM函数的主要功能是计算所有参数数值的和。使用格式为：SUM(number1，number2…)

例如，在E2单元格中输入公式：=SUM（B2：D2），确认后即可显示出B2至D2区域，张三的总分。如图2-5所示。

	A	B	C	D	E	F
1		英语	物理	化学	总分	
2	张三	85	75	80	240	
3	李四	75	90	82		
4						

图2-5　SUM函数

⑤ RANK函数

RANK函数的主要功能是返回某一数值在一列数值中的相对于其他数值的排位。使用格式为：RANK（Number，ref，order）。其中，Number代表需要排序的数值；ref代表排序数值所处的单元格区域；order代表排序方式参数（如果为"0"，则按降序排名，即数值越大，排名结果数值越小；如果为非"0"值，则按升序排名，即数值越大，排名结果数值越大）。

例如，在E2单元格中输入公式：=RANK（C5，C2：C8，0），确认后即可显示出赵六在这些学生中的物理成绩排名按照降序为第五名；输入公式：=RANK（C5，C2：C8，1），确认后即可显示出赵六在这些学生中的物理成绩排名按照升序为第三名。如图2-6所示。

	A	B	C	D	E	F
1		英语	物理	化学		
2	张三	85	75	80	5	
3	李四	75	90	82		
4	王五	70	88	75		
5	赵六	90	76	80		
6	钱七	93	89	88		
7	孙八	65	70	65		
8	丁九	79	80	62		
9						

	A	B	C	D	E	F
1		英语	物理	化学		
2	张三	85	75	80	3	
3	李四	75	90	82		
4	王五	70	88	75		
5	赵六	90	76	80		
6	钱七	93	89	88		
7	孙八	65	70	65		
8	丁九	79	80	62		
9						

图2-6　RANK函数

3）日期函数

① DATE 函数

DATE 函数的主要功能是给出指定数值的日期。其使用格式为：DATE（year，month，day）。year 为指定的年份数值（小于 9999）；month 为指定的月份数值（可以大于 12）；day 为指定的天数。

例如，输入公式：=DATE（2003，13，35），确认后，显示出 2004/2/4。

由于上述公式中，月份为 13，多了一个月，顺延至 2004 年 1 月；天数为 35，比 2004 年 1 月的实际天数又多了 4 天，故又顺延至 2004 年 2 月 4 日。

② DATEDIF 函数

DATEDIF 函数的主要功能是计算返回两个日期参数的差值。其使用格式为：=DATEDIF（date1，date2," y"）、=DATEDIF（date1，date2," m"）、=DATEDIF（date1，date2," d"）。date1 代表前面一个日期，date2 代表后面一个日期；y（m、d）要求返回两个日期相差的年（月、天）数。

例如，在 A14 单元格中输入公式：=DATEDIF（A5，TODAY（），" y"），确认后返回系统当前日期[用 TODAY（）表示]与 A5 单元格中日期的差值，并返回相差的年数。如图 2-7 所示。

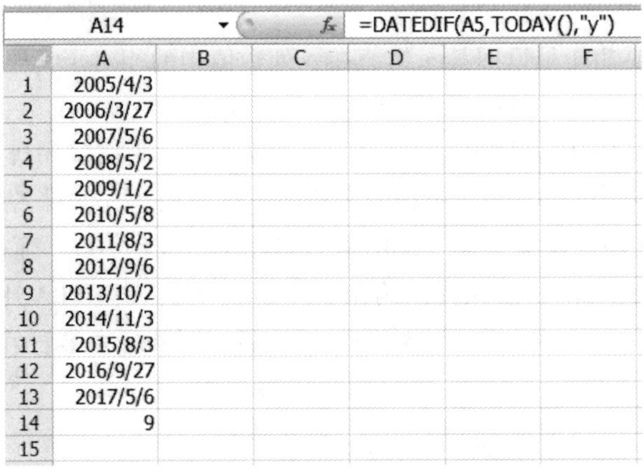

	A14	▼		fx	=DATEDIF(A5,TODAY(),"y")	
	A	B	C	D	E	F
1	2005/4/3					
2	2006/3/27					
3	2007/5/6					
4	2008/5/2					
5	2009/1/2					
6	2010/5/8					
7	2011/8/3					
8	2012/9/6					
9	2013/10/2					
10	2014/11/3					
11	2015/8/3					
12	2016/9/27					
13	2017/5/6					
14	9					
15						

图 2-7　DATEDIF 函数

4）条件函数

① SUMIF 函数

SUMIF 函数的主要功能是计算符合指定条件的单元格区域内的数值和。其使用格式为：SUMIF（Range，Criteria，Sum_ Range）。Range 代表条件判断的单元格区域；Criteria 为指定条件表达式；Sum_ Range 代表需要计算的数值所在的单元格区域。

例如，在 C9 单元格中输入公式：=SUMIF（B2：B8," 男"，C2：C8），确认后即可求出"男"生的英语成绩和；同理，在 C10 单元格中输入公式：=SUMIF（B2：B8," 女"，C2：C8），即可求出"女"生的英语成绩总和。如图 2-8 所示。

② COUNTIF 函数

COUNTIF 函数的主要功能是统计某个单元格区域中符合指定条件的单元格数目。其使用格式为：COUNTIF（Range，Criteria）。Range 代表要统计的单元格区域；Criteria 表示指定的条件表达式。

C9 | =SUMIF(B2:B8,"男",C2:C8)

	A	B	C	D	E	F
1		性别	英语	物理	化学	
2	张三	男	85	75	80	
3	李四	女	75	90	82	
4	王五	男	70	88	75	
5	赵六	女	90	76	80	
6	钱七	女	93	89	88	
7	孙八	男	65	70	65	
8	丁九	男	79	80	62	
9	男生成绩总和		299			
10	女生成绩总和		258			
11						

图 2-8　SUMIF 函数

例如，在 C10 单元格中输入公式：=COUNTIF(C2：C8,">=80")，确认后即可求出英语成绩大于等于 80 分的学生人数为 3 人；同理可得物理成绩大于等于 80 分的学生人数为 4 人，化学成绩大于等于 80 分的学生人数为 4 人。如图 2-9 所示。

C10 | =COUNTIF(C2:C8,">=80")

	A	B	C	D	E
1		英语	物理	化学	
2	张三	85	75	80	
3	李四	75	90	82	
4	王五	70	88	75	
5	赵六	90	76	80	
6	钱七	93	89	88	
7	孙八	65	70	65	
8	丁九	79	80	62	
9					
10	成绩>=80分学生人数	3	4	4	
11					

图 2-9　COUNTIF 函数

如需要统计某区域中符合多个指定条件的单元格数目，则用 COUNTIFS 函数。其使用格式为：COUNTIFS(Range1，Criteria1，Range2，Criteria2，…)。例如在图 2-10 的数据处理过程中，在 C11 单元格中输入公式=COUNTIFS(B2：B8,">=75"，C2：C8,">=90"，D2：D8,">=80")，确认后可求出英语成绩大于等于 75、物理成绩大于等于 90、化学成绩大于等于 80 的学生人数为 1 人。

C11 | =COUNTIFS(B2:B8, ">=75",C2:C8, ">=90",D2:D8,">=80")

	A	B	C	D	E
1		英语	物理	化学	
2	张三	85	75	80	
3	李四	75	90	82	
4	王五	70	88	75	
5	赵六	90	76	80	
6	钱七	93	89	88	
7	孙八	65	70	65	
8	丁九	79	80	62	
9					
10	成绩>=80分的学生人数	3	4	4	
11	英语成绩>=75、物理成绩>=90、化学成绩>=80的学生人数		1		
12					

图 2-10　COUNTIFS 函数

2.1.4　图形绘制

2.1.4.1　柱形图

柱形图反映一段时间内数据的变化，或者不同项目之间的对比，是最常见的图表之一，是 Excel 的默认图表。柱状图的操作步骤如下：

① 选择数据区域中的单元格，在功能区中选择"插入→柱形图→二维柱形图→簇状柱形图"，如图 2-11 所示。

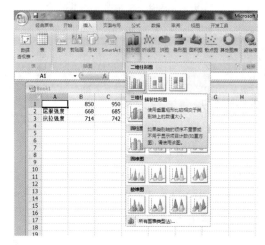

图 2-11　绘制柱形图方式 1

通过点击"图表"菜单右下角的下拉箭头，也可以弹出类似菜单，如图 2-12 所示。所得到图表如图 2-13 所示。

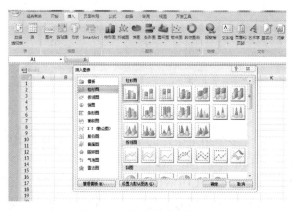

图 2-12　绘制柱形图方式 2

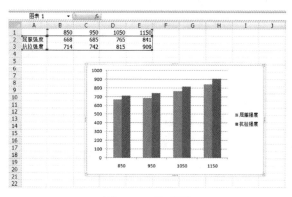

图 2-13　柱形图

② 左键单击选中数据轴后，右键单击后在弹出的菜单中选择"设置坐标轴格式"，可更改坐标轴的格式，如图 2-14 所示。

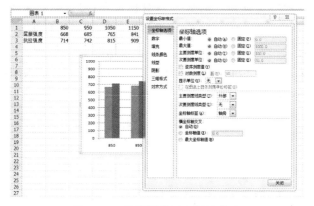

图 2-14　柱形图设置坐标轴格式

③ 左键单击选中绘图区后，单击右键并在弹出的菜单中选择"设置绘图区格式"，调整图片的填充颜色和样式，边框颜色和样式等。此时图表如图 2-15 所示。

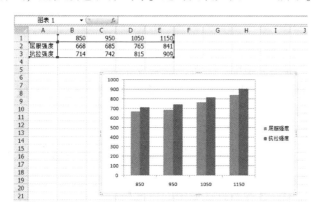

图 2-15　设置后的柱形图

也可打开"图表工具"，在"布局"中对图表格式进行调整，包括设置坐标轴、网格线、坐标轴标题、图表标题以及增设误差线等（图 2-16）。所得图表如图 2-17 所示。

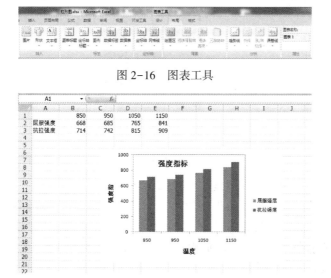

图 2-16　图表工具

图 2-17　最终的柱形图

④ 可根据需要获得"二维堆积柱形图""百分比堆积柱形图"；三维柱形图中包括"三维簇状柱形图""三维堆积柱形图""三维百分比堆积柱形图""三维柱形图"；圆柱图中包括"簇状(堆积、百分比堆积、三维)圆柱图"；圆锥图中包括"簇状(堆积、百分比堆积、三维)圆锥图"以及棱锥图中包括"簇状(堆积、百分比堆积)棱锥图"等其他类型柱形图。图表的相关设置同上所述，图2-18所示为三维圆柱图。

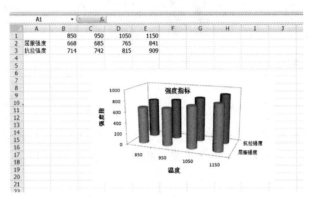

图2-18　三维圆柱图

要注意的是，与二维图表不同，三维图表有3个轴，分别是主要横坐标轴、主要纵坐标轴和竖坐标轴。竖坐标轴主要用于显示不同的数据系列的名称，不能表示数值，如图中的"抗拉强度"和"屈服强度"。

2.1.4.2　条形图

条形图也可以显示各个项目之间的对比，与柱形图不同的是其分类轴设置在纵轴上，而柱形图则设置在横轴上。

条形图的绘制步骤为：选择数据区域中的单元格，在功能区中选择"插入→条形图→二维条形图→簇状条形图"，如图2-19所示。

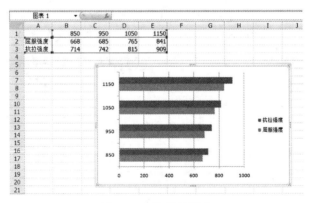

图2-19　绘制条形图

参照柱形图可对图片进行所需处理，如图2-20所示。

也可根据需要获得"二维堆积条形图""百分比堆积条形图""三维簇状条形图""三维堆积条形图""三维百分比堆积条形图""簇状(堆积、百分比堆积)水平圆柱图""簇状(堆积、百分比堆积)水平圆锥图"以及"簇状(堆积、百分比堆积)水平棱锥图"等。图表的相关设置同柱形图部分所述。

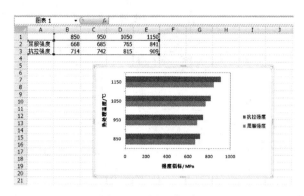

图 2-20 设置条形图

2.1.4.3 折线图

折线图按照相同的间隔显示数据的趋势。

折线图的绘制步骤为：选择数据区域中的单元格，在功能区中选择"插入→折线图→二维折线图→折线图"。

图形及数据处理方式与柱形图部分类似。所得图表如图 2-21 所示。

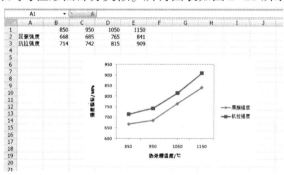

图 2-21 绘制折线图

也可根据需要获得"堆积折线图""百分比堆积折线图""带数据标记的折线图""带数据标记的堆积(百分比堆积)折线图""三维折线图"等。

1	全国招生情况统计数据	
2	省份	人数
3	陕西	1056
4	山东	278
5	河南	246
6	湖北	187
7	湖南	167
8	四川	126
9	河北	104
10	山西	104
11	江苏	89
12	浙江	78
13	甘肃	67
14	辽宁	49
15	黑龙江	34
16	天津	28
17	宁夏	28
18	江西	23
19	北京	12
20	合计	2676

图 2-22 某高校某年在全国的招生情况

2.1.4.4 饼图

饼图可以用来显示组成数据系列的项目在项目总和中所占的比例，通常只显示一个数据系列。复合饼图的绘制步骤为：选择数据区域中的单元格，在功能区中选择"插入→饼图→二维饼图→复合饼图"。

例：现有某高校某年在全国的招生情况统计数据，整理后如图 2-22 所示。其中共 17 个省、直辖市，已按招生人数从多到少排序，如将其做成单独一个饼图，其中小比例的数据所占地位很少，不易比较。因此需要应用复合饼图，将小比例的数据单独列堆积条形图，较好地说明问题。

在数据列中选择 B3：B19 单元格区域，依次选择："插入→饼图→二维饼图→复合条饼图"，确定后会出现一般未经处理的饼图，如图 2-23 所示。

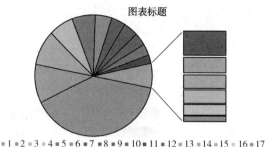

图 2-23　绘制复合条饼图

接下来对复合条饼图进行设置。

（1）设置数据系列格式

右键单击饼图，在弹出右键菜单中选择"设置数据系列格式"，在弹出的"设置数据系列格式"选项卡中，点击"系列选项"中的"系列分割依据"下拉箭头，会弹出下拉菜单，在菜单中会出现：位置、值、百分比值和自定义四项选择，可以依据某个要求将部分数据从主饼图中分出，组合边上的堆积条形图（或子饼图）中去。由于本表已经从高到低排序，故选择"位置"选项。

调整"第二绘图区包含最后"的值为合适数字，本例选择数字 6。这两项的意思就是选择位置在最后 6 项的数据构成第二绘图区（可单击上下箭头调整数字大小，在调整过程中注意观察饼图的变化）。调整"第二绘图区大小"的值可以改变堆积条形图的大小；调整"分类间距"可以改变大小饼之间的距离；"饼图分离程度"是调整各个扇形从大饼图分离的程度。调整好所有数据后关闭"设置数据系列格式"选项卡。

（2）设置数据标志

为了明确表示各个扇形的数据标志，还要进行下列设置：右键单击饼图，在弹出的右键菜单上选择"选择数据"，在弹出的"选择数据源"对话框中的"水平（分类）轴标签"选项框中选择"编辑"；在弹出的"轴标签"对话框中点击单行文本框右侧箭头所示的折叠按钮，再选择单元格区域 A3：A19，这个区域就会自动进入单行文本框；再点击"轴标签"单行文本框右侧箭头所示的折叠按钮，就会自动返回，但此时饼图中招生省份的具体标志已列入。

接下来添加数据标签，右击饼图，在右键菜单中选择"添加数据标签"，饼图中出现数据值；右击数据值，在右键菜单中选择"设置数据标签格式"，在弹出的"设置数据标签格式"选项卡中的"标签选项"，选择要显示的标签和标签位置；设置完毕后，关闭选项卡，即出现符合要求的复合条饼图，最后 6 项单独组合成"其他"项，单独以堆积条形图分别列出。设置后的复合条饼图如图 2-24 所示。

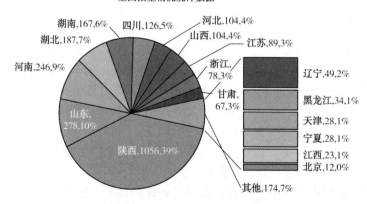

图 2-24　设置后的复合条饼图

2.2 Origin 软件

2.2.1 Origin 概述

Origin 是美国 Microcal 公司的数据分析和绘图软件，其特点是使用简单，采用直观的、图形化的、面向对象的窗口菜单和工具栏操作，全面支持鼠标右键、支持拖拽方式绘图等。

Origin 具有两大类功能：数据分析和绘图。数据分析包括数据的排序、调整、计算、统计、频谱变换、曲线拟合等各种完善的数学分析功能。准备好数据后，进行数据分析时，只需选择所要分析的数据，然后再选择相应的菜单命令。Origin 的绘图是基于模板的，Origin 本身提供了几十种二维和三维绘图模板，而且允许用户自己定制模板。绘图时，只要选择所需要的模版就行。用户可以自定义数学函数、图形样式和绘图模板；可以和各种数据库软件、办公软件、图像处理软件等方便的连接；可以用 C 等高级语言编写数据分析程序，还可以用内置的 Lab Talk 语言编程等。

2.2.1.1 菜单命令

Origin 通过 Worksheet、Graph、Matrix、Excel 工作表、Layout 和 Notes 几个主要子窗口来分析、预览和显示数据，激活不同的子窗口，相应的菜单栏和工具条也不同。下面具体介绍这些命令的功能。

（1）Worksheet 窗口的菜单命令

当激活 Worksheet 窗口，相应的菜单栏命令包括 File、Edit、View、Plot、Column、Analysis、Statistics、Tools、Format、Window 和 Help 命令。

① File

所有的文件操作都在这里执行，包括 Origin project 和 Window 命令，不随激活子窗口而改变，该菜单还提供了 Import/ Export ASCII，即导入、导出数据命令，ASCII 文件指的是 ASCII 码，美国信息交换标准码(American Standard Code for Information Interchange)。

② Edit

除公用的 cut(剪切)、copy(复制)、paste(粘贴)和 undo(撤销)命令外，该菜单还提供了以下命令：

Button Edit Mode：模板编辑按钮，显示编辑程序标签；

Set As Begin/End/Reset to Full Range：设置 Worksheet 显示范围；

Convert to Matrix：将 Worksheet 转化成 Matrix；

Transpose：将 Worksheet 的行列对调；

Clear/Delete/Insert：清除、删除、插入，Clear 相当于按下键盘上的 Delete 键，只删除数据而不删除单元格；Delete 同时删除了单元格。

③ View

该菜单的功能控制屏幕显示的，控制 Origin 界面上各种对象的显示、隐藏状态，以及当前窗口的显示细节。公用命令包括显示 Toolbars(工具条)、Status bar(状态栏)、Script Window(脚本窗口)、Code Builder(编码编辑器)、Project Explorer 和 Results Log(结果记录)，针对 Worksheet 窗口的命令有：

Show X Column：显示 Worksheet 隐藏的 X 列；

Actively Update Plots：当 Worksheet 数据改变时，更新其对应的 Graph 图形；

Go to Row：到达指定的行；

Show Grid：显示网格线。

④ Plot

该菜单命令针对 Worksheet、Matrix 或 Excel 工作簿而设置，下拉菜单命令是将数据按照指定的 Graph 模板制图，包括 2D、3D 等模板以及 Origin 模板库。

⑤ Column

该菜单是 Worksheet 窗口专用的，可提供的命令包括：

Set as X/Y/Z：将 Worksheet 的某一列设置为 X/Y/Z；

Set as Labels：设置为标签列；

Disregarded column：设置为无关列；

Set as X/Y Error：设置为 X/Y 误差；

Set Column Values：，对某列进行简单的数学计算并输出新值；

Fill Column With：填充列，包括填充行号，大于 0 的任意数；

Add New Columns：添加新列；

Move to First/Last：将选中的列移动到第一/最后一列；

Set as Categorical：设置为分类数据列。

⑥ Analysis

该菜单在 Worksheet 中的命令包括：

Extract Worksheet Data：提取 Worksheet 数据；

Set All Column Values：根据模板设置填充所有列数值，该操作不能撤销；

Sort Range/Column/Worksheet：排列数据，包括数值上升、下降和按照要求排列；

Normalize：将数值归格化；

FFT：快速傅里叶变换运算；

Correlate：相关运算；

Convolute：卷积运算；

Deconvolute：去卷积运算；

Non-linear Curve Fit：非线形曲线拟合。

⑦ Statistics

该菜单是 Worksheet 窗口独有的，其下拉菜单包括一系列针对数据进行统计的命令：

Descriptive Statistics：描述性统计；

Hypothesis Testing：t 检验；

ANVOA：方差分析；

Multiple regression：多元回归；

Survival Analysis：存活率分析。

⑧ Tools

Tools 下拉菜单提供了许多窗口的公用命令，包括：

Options：打开 Options 对话框可以设置 Origin 的许多属性；

Pack/Unpack OPK files…，Uninstall OPK files…：将选中的 *.OPK 文件打包，与其他 Origin 用户共享；

MATLAB Console/LabVIEW VI Browser：在 Origin 中打开 MATLAB 和 LabVIEW，并进行一些数据共享、命令调用等操作。

针对 Worksheet 窗口，Tools 下拉菜单还提供了如下专有命令：

Worksheet Script：打开 Worksheet Script，使用 LabTalk 命令调用 Origin C 程序，建立和 Worksheet 脚本文件的链接；

Linear/Polynomial/Sigmoidal Fit：线形/多项式/S 曲线拟合；

Fit Comparison：比较拟合，通过拟合相同的函数来比较两列数据。

⑨ Format

该菜单提供了 Menu 命令，改变菜单显示方式，其中的缩略型只包括基本常用的菜单命令，完整型包括全部命令；Snap to Grid，将对象与网格线对齐。Label Control，编辑标签的名称和与程序相关的属性；Color Palette，调色板。Theme Gallery，调用已有的对象格式。

Worksheet 专用命令包括：

Worksheet：改变 Worksheet 的设置属性；

Set Worksheet X：将 X 设置为递增序列；

Column：设置 Worksheet 列的属性。

⑩ Window

Window 下拉菜单中的命令对不同的子窗口都一样，具体包括：

Cascade/Title Horizontally/Title Vertically/Arrange Icons：这几个命令都可以排列 Origin 子窗口的显示方式，分别为层叠方式、标题水平对齐、标题竖直对齐和重排；

Refresh/Rename/Duplicate：对激活的子窗口进行刷新/重命名/复制操作；

Script Window：显示脚本窗口；

Folder：选择文件夹。

此外，Window 下拉菜单的下面还显示了当前 Project 文件中所有子窗口的名称。

⑪Help

该下拉菜单中的帮助选项对所有的子窗口都一样，Origin 帮助系统全面而细致地提供了相关的帮助文件。

（2）Graph 窗口的菜单命令

当激活 Graph 窗口时，菜单栏命令及其菜单命令有 File、Edit、View、Graph、Data、Analysis、Tools、Format、Window 和 Help，下面介绍关于 Graph 的新命令。

① File

Import：导入数据，其中的子菜单 Import Wizard 打开对话框，供选择导入数据的类型，Import Image，导入格式为 ∗.bmp 的图形文件；

Export Page：导出页面为图形文件。

② Edit

Copy Page：将 Graph 复制到剪贴板，可以直接粘贴到 Word 文档或其他程序中；

New Layer(Axes)：添加新层，其坐标轴方式可选择；

Add and Arrange Layers：在激活的 Graph 中添加、排列层；

Rotate Page：风景形式和肖像形式显示方式之间的转换，即调整图形的不同长宽比例（风景图一般是横长竖短，而肖像图一般是横短竖长）；

Merge all Graph Windows：将所有的 Graph 图形合并到一个 Graph 窗口中；

Copy Format/Paste Format：复制、粘贴格式。

③ View

Pint/ Page/Window/Draft View：Graph 不同显示方式之间的切换；

Zoom In/out/Whole Page：放大/缩小/整页显示图形；

Show：显示 Graph 的不同部分，子菜单包括是否显示 Graph 图标、标签、网格线、数据、图层等；

Maximize laye：最大化选中的图层；

Full Screen：满屏显示，单击鼠标恢复到原来的显示状态。

④ Graph

Graph 菜单是 Graph 窗口特有的，其下拉菜单命令包括：

Plot Setup：打开对话框 Plot Setup 对 Graph 窗口中各个组件进行配置；

Add Plot to Layer/Add Error Bar/Add Function Graph：给 Graph 添加数据、误差、函数；

Rescale to Show All：重新标定坐标轴；

New Legend：生成新图例；

New XY Scale：生成新坐标轴；

Stack Grouped Data in Layer：柱状、条状等图中几组曲线变换为堆垒显示；

Exchange X-Y Axes：将 X 轴、Y 轴对换。

⑤ Data

该菜单也是 Graph 窗口特有的，其下拉菜单命令包括：

Data Makers：首先选择 Tool 工具条上的 Data Selector 按钮，进行设置范围后再选中该命令，按下 Enter 键，完成数据选择；

Set Display Range：完成数据选择后，选择该命令则只显示选中的数据范围；

Reset to Full Range：显示部分数据的情况下，选择该命令可以显示所有数据；

Move Data Points：移动数据点，选择该命令，鼠标变成，选中数据点进行移动；

Remove Bad Data Points：删除奇点，选择该命令，鼠标变成，选中数据点，双击可删除该点。

⑥ Analysis

Simple Math：执行数学运算；

Smoothing：平滑曲线；

FFT Filter：FFT 过滤器；

Calculus：微分、积分运算；

Substrate：减运算；

Translate：平移操作；

Average Multiple Curve：将几条曲线平均；

Interpolate/ Extrapolate：执行插值操作；

Fit…：后面的命令都是线性或非线性拟合操作的。

⑦ Tools

Layer：打开添加/安排新层对话框，给 Graph 添加新层；

Pick Peaks：从曲线中挑选衍射峰；

Base Line：为曲线的峰画基线；

Smooth：平滑曲线。

⑧ Format

Page/Layer/Plot：打开一个对话框，具有几个标签，设置页面/图层/曲线的显示属性；

Axes/Axis Tick Labels/Axis Titles：打开一个对话框，设置坐标轴、坐标轴刻度等显示属性。

（3）Matrix 窗口的菜单命令

① File

Import/Export ASCII：导入/导出数据；

Import/Export Image：导入/导出图像。

② Edit

Edit 关于 Matrix 的命令为 Convert to Worksheet，可以将 Matrix 转换成 Worksheet，有多种不同的转换方式。

③ View

Go to Row：显示指定的行；

Data/ Image Mode：数据模式和图像模式之间转换；

Show Column/ Row：显示 Matrix 的行/列；

Show X/Y：显示 Matrix 的 X/Y 数值。

④ Plot

Plot 下拉菜单提供了利用 Matrix 数据制图的模板命令，包括三维模板和等高线制图模板。

⑤ Matrix

该菜单命令是 Matrix 窗口独有的，命令包括：

Set Properties/ Dimensions：设置 Matrix 的显示属性和维数；

Set Values：通过函数设置 Matrix 中的数值；

Transpose：求矩阵的转置；

Invert：矩阵求逆；

Rotate90：旋转 90°；

Flip V/H：竖直/水平倒转，竖直倒转是第一行和最后一行互换，第二行和倒数第二行互换等，水平倒转是相对列的类似变换；

Expand/ Shrink：扩展/收缩 Matrix；

Smooth：平滑；

Integrate：积分。

⑥ Image

Image 菜单命令也是 Matrix 窗口独有的，主要调整 Matrix 的显示属性，命令包括：

Convert to Gray+Data：将位图转换成"灰度+数据"显示方式；

Tuning：打开 Tuning 对话框，调整 Matrix 亮度、对比度等属性；

Palettes：当 Matrix 为 Image Mode 显示模式时，该命令激活，包括 Gray Scale（灰度）、Rainbow（彩色）和 RedWhiteBlue（红白蓝）三种显示模式。

⑦ Tools

Region of Interest Mod：该命令是针对 Tools 工具条，选中该命令，Tools 工具条的绘图按钮中只有 Rectangle Tool 处于激活状态，单击该按钮，在 Matrix 中选择感兴趣的区域进行复制、替换原 Matrix、生成新 Matrix 操作。

（4）Excel 工作表窗口的菜单命令

Excel 工作表的菜单栏包括三个菜单：File、Plot 和 Window，其中 File、Plot 菜单命令和前面的相似，由于其他菜单均转换成相应的 Excel 菜单命令，故在 Window 下拉菜单命令中添加了一些其他窗口下拉菜单的命令，比如 Option、Toolbar 等，另外附加的一项命令是 Create Matrix，将选中的 Excel 数据转换成 Matrix 数据。

（5）Layout 窗口的菜单命令

① File

Import Image：输入图像文件；

Export Page：输出页面。

② Layout

该菜单是 Layout 窗口特有的，命令包含：

Add Graph/Worksheet：以图形的格式将 Graph/Worksheet 添加到 Layout 窗口中；

Set/Clear Picture Holder：显示/清除图片占位符；

Global Speed Control：预览图片时增加刷屏速度，增强显示效果。

③ Format

Format 菜单提供的关于 Layout 窗口的命令中，只有 Layout Page 用于设置页面显示属性。

（6）Notes 窗口的菜单命令

Notes 窗口菜单栏独有的命令包括：

Edit 下拉菜单中的 Find/ Replace：功能是查找/替换 Notes 窗口中的字符；

View 下拉菜单中的 Word Wrap：功能是打包文本文档。

2.2.1.2　工具条（Toolbars）

选择菜单命令 View｜Toolbars，即会弹出如图 2-25 所示的 Customize Toolbar 对话框，对工具条进行设置。

图 2-25　Customize Toolbar 对话框的 Toolbar 和 Button Group 选项卡

利用 Toolbars 选项卡，可以根据需要选择添加相应的工具条标题到窗口中显示该工具条。工具条可以显示在工具栏中，也可以用鼠标拖动到窗口中的任何位置浮动显示，当将工具条拖动离开工具栏时，会在工具条的上部显示该工具条的名称，这时可以单击右上角的"×"关闭该工具条。选中 Show Tooltips（显示工具提示）复选框，那么在使用工具栏时，只要将鼠标放到工具条的某一按钮上，会在旁边出现一个方框，显示出该按钮的名称，并在状态栏中显示出该按钮的功能。选中 Flat Toolbars 复选框，工具条按钮扁平显示。单击 Reinitialize 按钮，下次打开 Origin 时，返回到安装时的默认界面。

利用 Button Group 选项卡可以对 Origin 命令按钮有一个总体认识。对应左边的 Group 列表，在右侧会显示该工具条包含的所有命令按钮，点击按钮图标则在下面的 Button 文本框内显示该按钮命令的具体功能。下面简单介绍各个工具条按钮的名称及功能。

（1）Standard 工具条

Standard（标准）工具条如图 2-26 所示，包括下列几组按钮：

1）New Project/Worksheet/Excel/Graph/Matrix/Function/Layout/Notes 等，其功能是新建 Project 文件和其他子窗口；

2）打开保存/按钮，其功能是打开 Project、模板文件或 Excel 文件，以及保存 Project 和

88

保存为模板文件;

3) 导入按钮,其功能是导入数据;

4) Windows 常用的按钮,打印、刷新、复制激活的窗口;

5) Custom Routine 按钮，其功能是调用 CUSTOM. ogs 文件的[Main]部分,这部分需要用户编辑,以实现特定的功能;

6) 窗口的显示/隐藏切换按钮,其功能是实现显示/隐藏 Project 及窗口等;

7) Coder Builder 按钮，其功能是打开 Coder Builder 编辑器,编辑 Origin C 程序;

8) Add New Column 按钮，其功能是为 Worksheet 窗口添加新数据列。

图 2-26　Standard 工具条

（2）Edit 工具条

Edit(编辑)工具条包括剪切、复制和粘贴三个按钮,如图 2-27 所示。

图 2-27　Edit 工具条

（3）Graph 工具条

Graph 工具条如图 2-28 所示,该工具条只有激活 Graph 或 Layout 窗口时才能使用,包括下列几组按钮:

1) 缩放按钮,分别是放大、缩小、整页显示,接下来的按钮是重新标定坐标轴以显示所有数据点;

2) 图层操作按钮,将单层转变成多层或转换到多个 Graph 窗口中,以及将多个 Graph 窗口中的数据合并到一个 Graph 窗口中;

3) 添加新层按钮,作用是按照不同的方式添加新层;

4) 添加颜色、图例、坐标、时间等。

图 2-28　Graph 工具条

（4）2D Graph/ 2D Graph Extended 工具条

2D Graph 工具条提供了 2D Graph 普通制图模板,包括直线、散点、饼图、极坐标图等,2D Graph Extended(扩展)工具条则提供了更多的制图模板,如图 2-29 所示。当激活 Worksheet 或 Excel 工作表时,先选择工作表中的数据,然后单击工具条上的某个按钮,则可以将数据在 Graph 窗口中绘制成图形。当 Graph 窗口激活时,用户可以单击这些按钮改变 Graph 窗口中图形的类型。

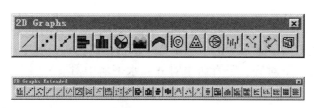

图 2-29　2D Graph/ 2D Graph Extended 工具条

（5）3D Graphs/3D Rotation 工具条

3D Graphs 工具条提供了 3D Graph 普通制图模板，3D Rotation（旋转）工具条提供了不同方式旋转 3D 视图，以达到合适的视觉效果，如图 2-30 所示。3D Graphs 工具条中，第一组按钮是制作 XYZ 数据 3D 图的，第二组的四个按钮是制作 XYY 数据 3D 图的，第三组是使用 Matrix 数据绘制各种 3D 图的。

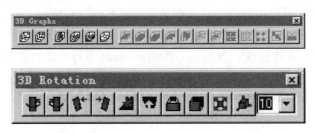

图 2-30　3D Graph/ 3D Rotation 工具条

（6）Worksheet Data 工具条

Worksheet Data（数据）工具条如图 2-31 所示，该工具条只有激活 Worksheet 时才能使用，包含三组按钮：1）统计按钮，包括对行/列数据统计和排序；2）设置单列值、设置 Worksheet 所有列值按钮；3）填充数据按钮，包括填充行号、随机数和符合正态分布的随机数。

图 2-31　Worksheet Data 工具条

（7）Column 工具条

Column（列）工具条如图 2-32 所示，只有激活 Worksheet 列时才能使用，包含两组命令按钮：1）设置制图时的变量属性，2）移动列的按钮。

图 2-32　Column 工具条

（8）Layout 工具条

Layout 工具条如图 2-33 所示，该工具条的功能是针对 Layout 窗口起作用的，包括往 Layout 窗口中添加 Graph 或 Worksheet。

图 2-33　Layout 工具条

（9）Object Edit 工具条

Object Edit（对象编辑）工具条如图 2-34 所示，该工具条针对的是激活子窗口中的一个或几个注释对象，或 Layout 窗口中的多个图片。这些按钮具有设置图片对齐方式（包括左对齐、右对齐、上对齐、下对齐、竖直居中对齐和水平居中对齐）、统一高度/宽度、叠放次序、组合等功能。

图 2-34　Object Edit 工具条

（10）Tools 工具条

Tools 工具条如图 2-35 所示，该工具条提供了添加文本、注释、线条、箭头线、放大、读取数据、设定数据区域、画图形等按钮。

图 2-35　Tools 工具条

（11）Mask 工具条

Mask 工具条如图 2-36 所示。在激活 Graph 或 Worksheet 时，Mask（屏蔽）工具条被激活，该工具条提供了屏蔽数据点、数据范围、解除屏蔽等工具。

图 2-36　Mask 工具条

（12）Arrow 工具条

Arrow（箭头）工具条是设置线或箭头形状的，如图 2-37 所示，该工具条可以针对一个或多个箭头进行操作。包含三组命令按钮：1) 第一个按钮是显示线或箭头以终点为原点在水平方向上的投影；2) 第二个按钮是显示线或箭头在竖直方向上的投影；3) 后面四个按钮是改变箭头的大小和显示形状的。

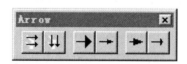

图 2-37　Arrow 工具条

（13）Format 工具条

Format（格式）工具条如图 2-38 所示，该工具条可以用于直接在 Graph、Layout 等子窗口中编辑文本或注释，提供了编辑字体格式、颜色、大小、加粗、放大、缩小、下划线等功能，其用法和 Word 等软件相同。其中的 Greek 按钮 $\alpha\beta$ 所代表的字体可以进行设置，选择菜单命令 Tools | Options，打开 Options 对话框，单击 Text Fonts 标签，在 Greek 的下拉列表中选择合适的字体。

图 2-38　Format 工具条

（14）Style 工具条

Style（风格）工具条如图 2-39 所示，前三个工具是用于编辑线条、箭头和方框、椭圆、多边形甚至 Graph 图形的边框线条颜色、类型、粗细的，第一个同时可以编辑文字颜色。后面四个工具是编辑方框、椭圆、多边形的，其功能分别是改变网格线类型、改变背景颜色、改变网格线粗细、改变网格线颜色。

图 2-39　Style 工具条

（15）Data Display 工具条

Data Display（数据显示）工具条包括：Screen Reader（屏幕读数）按钮 +、Data Reader（数据读取）按钮 ⊠、Data Selector（数据选择）按钮 ⦂和 Draw Data（绘制数据点）按钮 ⁙。将鼠标放到 Graph 窗口中时，在 Data Display 工具中动态显示相应的坐标值。右击该工具条，其快捷菜单命令如图 2-40 所示。

图 2-40　Data Display 工具

（16）自定义工具条

除了默认工具条，用户可以在工具条上添加、移动按钮，生成新工具条。具体过程如下：

选择菜单命令 View｜Toolbars，弹出 Customize Toolbar 对话框，选择 Toolbars 选项卡，单击 New 按钮，弹出图 2-41（左）所示的 New Toolbar 对话框，输入新工具条名称，单击 OK 即可。也可以在 Button Group 选项卡中单击 New 按钮，弹出图 2-41（右）所示的 Create Button Group 完成新工具条新建，新建工具条按钮的属性需要通过 Button 文本框内的 Settings 按钮来设置。

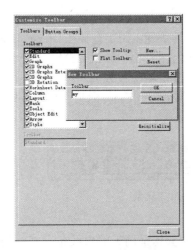

图 2-41　New Toolbar 和 Create Button Group 对话框

2.2.2 数据处理

2.2.2.1 数据的输入

Worksheet 数据的输入包括：使用键盘输入、导入数据文件、使用粘贴板粘贴其他程序中的数据、使用 Origin 提供的功能根据行号生成数据、使用函数设置数据、设置递增的 X 值等。

Origin 提供了导入多种数据格式的功能，如 ASCII、Lotus、Dbase、DIF、LabTech、Thermo Calactic SPC、Minitab、SigmaPlot 等，还可以导入 Mathematica 的向量和矩阵文件及 Kaleidagraph 的数据文件等。

（1）导入单个 ASCII 文件

选择菜单命令 File｜Import｜Single ASCII，或单击 Standard 工具条中的 Import ASCII 按钮，打开 Import ASCII 对话框（图 2-42），选择 ASCII 文件，单击"打开"按钮，实现数据输入。数据输入过程中会按照 Origin 默认的 ASCII 导入方式检测数据文件，将第一行非数字字符设置为列标题，将第二行非数字字符设置为列标签，将数据导入 Worksheet 窗口的单元格中。

图 2-42　导入 ASCII 文件对话框

（2）导入多个 ASCII 文件

Origin 允许用户同时导入多个 ASCII 文件到一个 Worksheet 的不同列或几个 Worksheet 中。选择菜单命令 File｜Import｜Multiple ASCII，或选择 Standard 工具条中的 Import Multiple ASCII 按钮，打开 Import Multiple ASCII 对话框（图 2-43），选中要导入的文件，单击 Add File(s)按钮，这些文件出现在下面的窗口中，单击 OK 按钮即可把这些选中的文件导入多个 Worksheet 窗口中。

（3）其他类型文件的导入

从菜单命令 File｜Import｜▶中选中要导入的文件类型，导入过程类似，下面介绍各种文件的扩展名。

① Thermo Galactic 文件，扩展名为 ∗.SPC；

② pCLAMP 二元文件，扩展名为 ∗.abf，∗.dat；

③ MatLab 文件，扩展名为 ∗.mat；

④ Lotus 文件，扩展名为 ∗.wk4，∗.wk5，∗.wk1.x，∗.wk2.1，∗.wk3.x；

⑤ dBASE 文件，扩展名为 ∗.dbf；

图 2-43　导入多个 ASCII 文件对话框

⑥ DIF 文件，扩展名为 * . dif；

⑦ LabTech 文件，扩展名为 * . prn；

⑧ SigmaPlot 文件，扩展名为 * . jnb， * . spw， * . sp5， * . spg；

⑨ Sound(WAV)文件，扩展名为 * . wav；

⑩ MiniTab 文件，MiniTab 工作表；

⑪ Mathematica 数据文件，Mathematica4. 0 数据文件；

⑫ Kaleidagraph 数据文件，扩展名为 * . qda。

(4) 使用填充功能输入数据

使用数学表达式来填充数列。例如，需要将 A 列数据加 B 列数据，然后填充到 C 列，则可以：选中 C 列，选择菜单命令 Column｜Set Column Values，或从鼠标右键的快捷菜单中选择命令 Set Column Values，或单击 Worksheet Data 工具条中的 Set column values 按钮，打开 Set Column Values 对话框，通过 Add Column 按钮及其前面的下拉菜单，编辑数学表达式 col(C)= col(A)+col(B)来实现数据处理，如图 2-44 所示。

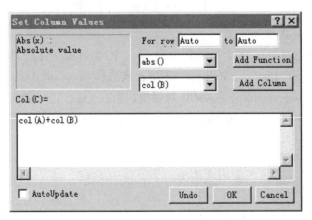

图 2-44　Set Column Values 对话框

此外，在 Set Column Values 对话框中，Add Function 下拉列表中也提供了许多数学和统计函数，用户也可以用 Origin C 语言编辑自己的函数。选中一个函数，在左边的文本框中就会出现该函数的简单说明，单击 Add Function 按钮，该函数就会出现在下面文本框中的光标

94

位置上；在 Add Column 下拉列表中包含当前激活的 Worksheet 中所有列名称。

2.2.2.2　数据的输出

（1）通过粘贴板导出

Worksheet 数据可以复制到 Windows 粘贴板，然后再粘贴到其他 Worksheet 或其他应用程序。具体可以通过选择菜单命令 Edit | Copy、单击 Edit 工具条中的 Copy 按钮 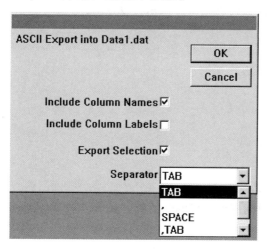、使用快捷键 Ctrl+C 以及选择鼠标右键的快捷菜单命令 Copy 复制数据，然后通过选择命令 Edit | Paste、快捷键 Ctrl+V、鼠标右键的快捷菜单命令以及单击 Edit 工具条中的 Paste 按钮 ⬚实现数据导出和粘贴。

（2）将 Worksheet 数据保存为 ASCII 文件

对于含有大量数据的 Worksheet 来说，粘贴的办法很不方便，可以将 Worksheet 数据保存为 ASCII 文件，具体方法为：

① 激活 Worksheet 窗口，选择菜单命令 File | Export ASCII，打开 Export ASCII 对话框；

② 确定文件保存的路径、文件名和保存类型（在保存类型下拉列表中除了默认的 *.dat 文件外，还支持 *.txt 和 *.csv 等格式），单击"保存"按钮后可以看到。

③ 然后单击 OK 按钮保存数据。保存完毕后，用写字板或记事本打开该文件。

在 ASCII Export Into…对话框（图 2-45）内可以进行如下参数设置：

① 选中 Include Column Names（包括列名）复选框，各数列的列名被复制到 ASCII 文件的第一行，<Enter>，然后是数据。

② 选中 Include Column Labels（包括列标签）复选框，各数列的列标签被复制到 ASCII 文件的第二行，<Enter>，然后是数据；若不选 Include Column Names 复选框，列标签被复制到 ASCII 文件的第一行。

③ Export Selection（导出选定范围）复选框无须用户指定，如果选定了数据范围，再执行导出命令，此复选框将被自动选中。如果想导出整个 Worksheet 文件，清除此复选框。

④ Separator（分隔符）下拉列表中，有五种选项："TAB"","SPACE"", TAB" 和", SPACE"，默认为"TAB"，用来分隔列标签和数据。

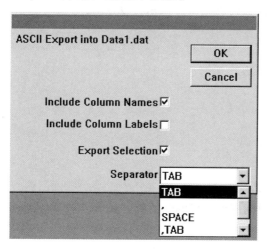

图 2-45　ASCII 输出格式对话框

（3）将 Worksheet 部分数据生成 ASCII 文件

生成的方法和 2.2.2 介绍的类似，保存之前数据选择的方法有：（1）直接用鼠标选中需要保存的 Worksheet 数据；（2）删除不需要导出的行和列（注意：此操作会改变 Worksheet 数据）；（3）使用菜单命令 Edit｜Set as Begin 和 Edit｜Set as End，确定列的范围。

（4）从 Worksheet 中提取数据

提取 Worksheet 数据，即将 Worksheet 中指定的数据提取出来，复制、粘贴到另外一个 Worksheet 中。例如，需要将 Worksheet 的 B 列中大于 0 的数据提取出来，具体操作如下：

① 选中 B 列，选择菜单命令 Analysis｜Extract Worksheet Data，打开 Extract Worksheet Data 对话框，如图 2-46 所示。

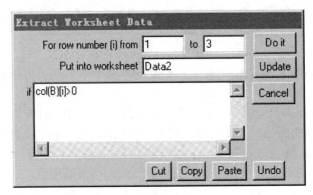

图 2-46　Extract Worksheet Data 对话框

② 在 For row number（i）from…to…里的数据显示指定列的数据范围（即行数 i），如果在选择命令之前选择了范围，Origin 会自动显示选中的范围，未指定则显示全部数据。

③ Put into Worksheet 后面的文本框显示接收数据的新生成 Worksheet 的名称，默认的名称为 Data n。

④ 在 if 文本框中填入条件表达式 col（B）[i]＞0，单击 Do it 按钮，把数据导出到 Data2 中。

需要注意的是，在 if 文本框中可以使用合法的逻辑、关系符号和数学运算符号（＋、－、＊、/等）。如果用到 Worksheet 的列，使用 col（ ）表达式，在括号中填入列的名称；如果用到行，使用变量 i。Origin 支持的逻辑、关系符号包括：

>　　大于；

>=　大于等于；

<　　小于；

<=　小于等于；

==　等于；

!=　不等于；

&&　与；

||　或。

2.2.2.3　数据的运算

除了使用数学公式对列进行简单的赋值外，还可以对 Worksheet 数据进行简单的操作和运算。

（1）数据排序

Origin 可以对单列、多列以及整个 Worksheet 的数据进行排序。排序类似于数据库系统中的记录排序，是根据某列或某些列数据的升降顺序，将整个工作表的行进行重新排列。例如，需要把 Worksheet 数据按照 A 列升序、B 列降序排列，则具体操作如下：

① 把鼠标放到 Worksheet 左上角的空白单元格处，等鼠标变成指向右下方的箭头，然后

96

单击，选中整个 Worksheet；

② 单击 Worksheet 工具栏的 Sort 按钮 ，或选择菜单命令 Analysis｜Sort Range/ Columns/ Worksheet｜Custom，弹出 Nested Sort 对话框；

③ 在 Nested Sort 对话框的 Selected Column 列表框中选中 A 列，单击 Ascending 按钮，A 列就被添加到 Nested Sort 列表框中(图 2-47)，A 列成为 Worksheet 升序排列的首要列；

④ 在 Nested Sort 对话框的 Selected Column 列表框中选中 B 列，单击 Descending 按钮，B 列成为 Worksheet 降序排列的次要列；

⑤ 单击 OK 按钮，完成排序。

排序后，Worksheet 是以 A 为首要列升序排列，其他列也作相应的变化，如果 A 列中有两行数值相同，就根据对应行的 B 列值的降序排列 Worksheet。

图 2-47 "Nested Sort"对话框

选择菜单命令 Analysis｜Sort Columns｜Ascending/ Descending，仅对某一列执行升序/降序排列，其他数据原位不变；如果选择菜单命令 Analysis｜Sort Worksheet｜Ascending/ Descending，该列执行升序/降序排列，其他数据按照数据间的对应关系作相应变化。该操作也可使用鼠标右键的快捷菜单命令 Sort Columns 和 Sort Worksheet 完成。

（2）规格化数据

规格化数据就是把列或其中的一部分数据除以某个因子。例如，需要将 Data1 的 B 列数据除以其中的最大值，则具体操作如下：

选中 B 列数据后，选择菜单命令 Analysis｜Normalize，或选择鼠标右键的快捷菜单命令 Normalize，弹出 Normalizing Data1_ B 对话框(图 2-48)，该对话框中给出了 B 列的最小值和最大值，在 Divide data by 文本框中的数字即是列的最大值，单击 OK 按钮。这样 A 列中的所有数值都除以这个因子，并用所得的商代替原数据。

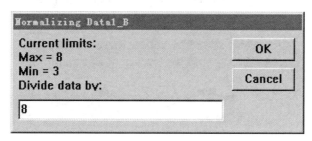

图 2-48 Normalizing 对话框

（3）使用 LabTalk 命令运算

Origin 可以使用 LabTalk 命令来执行 Worksheet 列之间的运算，如在 Script 窗口 中输入：

data1_ C=data1_ A * data1_ B <Enter>
data1_ D=3 * ln(data1_ B) <Enter>

表示将 Data1_ A 列的数乘以 B 列的数，将结果输出到 C 列；3 乘以 B 列数的自然对数，将结果输出到 D 列。

如果对应的自变量值不匹配，可以采用插值法计算。内外插值运算，可以在相应的算符后面加"-O"即可，如"+-O""*-O""/-O"等。

2.2.3　二维制图

2.2.3.1　使用 Worksheet 数据制图

选中要绘制的 Worksheet 数据，选择菜单命令 Plot | Graph 类型，或直接单击 2D Graphs 工具条中相应的制图命令按钮，就可以制图了。需要调整图形效果，可以单击 2D Graphs 工具条中的 Template Library(模板库)按钮，打开 Template Library 对话框(图 2-49)进行处理。对话框中的 Category 列表中显示了模板类别，Template 列表中显示了具体模板，选中其中的一个，就会在预览窗口中出现该模板的示意图，按照图中的选择，单击 Plot 按钮即可得到所需的图形。

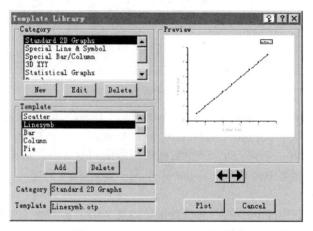

图 2-49　Template Library 对话框

2.2.3.2　使用 Plot Setup 对话框制图

使用 Plot Setup 对话框绘制图形的具体过程如下：

① 激活 Sample 窗口，不选中任何数据的情况下选择菜单命令 Plot 下的任意制图命令或单击 2D Graphs 工具条中的任意制图命令按钮，打开 Plot Setup 对话框的制图设置窗口，如图 2-50 所示。

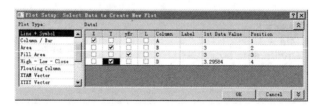

图 2-50　Plot Setup：Select Data to Creat New Plot 对话框

② 根据需求调整对话框左边的 Plot Type 列表，以及右边的 Sample 列表，设置完成后单击 OK 按钮，即可得到所需的 Graph 图形。Plot Type 列表显示了可用的制图类型，根据用户选择确定。右边 Sample 列表中列出了激活的 Worksheet 所有可用的数据组，可以将其中所需要的数据设置为 X 列、Y 列等。

需要注意的是，图 2-50 只显示了 Plot Setup 对话框的中间窗口(制图设置窗口)，单击

98

⁀和⌄按钮，可打开另外两个窗口：数据窗口和制图列表窗口(图2-51)。接下来详细介绍这三个窗口。

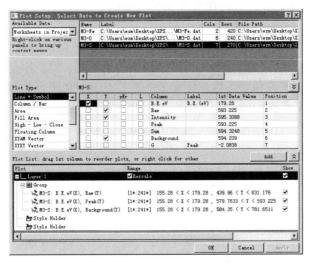

图2-51　Plot Setup 对话框的三个窗口

（1）数据窗口(Available Date)

数据窗口显示了绘制 Graph 图形时可用的数据文件，左边的 Available Data 下拉列表决定了右边数据文件列表显示哪些文件，该列表包括下列选项：

1）Current Worksheet：只显示当前激活的 Worksheet；

2）Worksheets in Folder：只显示当前激活文件夹中的 Worksheet；

3）Worksheets in Project：显示 Project 文件中的所有 Worksheet，这也是默认选项；

4）Matrices in Folder：只显示当前激活文件夹中的 Matrix；

5）Matrices in Project：显示 Project 文件中的所有 Matrix；

6）Loose Datasets：显示所有与 Worksheet 和 Matrix 不相关的数据组；

7）Function Plots：显示和函数相关的数据组。

右边的数据文件列表显示按照 Available Data 下拉列表选项的所有可用数据文件以及这些文件的属性，包括名称(Name)、标签(Label)、列数(Cols)、行数(Row)、文件的生成(Created)、修改日期(Modified)以及所在的文件夹(Folder)，如果数据是导入的，还会显示文件的路径(File Path)、文件的完整名称(File Name)和生成日期(File Date)。

在数据窗口中右击鼠标，出现的菜单包括下列命令：

1）Hide Column：隐藏相应的属性，Show all Columns：显示所有属性；

2）Auto Applied Designation 命令：按照 Worksheet 中列的属性自动设置中间窗口中的列；

3）Enlarge Panel/ Shrink Panel：放大/收缩该窗口。

（2）制图设置窗口(Plot Type)

制图设置窗口中显示制图文件中的所有数据列及其属性，包括列名称(Column)、标签名称(Label)、所在的位置(Position)和第一个数据值(1st Data Value)。在制图设置窗口中右击鼠标，出现的菜单包括下列命令：

1）Apply Designations：使用 Worksheet 中列的制图设置；

2）Set All to Top/ Bottom：鼠标所处位置以上/下的所有列均设置；

3）Clear All to Top/ to Bottom/ Designations：清除鼠标位置以上/下所有设置；

99

4）X Error Bars：设置为 X 误差列；

5）Y Error Bars Plus/Minu：设置为±Y 误差列；

6）Allow Row# as X：允许行数作为 X 值进行制图。

（3）制图列表窗口（Plot List）

制图列表窗口中以树形形式显示数据曲线的名称，树形层次的最上层是 Graph 中的层。如果制图时存在图形组合，他们显示在树形结构中的第二层。第三层是数据图形，树形结构的最下面是格式夹。格式夹包含了数据图形的一些信息，包括图形类型，图形的设置以及其他信息，还包括数据的范围（Range）、制图类型（Plot Type）等。

在制图列表窗口中右击鼠标，出现的菜单包括下列命令：

1）Remove：删除；

2）Group/ Ungroup：组合/取消组合，选中两组以上的数据曲线可选择 Group 命令，对组合的数据曲线可选择 Ungroup 命令；

3）Hide Style Holder：隐藏格式夹；

4）Apply Range to Group/ Layer/ Page：将数据的范围应用到组合的数据曲线/层中的图形/页面中的图形；

5）View data limits：预览数据范围；

6）编辑图形的显示范围。在制图列表窗口中选中一条数据曲线，Range 列中会出现...按钮，单击该按钮，打开 Range 对话框，如图 2-52 所示。在这里清除 Auto 复选框，编辑 From/To 以控制数据曲线的显示范围，该操作不会影响 Worksheet 中的数据。

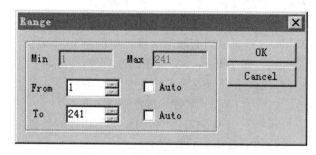

图 2-52　设置数据的显示范围

2.2.3.3　使用 Graph 窗口制图

（1）导入 ASCII 数据制图

采用 2.1 部分介绍的方法，将 ASCII 文件导入 Worksheet 窗口并制图。对于单个 ASCII 文件，Origin 将其第一列默认为 X 列，其他所有列默认为 Y 列。

导入多个 ASCII 文件时，可在操作对话框通过 Plot Designation Column 完成制图设置，具体操作为：将鼠标放在相应文件的 Plot Designation Column 上，变成小手后单击鼠标，会出现选项下拉列表，用户可以按照需要从中选择（图 2-53）。Origin 提供的选项包括：

① XY1：默认设置，用文件的所有列制图，假定第一列为 X 值，则其他所有列为 Y 值进行制图，其中的 1 表示后面的字符 Y 对其他所有列进行重复设置；

② DXY1：Origin 导入文件的所有列，假定第一列的数值为 Disregarded（无关列），假定第二列为 X 值，其他所有列为 Y 值进行制图，其中的 1 表示后面的字符 Y 对其他所有列进行重复设置；

③ XY：Origin 导入文件的第一列和第二列，并分别设置为 X 值和 Y 值；

④ XY2：Origin 导入文件的所有列，假定第一列为 X1 值，第二列为 Y1 值，第三列为

X2 值，第四列为 Y2 值，如此类推。其中的 2 表示字符 X 和 Y 对其他列进行重复设置；

⑤ XYE：Origin 导入文件的前三列，并分别设置为 X、Y 和 Y error 列；

⑥ XYZ：Origin 导入文件的前三列，并分别设置为 X、Y 和 Z 列；

另外，用户也可以使用下列符号进行设置：

① X：X 值；

② Y：Y 值；

③ Z：Z 值；

④ D：disregarded 值——不导入该列的数值；

⑤ E：Y error 值；

⑥ H：X error 值；

⑦ L：标签列。

设置完成后，Origin 根据这些设置导入数据并制图。用户还可以使用鼠标右键的快捷菜单命令 Apply Plot Designation…to All，将选定的设置应用于所有文件。

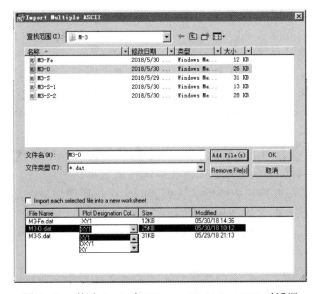

图 2-53　激活 Graph 窗口 Import Multiple ASCII 对话框

（2）使用 Layer n 对话框导入数据

使用 Layer n 对话框可以将当前 Project 文件中 Worksheet、Excel 工作簿或 Matrix 数据添加到 Graph 窗口中，进而完成制图。具体操作过程如下：

① 激活 Graph 窗口，按下 Alt 键双击 Graph 窗口左上角的图层标记，或者使用鼠标右键的快捷菜单命令 layer contents，打开 Layer 1 对话框，当前所有可用的制图数据组出现在 Available Data 列表中，如图 2-54 所示。

② 选中其中的一组或几组数据，单击 按钮，将选中的数据导入右边的 Layer Contents 列表中以便制图；如果需要去掉某数据组，则从 Layer Contents 列表中选中该数据组后单击 按钮。

③ 选中 Rescale on OK 复选框，然后单击 OK 按钮即可制图。

需要注意的是，在数据导入过程中，如果用户自己生成了 Graph 模板，Origin 首先会查找用户定制的模板；如果没有，Origin 按照默认的模板格式制图。因此，虽然 Available Data 列表中列出了 Project 文件中的所有数据组，但是在添加数据到 Layer Contents 列表中时，用

101

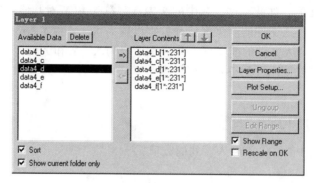

图 2-54　Layer n 对话框

户需要考虑到使用的 Graph 模板。例如，如果当前的制图模板是 2D scatter，就不应该将含有 Z 列或 Matrix 数据添加到 Layer Contents 列表中，否则会导致不必要的错误。

下面介绍 Layer n 对话框中各个部分的功能：

① Available Data：列表中包括了 Project 文件中所有可用于制图的数据组。单击列表上方的 Delete 按钮，可以删除 Available Data 列表中选中的数据组，同时相应 Worksheet 或其他工作簿中列的数据也将被删除。

② Sort：选中 Sort 复选框表示 Available Data 列表中数据组按照字母先后顺序排列，不选中的话，按照数据组生成的先后顺序排列；选中 Show Current Folder Only 复选框，则 Available Data 列表只显示当前激活的 Project 文件夹中的数据组，不选中的话，则显示 Project 文件中的所有数据组。

③ Layer Contents：显示用户选中的所有用于制图的数据组。Up ↑和 Down ↓两个按钮允许用户向上或向下移动 Layer Contents 列表中选中的数据组。Layer Contents 列表中数据组从上往下的次序，是 Graph 窗口中图形从后到前的次序。要想使某组数据图形出现在 Graph 窗口的最上面，可将该数据组移动到列表的最下面。

④ Layer Properties：打开 Plot Details 对话框，用户在该对话框中可以编辑图层及图形的显示属性。

⑤ Plot Setup：打开 Plot Setup 对话框，按照 3.2 部分的介绍进行设置。

⑥ Group/ Ungroup：该按钮只有在 Layer Contents 列表中同时选中两个以上数据组时才处于激活状态，单击该按钮可以组合或解除组合选中的数据组。该功能可以自动设置组合后数据组的制图颜色和线条类型等，组合后的数据组前面带有 gn 字样，其中 n 是组合的数组次序。对数据组的组合，Origin 的图形格式按照一定的顺序绘制，增强对比效果，如线的颜色按照黑、红、绿等的顺序，符号按照方形、圆形、正三角、倒三角等的顺序。

⑦ Edit Range：选中 Layer Contents 列表中一个数据组时，该按钮激活，单击该按钮可以打开 Range 对话框，编辑数据组在 Graph 窗口中的显示范围。如果该数据组和其他数据组组合到一起时，必须解除组合后才能编辑制图范围。如果在设置范围后想显示所有的数据，可在激活 Graph 窗口的情况下，选择菜单命令 Data｜Reset to Full Range 或选择 Graph 窗口中鼠标右击的快捷菜单命令 Reset to Full Range。

⑧ Show Range：Layer Contents 列表中的所有数据组会显示当前的数据制图范围，在数据组后面添加［数字：数字］，如 Date 4_ B［1＊：231＊］。

⑨ Rescale on OK：选中，在单击 OK 按钮关闭 Layer n 对话框进行制图时，Origin 将根据数据组的范围重新设置 Graph 窗口中的坐标轴刻度；如果不选，Origin 保留当前的坐标轴刻度设置。

2.2.3.4 使用 Draw Data 工具制图

Origin 中也可以使用 Tools 工具条中的 Draw Data 按钮 进行制图。具体操作过程为：单击 Tools 工具条中的 Draw Data 按钮 ；在 Graph 窗口中的合适位置，鼠标变成 形状，单击鼠标，在 Data Display 工具中显示当前位置的坐标值，双击鼠标，生成一个点；单击 Tools 工具条中的其他按钮退出制图模式。

2.2.3.5 添加误差线

Origin 提供了三种方法添加误差线：(1)使用菜单命令 Graph | Add Error Bars 添加误差线；(2)使用 Layer n 对话框添加误差线；(3)使用 Plot Setup 对话框设置误差列。下面分别对这三种方法进行介绍。

(1)使用 Add Error Bars 菜单命令添加误差线

即使当前的 Worksheet 没有误差列，也可以用该命令添加误差线。激活 Graph 窗口，选择菜单命令 Graph | Add Error Bars，打开 Error Bars 对话框，如图 2-55 所示。

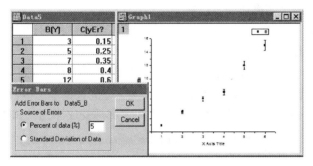

图 2-55　Error Bars 对话框及其添加误差线前后比较

该对话框提供了两种误差线的计算方法：

1) Percent of Data(%)选项，根据每个点数值的百分比计算出误差线的大小。在后面的文本框中添入合适的数值，比如 5，Origin 计算 Y 数值的 5% 来作为误差值，添加到 Graph 窗口中，同时在 Worksheet 的相应列(这里是 B 列)的右面添加误差列(图 2-55)。

2) Standard Deviation of Data 选项，Origin 根据每个制图数据点计算出标准差，添加到 Graph 窗口并在 Worksheet 相应列的右面添加误差列。

(2)使用 Layer n 对话框添加误差线

在 Worksheet 窗口中输入误差列数据，该列必须在相应 Y 列的右边，并设置误差列，然后使用 Layer n 对话框将其添加到 Graph 窗口中。

(3)使用 Plot Setup 对话框设置误差列

不管 Worksheet 中是否设置了误差列，利用 Plot Setup 对话框可以将 Worksheet 中的列设置为误差值，并添加到 Graph 窗口中，其设置方法参考 3.2 部分。

2.2.3.6 对曲线数据的操作

(1)屏蔽数据

在图形中如果个别数据点属于奇点，在分析或拟合过程中想去掉，而又不想完全删除，或是仅分析图形中的部分数据，那么 Mask 工具条可以帮助实现这一功能。被屏蔽的数据既可以是单个点，也可以是一个数据范围。

屏蔽单个数据点的具体操作如下：激活 Graph 窗口，单击 Mask 工具条中的 Mask Point Toggle 按钮 激活 Data Reader 工具，Graph 窗口中的鼠标变成 形状后选择需要屏蔽的数据点，出现的 Data Display 工具中显示该数据点的坐标，双击鼠标或按 Enter 键完成数据屏蔽，此时选中的数据点变成紫色，同时 Worksheet 中相应数据的单元格也变成紫色背底，如图 2-56所示。

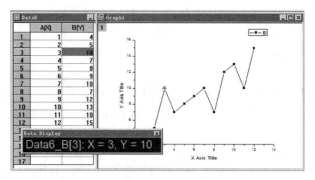

图 2-56　单个数据点的屏蔽

屏蔽部分数据点的具体操作如下：

① 激活 Graph 窗口，单击 Mask 工具条中的 Mask Range 按钮激活 Data Reader 工具，同时在曲线的两端出现数据选择标志。

② 用鼠标移动，此时在 Data Display 工具中显示数据点的坐标，选择好范围后双击鼠标，或按 Enter 键，或再次单击 Mask Range 按钮，完成数据范围内数据的屏蔽。同样，选中的数据点及对应 Worksheet 窗口中所在单元格的背底都变成深色，如图 2-57 所示。

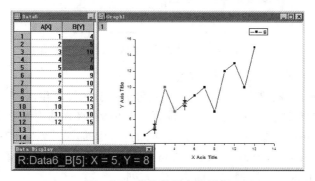

图 2-57　部分数据点的屏蔽

需要注意的是，只有激活 Graph 窗口的曲线是 Scatter 或 Line+Symbol 模板格式时才能使用 Mask 工具，若在 Origin 窗口中没有该工具条，选择菜单命令 View｜Toolbars，在弹出的 Custom Toolbar 对话框中选中 Mask 工具条复选框。单击 Mask 工具条中的 Change Mask Color 按钮，被屏蔽的数据点会依次变为其他颜色；单击 Hide/ Show Masked Point 按钮，会隐藏被屏蔽的数据点，再次单击该按钮则显示被屏蔽的数据点。

（2）读取数据

① 数据读取

Data Reader(数据读取)工具的功能是显示曲线上选定点的 X、Y、Z 坐标值。操作过程如下：单击 Tools 工具条中的 Data Reader 命令按钮，鼠标变成 形状，Data Display 工具打开；用鼠标选择曲线上的点，在 Data Display 框内显示选定点的坐标值；使用 Esc 键或单击 Tools 工具条中的 Pointer 按钮退出选择状态。

② 屏幕读取

Screen Reader(屏幕读取)工具的功能是显示屏幕上任意点的 X、Y 坐标值。操作过程如下：单击 Tools 工具条中的 Screen Reader 命令按钮 ✛，鼠标变成 ✛ 形状；用鼠标单击 Graph 窗口中的任意一点，在 Data Display 框内显示选定点的坐标值；使用 Esc 键或单击 Tools 工具条中的 Pointer 按钮 ↖ 退出选择状态。

2.2.3.7 回归拟合

（1）线性回归拟合

线性回归拟合是最简单的拟合方式。将选中的数据点（X_i，Y_i）拟合为直线，其中 X 为自变量，Y 为因变量。线性回归拟合的结果可表示为：$Y = A + BX$，其中的 A、B 为拟合参数，由最小二乘法确定。可通过激活 Graph 窗口，选择菜单命令 Analysis｜Fit Linear，将曲线拟合为直线。

拟合后 Origin 生成一个隐藏的拟合数据 Worksheet 文件，默认的名称为 Linear Fit of Data …，在 Graph 窗口中显示拟合结果并在 Results Log 窗口中输出方差分析表（ANOVA），如图 2-58 所示。

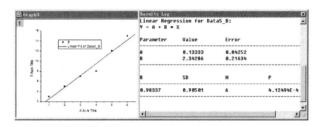

图 2-58　线性回归拟合及其结果记录

Results Log 窗口给出的拟合结果包括：① A：截距及其标准误；② B：斜率值及其标准误；③ R：相关系数；④ N：数据点数目；⑤ P：显著性水平；⑥ SD：拟合的标准差。

（2）多项式回归

对于用线性拟合误差比较大的数据曲线，可尝试使用多项式回归拟合。多项式回归拟合的形式是 $Y = b_0 + b_1 X + b_2 X^2 + b_3 X^3 + \ldots + b_k X^k$，对于给定的数据组（$X_i$，$Y_i$），$i = 0, 1, 2, \cdots N$，X 为自变量，Y 为因变量，根据最小二乘估计原理进行拟合。

拟合过程为：激活 Graph 窗口，选择菜单命令 Analysis｜Fit Polynomial，打开 Polynomial Fit to Data…对话框，如图 2-59 所示。在对话框中 Origin 根据数据的特征会给出拟合所需的参数，用户也可以根据需要进行修改。按照图中的设置，单击 OK 按钮即可完成拟合，并在 Results Log 窗口中输出拟合的参数（图 2-60）。

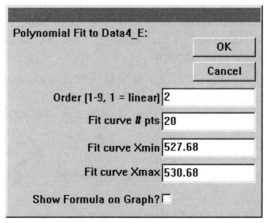

图 2-59　多项式拟合对话框

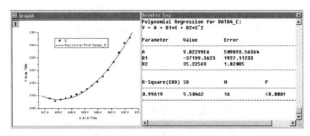

图 2-60 多项式回归拟合及其结果记录

Polynomial Fit to…对话框中各个文本框的含义为：① Order，多项式的阶，允许值为 1～9；② Fit curve # pts，拟合曲线制图的数据点数；③ Fit curve Xmin/ Xmax，拟合曲线 X 的最小值/最大值；④ Show Formula on Graph，是否在 Graph 窗口中显示拟合公式。

Results Log 窗口输出的拟合结果包括：① A、B1、B2 等：参数值及其标准误；② R-square：测定系数；③ N：数据点数目；④ P：显著性水平；⑤ SD：拟合的标准差。

（3）线性拟合工具

除了上面的操作外，Origin 还提供了线性拟合工具进行拟合。选择菜单命令 Tools｜Linear Fit，打开 Linear Fit 工具，单击 Settings 标签，进入设置选项卡，如图 2-61 所示。

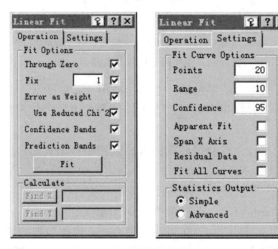

图 2-61　Linear Fit 工具的 Operation 和 Settings 选项卡

① Operation 选项卡功能介绍

Through Zero：选中，拟合直线通过原点；若不选，执行标准线性回归拟合。

Fix：选中按照文本框中指定的斜率值进行拟合；若不选，执行标准线性回归分析。该复选框不能和 Through Zero 复选框同时选中。

Error as Weight：使用误差值作为权重。如果激活的是 worksheet 窗口，必须选中一列 Y 误差列，如果激活的是 Graph 窗口，图中必须有误差线。

Error as Weight：选中后激活 Use Reduced Chi^2 复选框，推荐不选 Use 该复选框。

Confidence Bands：拟合时同时绘制数据上、下置信区间。

Prediction Bands：拟合时同时绘制数据上、下预测区间。该范围大于置信区间。

Fit：根据设置进行线性回归拟合，在 Graph 窗口中制图、生成拟合数据，并把拟合的参数输出到 Results Log 窗口中。

Find X 和 Find Y：如果在 Find X 文本框中输入 X 值，单击 Find Y 按钮，则会输出对应的 Y 值；类似地，如果输入 Y 值单击 Find X 则会输出对应的 X 值。

② Settings 选项卡功能介绍

Points：设置拟合直线点的个数。

Range：设置 Graph 窗口中拟合直线在两端多于曲线 X 值范围的百分数。

Confidence：在填入置信值，为置信区间或预测区间，默认值为 95%。

Apparent Fit：根据现有的坐标刻度特征进行拟合。

Span X Axis：拟合直线在整个 X 轴坐标范围内计算，并在整个范围内进行制图。

Residual Data：选中复选框，在相应的 Worksheet 窗口中生成包含数据的 Fit(Y)列和包含 Residual(剩余误差)的 Residual(Y)列。

Fit All Curves：拟合本图层中的所有数据曲线。

Statistics Output：选中 Simple 按钮，显示简单的拟合结果，包括截距、斜率、标准误差、R(Correlation Coefficient，相关系数)、标准差、拟合图形的点数和 P 值；选中 Advanced 按钮，显示所有的拟合结果，包括 t-检验值和 ANOVA(analysis of variance，方差分析)列表等。

2.2.3.8 二维制图模板

（1）二维折线、散点、折线+符号图

制图方法：选中数据，在 Plot 下拉菜单中选择要绘制的图形类型，或直接单击 2D Graphs 工具条或 2D Graphs Extended 工具条中相应的按钮即可制图。

制图种类包括：

① Line(折线图)：将点之间用线段连接起来。

② Scatter(散点图)：将点用符号标记出来。

③ Line+Symbol(折线+符号图)：将点用符号标记并用线段连接起来。

④ 2 Point Segment(两点线段图)：在连续的两点之间以线段连接，而下一组连续的两点没有相连，数据点以符号显示。

⑤ 3 Point Segment(三点线段图)：在连续的三个数据点之间以线段相连，接着与下一个点之间断开，然后又是三个数据点相连，数据点以符号显示。

⑥ Horizontal Step(水平阶梯图)：每两个数据点之间由一水平阶梯线相连，两点间是起始为水平线结尾为竖直线的直角连线，数据点不显示。

⑦ Vertical Step(竖直阶梯图)：和水平阶梯图相反，即两点之间是起始为竖直线结尾为水平线的直角连线。

⑧ 垂线图(Vertical Drop Line)：数据点以符号显示，并与 X 轴以垂线相连，用以体现不同数据点的大小差异。

⑨ 样条曲线图(Spline Connected)：数据点之间以样条曲线连接，数据点以符号形式显示。

⑩ Line Series(系列线图)：该类型要求至少选中两个 Y 列数据(或部分数据)，图形是将相应的 Y 列值连接起来。

（2）二维柱状、条状图

这类图形利于显示数据之间大小的比较。制图过程为：选中数据，在 Plot 下拉菜单中选择要绘制的图形类型，或直接单击 2D Graph 工具条或 2D Graph Extended 工具条中相应的按钮制图。

制图种类包括：

① Column(二维柱状图)：Y 值是以柱体的高度来表示的，柱宽度是固定的，其中心为

相应的 X 值。

②　Bar(二维条状图)：Y 值是以水平条的长度来表示的，此时的纵轴为 X。条的宽度是固定的，其中心为相应的 X 值。

③　Floating Column(浮动柱状图)：需要至少两个 Y 列，以柱的各点来显示 Y 值，柱的首末端分别对应同一个 X 值的两个相邻 Y 列的值。

④　Floating Bar(浮动条状图)：需要至少两个 Y 列，以条上的各端点来显示 Y 值，条的首末端分别对应同一个 X 值的两个相邻 Y 列的值。

⑤　Stack Column(堆垒柱状图)：对于每个 X 值，柱的宽度确定，Y 值以柱的高度表示，对多个 Y 列，柱之间产生堆垒，后一个柱的起始端是前一个柱的终端，要去掉重叠，选择菜单命令 Graph | Stack Grouped Data in Layer，变为柱状图。

⑥　Stack Bar(堆垒条状图)：对应于每个 X 值，Y 值以条的长度表示，X 轴为纵轴，条的宽度确定，对多个 Y 列，条之间产生堆垒，后一个条的起始端是前一个条的终端。要去掉重叠，选择菜单命令 Graph | Stack Grouped Data in Layer，变为条状图。

2.2.3.9　设置 Graph 图形

(1)　设置数据曲线

1)　对数据点的操作

如果数据中出现奇点，可直接在 Graph 窗口中进行修改或删除。移动奇点的步骤如下：

①　激活 Graph 窗口，选择菜单命令 Data | Move Data Points；

②　如果前面没有选择过该命令，会出现提示框，将数据点设置为可动点；

③　启动 Data Reader 工具，并激活 Data Display 工具显示选中点的坐标；

④　用鼠标选中奇点，拖动到合适的位置，Worksheet 窗口中的数据同时做相应改动；

⑤　单击 Enter 或 Esc 键，退出移动状态。

删除奇点的步骤如下：

①　激活 Graph 窗口，选择菜单命令 Data | Remove Bad Data Points，启动 Data Reader 工具，并激活 Data Display 工具显示选中点的坐标；

②　选中数据点，双击或按下 Enter 键删除奇点，同时删除 Worksheet 中相应的数据。

2)　Plot Details 对话框

对曲线进行设置最重要的就是对 Plot Details 对话框的操作。对不同类型的数据曲线，Plot Details 对话框的内容也是不同的。要打开 Plot Details 对话框，可通过如下途径：

①　双击数据曲线或图例中的曲线标志；

②　右击数据曲线或图例中的曲线标志，选择快捷菜单命令 Plot Details；

③　在 Graph 窗口中右击鼠标，选择快捷菜单命令 Plot Details，或单击前面带"√"的数据组；

④　激活 Graph 窗口，选择菜单命令 Format | Plot；

⑤　激活 Graph 窗口，按下 Ctrl 键，然后选择菜单命令 Data 中的任何一个数据组；

⑥　按下 Ctrl 键，双击 Graph 窗口中的图层标记。

Plot Details 对话框(图 2-62)左边窗口显示了文件的树形结构，第一层为文件名，第二层为文件中的层，第三层为数据曲线的名称。通过不同方式打开的对话框，左侧窗口中对应的选项是不同的，这些选项决定了右侧可以控制的内容，包括 Graph 页面、层和数据曲线。在该窗口下面的 Plot Type 下拉列表中包含 Line、Scatter、Line+Scatter 和 Column/ Bar 四个选项，这些选项可以改变曲线的类型(也可以直接选中曲线，直接单击 2D Graphs 或 2D Graphs Extended 工具条中的按钮来改变曲线的类型)。选择不同的曲线类型，右面对应的标签也不同。

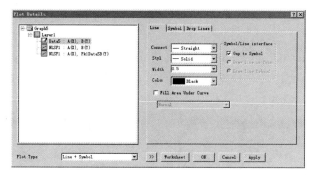

图 2-62　Plot Details 对话框

3）Line 选项卡

当曲线类型是 Line 或含有 Line 时，Plot Details 对话框中出现 Line 选项卡，如图 2-63 所示。该选项卡各部分的功能介绍如下：

① Connect：下拉列表中为数据点之间的连接方式，部分类型和 3.8.1 小节中介绍的曲线类型效果基本相同，除此以外还包括：

● Spline：采用立方样条连接数据点，X 值必须是离散的，数据点个数不能超过 900 个；

● B-Spline：对于坐标点 (X_i, Y_i)，$i = 1, 2, 3 \cdots n$，Origin 根据立方 B-Spline 生成光滑曲线；

● Bezier：Bezier 曲线和 B-Spline 曲线接近，将四个点分成一组，经过第一、第四个点，而不经过第二、第三个点，如此重复，得到曲线。

② Style：下拉列表中为线条的类型，包括实线、虚线等，可以在 Option 对话框中进行调节虚线的显示效果。

③ Width：用来调节线条宽度的，线条的宽度单位为 1poit = 1/72 英寸。

④ Color：调节线条颜色的，颜色是按照调色板中的顺序排列的，可以通过程序数字来调取。

⑤ Fill Area Under Curve：下拉列表中有三个选项：①Normal，填充曲线和 X 轴之间的部分；②Inclusive Broken by Missing Values，Origin 根据第一个点和最后一个点生成一条基线，填充曲线和基线之间的部分；③Exclusive Broken by Missing Values，和第二种填充情况相反。

⑥ Gap to Symbol：选中复选框，显示符号和线条之间的间隙；若不选，激活下面的两种线条显示方式选项，以确定连线在符号的前面还是在符号的后面。

4）Symbol 选项卡

当曲线类型是 Scatter、Bubble 或含有 Scatter 时，Plot Details 对话框中出现 Symbol 选项卡，如图 2-64 所示。该选项卡各部分的功能介绍如下：

① Preview：单击下三角按钮打开符号库调取符号。选中 Options 对话框 Graph 选项卡中的 Symbol Gallery Displays Characters 复选框，会显示更多的字符符号供选择。

② Size：设置符号的大小，如果选中了某个 Worksheet 列，则将此列中的数值作为符号的大小，并在后面出现 Scaling Factor 选项，设置符号大小和列中数值的比例。

③ Edge Thickness：当选择的符号为空心时，该选项为符号的边宽和半径的比例，以百分比表示。

④ Color：根据不同的选择，该按钮可以是符号的颜色按钮，或是符号边框颜色按钮，

或符号填充色按钮，单击可以从中选择合适的颜色，包括颜色的递增或将某列设置为颜色值。

⑤ Overlapped Points Offset Plotting：重复的数据点在 X 方向上错位显示。

⑥ Show Construction：选择符号及相应的设置，包括几何符号、希腊符号和自定义符号等。

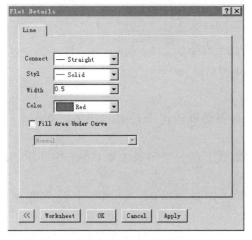

图 2-63　Plot Details 对话框的 Line 选项卡

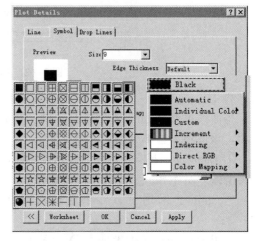

图 2-64　Plot Details 对话框的 Symbol 选项卡

5）Drop Lines 选项卡

当曲线类型是 Scatter 或含有 Scatter 时，Plot Details 对话框中出现 Drop Line 选项卡，如图 2-65 所示。如果绘制的是垂线图，打开此对话框时会自动选中 Vertical 复选框。

① 用户可以选中 Horizontal 或 Vertical 复选框，也可以同时选中，以添加垂线和水平线，三维图形中也可以添加平行于 Z 轴的直线。选中后，就激活了下面控制线条的样式、宽度和颜色选项。

② 如果曲线中的数据点较多，可选中 Skip Points 复选框并在后面填入数字（大于 1），比如 3，则只显示第 1 个、第 4 个……数据点。

6）Group 选项卡

当 Graph 图形中有几条曲线，并且是作为一个组合制图时，Plot Details 对话框中出现 Group 选项卡，如图 2-66 所示。

① Independent：选中后几条曲线之间没有依赖关系，在此对话框中不能编辑曲线格式；

② Dependent：选中后几条曲线之间具有依赖关系，并激活 Symbol Type、Symbol Interior、Line Style 和 Line and Symbol Color 等列表。

③ Increment：选择是否进行递增变化，选中后其格式按照一定的顺序变化。符号形状的顺序是方形、圆形、正三角、倒三角、菱形和左三角等；颜色的顺序是：黑、红、绿和蓝等；线的样式的顺序依次是实线、短线、点线、短线-点线和短线-点线-点线等；符号填充的顺序是：实心、空心、点、空洞和十字等。组合数据曲线中元素的递增方式有两种：① Concerted，表示各种元素包括符号形状、颜色等均按照特定顺序递增；② Nested，表示按照窗口中的顺序，依次递增，首选符号形状递增，轮回完毕后再符号颜色递增等。用鼠标可以直接拖动这些元素的位置，改变他们的先后顺序。

④ Save：保存当前列表中所有设置。

⑤ Load：导入所有的 *.OTH 文件。

110

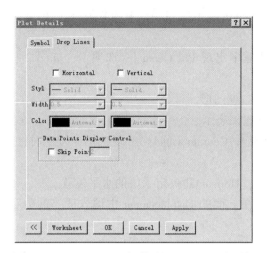

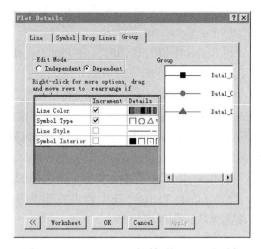

图 2-65　Plot Details 对话框的 Drop Line 选项卡　　　图 2-66　Plot Details 对话框的 group 选项卡

7）Pattern 选项卡

当 Graph 图形为条状图、柱状图、堆叠条状图、堆叠柱状图、饼图或极图等时，在 Plot Details 对话框中出现 Pattern 选项卡，如图 2-67 所示。该选项卡各部分的功能介绍如下：

① Border：设置条、柱等边的颜色，样式和宽度，若选中递增颜色选项的话，则按照黑、红、绿、蓝等颜色调色板中的次序出现，线条的宽度单位为 1poit＝1/72 英寸。

② Fill：设置填充色，填充条纹的样式，条纹的颜色，条纹的宽度等。

③ Preview：预览修改好的条、柱等的样式。如果图形是三维条状图或柱状图时，该选项卡变为 XY、YZ 和 XZ Faces 选项卡。

8）Spacing 选项卡

当 Graph 图形为条状图、柱状图、堆叠条状图、堆叠柱状图、饼图或极图等时，在 Plot Details 话框中出现 Spacing 选项卡，如图 2-68 所示。

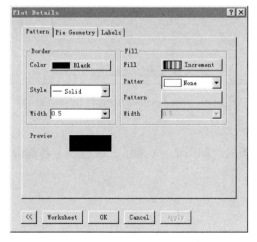

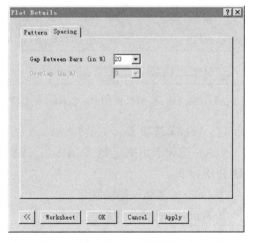

图 2-67　Plot Details 对话框的 Pattern 选项卡　　　图 2-68　Plot Details 对话框的 Spacing 选项卡

① Gap Between Bars（in %）下拉列表调整条/柱的间隙宽度，为条/柱的百分比。

② 当几组数据同时制图时，会激活 Overlap 下拉列表，可调整不同数据图形条/柱之间的叠加比例。

111

③ 如果是三维 XYY 图形的话，会出现 Bar Thickness 下拉列表，来调节条/柱的厚度。

9）Pie Geometry 选项卡

当 Graph 图形为饼图时，在 Plot Details 对话框中出现 Pie Geometry 选项卡，如图 2-69 所示。该选项卡各部分的功能介绍如下：

① View Angle：设置饼图的显示角度，90°为二维图形。

② Thickness：设置饼的厚度，用直径的百分比来表示。

③ Starting Azimuth：设置图的起始位置，如选中 Counter Clockwise 复选框，按逆时针方向显示。

④ Rescale：设置饼的大小，为边框的百分比，Horizontal 决定了饼的水平位置。

⑤ Explode Vedge：选中列表的某个部分，并在下面的 Displacement 中填入适当的数字，则该部分从饼图脱离出来。

10）Labels 选项卡

该选项卡也是用来定制饼图的，如图 2-70 所示。

① Format：选中 Values，在 Graph 图形中将 Worksheet 中的数值作为标签显示；选中 Percentages 显示各数值所占的百分比；选中 Categories 显示对应的 X 值。

② Position：选中 Associate with Wedge 复选框，Dist. from Pie Edge 文本框中的数字决定了标签离饼的距离，单位为饼半径的百分比。

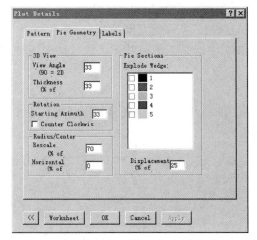
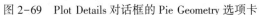
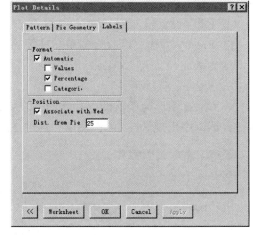

图 2-69　Plot Details 对话框的 Pie Geometry 选项卡　　　图 2-70　Plot Details 对话框的 Labels 选项卡

11）Vector 选项卡

Vector 选项卡用来定制 XYAM 和 XYXY 矢量图的，如图 2-71 所示。该选项卡各部分的功能介绍如下：

① Color：选择矢量的颜色。

② Width：选择矢量线的宽度。

③ Arrowheads：Length 为箭头的长度；Angle 为箭头的宽度；选择 Closed，实心箭头；选择 Open，空心箭头。

④ Position：选中 Head、Midpoint 或 Tail，箭头出现在矢量的起始处、中间或末尾。

⑤ Vector Data：Angle 确定矢量的角度，可以是某列也可以是某个固定值。Magnitude 确定矢量的长度，Magnitude 选项为和原始长度的相对比例，避免原始长度太大或太小。

112

12）Error Bar 选项卡

如果数据点中有误差列，Plot Details 对话框中出现 Error Bar 选项卡，如图 2-72 所示。该选项卡各部分的功能介绍如下：

① Style：Color 设置合适的颜色，若选择 Automatic，和数据曲线的颜色保持一致；Line 和 Cap 设置误差线的宽度和帽子的宽度；选中 Through Symbol 复选框，误差线穿过数据点；选中 Apply to Layer 复选框，将该设置应用于该层的所有误差线。

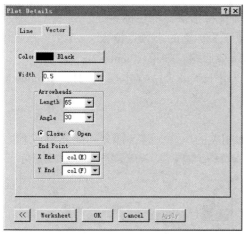
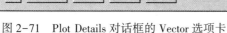

图 2-71 Plot Details 对话框的 Vector 选项卡

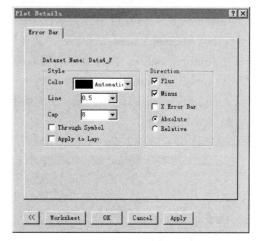

图 2-72 Plot Details 对话框的 Error Bar 选项卡

② Direction：Plus 显示数据点上方的误差线，Minus 显示数据点下方的误差线，否则误差线为 0；选中 X Error Bar 复选框，误差线在 X 方向上显示；选中 Absolute 复选框，将正的 Y 误差值绘制在数据点的上方，将负 Y 误差值绘制在数据点的下方；选中 Relative 复选框，将正的 Y 误差值绘制为离开 0 点，将负 Y 误差值绘制为指向 0 点。

（2）设置坐标轴

二维 Graph 图形的每个图层包含一组 X、Y 坐标轴，三维 Graph 图形的每个图层包含一组 X、Y、Z 坐标轴，其大部分属性可以通过坐标轴对话框进行更改，要打开该对话框，可以进行如下操作：

① 双击坐标轴、坐标轴分格、坐标轴标签；

② 右击坐标轴、坐标轴分格、坐标轴标签，选择快捷菜单命令 Scale、Tick Labels 或 Properties；

③ 在图层中右击鼠标，选择快捷菜单命令 Axis；

④ 选择菜单命令 Format | Axes | Axis Type 或 Format | Axis Tick Labels | Axis Tick Label Type。

打开坐标轴对话框后，就可以修改当前选中的坐标轴，同时可以通过左边的 Selection 列表选择其他坐标轴并对其进行设置。坐标轴对话框各部分功能介绍如下：

1）Tick Labels 选项卡

Tick Labels 选项卡如图 2-73 所示，用于设置和坐标轴标签相关的属性，其各选项功能介绍如下：

① Selection：该列表中有 Bottom、Top、Left 和 Right（三维图形时还会有 Front 和 Back）选项，默认情况下，Bottom 和 Top 为 X 轴，Left 和 Right 为 Y 轴（Front 和 Back 为 Z 轴），选

中某项，后面的设置都是对它进行的。

② Show Major Labels：显示主刻度标签，该项也可以在 Tick Labels 和 Minor Tick Labels 选项卡中选择。

③ Type：选择合适的标签类型，包括 Numeric、Text from data set、Time、Date、Month、Day of week、Column headings 和 Tick indexed dataset 等，默认的类型和数据类型一致。

④ Display：调整字体的格式，Type 的类型不同，该下拉列表选项也不同。

⑤ Font、Color、Bold、Point：分别用来调整字体、颜色、加粗和大小。

⑥ Divide By：标签数字被文本框中的数字去除，将结果显示在标签处。

⑦ Set Decimal Places：选中后，文本框中的数字为标签的小数点位数。

⑧ Prefix 或 Suffix：在文本框中键入标签的前缀或后缀，如单位 mm、Hz、eV 等。

⑨ Apply：选择将 Font、Color、Point、Bold 应用于 This Layer(本层)、This Window(本窗口)，或 All Windows(当前 Project 的所有窗口)。

2) Scale 选项卡

Scale 选项卡如图 2-74 所示，用于设置和刻度相关的属性，其各部分功能介绍如下：

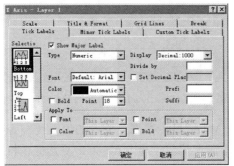

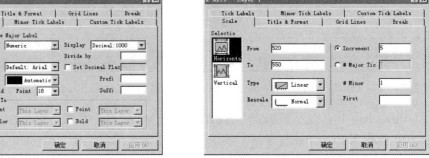

图 2-73　Tick Labels 选项卡　　　　　　　图 2-74　Scale 选项卡

① From 和 To：设置坐标轴的起始和结尾点，改变坐标轴显示范围。

② Type：设置坐标轴刻度类型，包括：Linear 为标准线性刻度；log10 为对数刻度；Probability 为 Gaussian 累积分布反向表示，以百分比表示；Probit 和 Probability 刻度类似，不同之处在于 Probit 刻度为线性的，刻度递增单位是标准差，刻度 5 表示平均，6 为一个标准差等；Reciprocal 为倒易刻度；Offset Reciprocal 为补偿倒易刻度；Logit，logit = ln(Y/(100 − Y))；ln，自然对数坐标；log2，以 2 为底的对数坐标。

③ Rescale：设置坐标刻度规则，包括：Manual，如果改变了坐标轴刻度，不重新标定坐标轴刻度；Normal，使用 Zoom In 工具时重新标定坐标轴刻度；Auto 和 Normal 选项相同，可以自动重新标定坐标轴刻度以满足数据点的需要；Fixed From/ Fixed To，固定坐标轴的开始/结尾点。

④ Increment：选中并键入坐标轴递增步长。

⑤ Major Ticks：选中键入要显示的坐标刻度数量。

⑥ Minor：键入主坐标刻度之间要显示的次坐标刻度的数目。

⑦ First：指定日期刻度的起始刻度位置。

3) Title & Format 选项卡

Title & Format 选项卡如图 2-75 所示，用于设置和坐标轴标题以及刻度的显示属性，其各部分功能介绍如下：

① Show Axis & Ticks：选中显示坐标轴及刻度，并激活其他选项。

② Title：键入坐标轴标题。

③ Color：选择坐标轴的颜色。

④ Thickness（pts）：选择坐标轴的宽度。

⑤ Major Tick Length：选择坐标轴的刻度长度。

⑥ Major 和 Minor 下拉列表：分别设置主、次刻度的显示方式，包括 In & Out（里外）、In（里）、Out（外）和 None（无）。

⑦ Axis：控制坐标轴的位置，对不同的坐标轴 Axis 的选项不同。

需要注意的是：一般情况下，Origin 默认绘制图形中仅出现 Bottom 和 Left 轴，如果需要将所制作图形变为封闭图形，则可以在 Title & Format 选项卡进行设置。具体方法为：在 Selection 列表中选择 Top 选项后，勾选 Show Axis & Ticks 复选框，并且在 Major 和 Minor 下拉列表中将显示方式设置为 None，即仅显示 Top 轴而不显示刻度。Right 轴同样处理后即可实现图形的封闭。

4）Minor Tick Labels 选项卡

Minor Tick Labels 选项卡如图 2-76 所示，用于设置和刻度相关的属性，其各部分功能介绍如下。

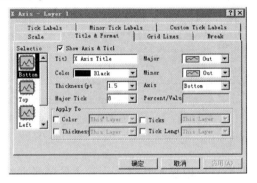

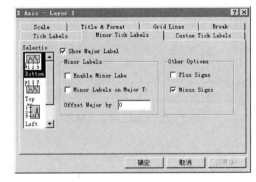

图 2-75　Title & Format 选项卡　　　　　图 2-76　Minor Tick Labels 选项卡

① Show Major Label：显示坐标轴标签，并激活其他选项。

② Minor Labels：选中 Enable Minor Labels 复选框，显示次刻度标签；选中 Minor Labels on Major Ticks 复选框，在主刻度处显示主刻度标签和次刻度标签。

③ Other Options：选中 Plus Signs 复选框，在正数标签前面显示"+"号；选中 Plus Signs 复选框，在负数标签前面显示"-"号。

5）Grid Lines 选项卡

Grid Lines 选项卡如图 2-77 所示，用于设置网格线及其属性，其各部分功能介绍如下：

① Major Grids：显示主网格线（通过主刻度平行于另一坐标轴的直线），从下面的下拉列表中可以设置线的颜色、类型和宽度。

② Minor Grids：显示次网格线。

③ Additional Lines：选中 Opposite 复选框，在选中轴的对面显示直线；选中 Y=0 复选框，在 Y=0 处显示直线。

6）Custom Tick Labels 选项卡

Custom Tick Labels 选项卡如图 2-78 所示，用于设置标签的特殊显示方式，其各部分功能介绍如下：

① Rotation：文本框中的数字(单位为度)表示坐标轴标签旋转一定的角度，正数逆时针旋转，负数顺时针旋转。

② Tick to：显示标签的对齐方式，包括：①Center(Default)，标签的中间对齐坐标轴上的刻度；②Next to Ticks，标签的左边对齐刻度；③Center Between Ticks，标签在相邻的刻度之间。

③ Labels Stay with Axis：选中后表示在坐标轴的位置改变时，保证刻度标签总是临近于坐标轴，否则标签会在默认的位置，不随坐标轴移动。

④ Offset in % Point Size：填入数字来控制刻度标签和坐标轴的位置关系。

⑤ Special Ticks：指定标签的显示位置，具体包括：At Axis Begin，在坐标轴的开始位置；At Axis End，在坐标轴的末尾处；Special 及其 At Axis Value 文本框，指定坐标轴上特殊的位置。指定标签的显示方式，包括：Auto，使用默认的标签显示设置；Hide，隐藏指定的标签；Show，显示指定的标签；Manual Labels，在坐标轴上显示文本框中的内容。

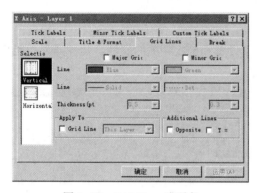

图 2-77　Grid Lines 选项卡

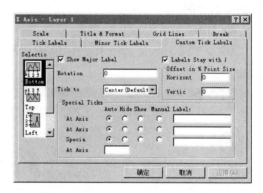

图 2-78　Custom Tick Labels 选项卡

7) Break 选项卡

Break 选项卡如图 2-79 所示，在坐标轴上设置断点，以显示数据差别较大的两条曲线，各部分功能介绍如下：

① Show Break：在坐标轴上显示断点并激活选项卡中的其他选项。

② Break Region：坐标轴上断点的起始点和结束点。

③ Break Position：断点在坐标轴上的位置，以百分比显示。

④ Log10 Scale After Break：断点后面的坐标为对数坐标。

⑤ Scale Increment：断点前后坐标刻度的递增步长。

⑥ Minor Ticks：断点前后次刻度的数目。

其中的许多属性，如坐标轴的刻度，标签的字体，颜色等，可以直接在 Graph 窗口中激活，使用 Style 和 Format 工具条进行编辑，也可以直接删除。X 坐标轴和 Y 坐标轴可以通过菜单命令 Graph | Exchange X-Y Axis 变换。

图 2-80 给出了一个设置坐标轴后的图形例子。

(3) 图例

Legend(图例)由图标和文本说明构成，用以区分图中的不同曲线。制图时，会自动添加图例，但如果再添加其他图形时，不会更新图例，则可以通过下列方法生成或更新图例：选择菜单命令 Graph | New Legend；在 Graph 窗口中选择鼠标右键的快捷菜单命令 New Legend。

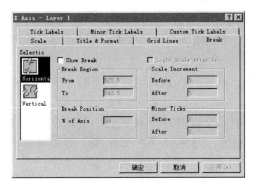

图 2-79　Break 选项卡

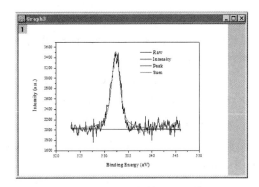

图 2-80　设置坐标轴的显示效果

图例中默认文本是对应的 Worksheet 列标题，如，双击图例变成──%⑴，其中%⑴为替代符号，替代数据曲线 1 中的内容，此时可进行编辑。具体方法为：可以直接删除"%（1）"键入新内容，也可以使用 Origin 提供的替代符号，使用替代符号的前提是在 Label Control 对话框中选中 Link to Variables（%，$）复选框。

替代符号有：

① 如果想显示 Worksheet 中的某个数字，使用%（Worksheet 名称、列名称、行名称）格式，如%（data1，3，5）表示在图标的后面显示 data1 中第 3 列第 5 行单元格中的内容；

② %（DataListPosition，@d），主要的数据设置名称，如%（1，@d）；

③ %（DataListPosition，@c），列名称；

④ %（DataListPosition，@w），Worksheet 名称。

1）Text Control 对话框

Text Control 对话框是用来编辑图例和文本的，选择鼠标右键快捷菜单命令 Propertie 或 Ctrl+双击鼠标，打开 Text Control 对话框，如图 2-81 所示。该对话框各部分功能介绍如下：

① Background：选择背景颜色；

② Rotate：选择或键入文本旋转的角度（单位为度）；

③ Size：复合框中选择或键入文本字体的大小；

④ 字体选择框：选择合适的字体，字体的一些格式可以在 Graph 窗口中直接使用 Format 和 Style 工具条进行编辑；

⑤ Use System Font：选中该复选框，使用系统默认的字体，前面设置的字体无效；

⑥ Center Multi Line：选中该复选框，几行字处于中间对齐模式；

⑦ White Out：选中该复选框，给文本添加白色背景；

⑧ Apply Formatting to All Labels in Layer：选中该复选框，将此设置应用于图层中的所有文本；

⑨ 其他按钮：设置字体的颜色和格式，包括粗体、斜体、上下标等。

在对话框下部的窗口区域可以对图例进行编辑，\ \l（1）表示该图层数据表中的第一列数据对应的图例，其他以此类推;%（1）表示该列数据的名称，如果在 Worksheet 里没有更改数据列的名称，则此处显示图注为"B"，其他以此类推。可以通过编辑 \ \l（1）%（1）对图例进行设置，在单图层中添加数据形成多图层后，\ \l（1.1）%（1.1）表示第一图层中第一曲线的图例（数据列名称可根据需求确定）。

2）Label Control 对话框

选中对象然后选择菜单命令 Format｜Label Control 或 Alt+双击鼠标，打开 Label Control 对话框，如图 2-82 所示，该对话框可以控制标签、文本以及直线、图形的属性等。该对话框各部分功能介绍如下：

① Object Name：在该文本框中键入对象名称，该名称在执行程序脚本时很有用，对于单个对象，Origin 已经添加了默认的名称。

② Attach To：Attach To 组中，提供了几个选项，可以将对象和页面、层以及层刻度联系起来，在执行移动、改变页面、层或层刻度大小时，对象随之一起改变，但如果选中了 Plot Details 对话框 Display 选项卡中的 Fixed Factor 复选框，该标签的大小不会改变。

③ Link to Variables（%，$）：选中该复选框支持文本中的替代符号"%（ ）"和换码符号" \ \ "。

④ Mouse Click：选中 No Vertical Movement 复选框，只允许水平移动对象；选中 No Horizontal Movement 复选框，只允许竖直移动对象；选中 Not Selectable 复选框，不能使用 Alt+双击鼠标打开该对话框，如果要编辑对象，必须选择菜单命令 Edit｜Button Edit Mode，如果要退出该模式，仍然选择该命令。

⑤ 清除 Visible 复选框，Graph 中不显示对象，要编辑对象，选择菜单命令 Edit｜Button Edit Mode。

⑥ 选中 Real-Time 复选框，实时更新标签。

⑦ Script，Run After：提供了执行窗口中脚本命令的具体环境，None 为不执行脚本，其他选项为进行相应的操作时执行脚本命令：Bottum up，单击对象时执行；Moved，移动对象时执行；Sized，改变对象大小时执行等。

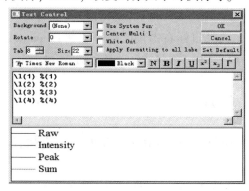

图 2-81　Text Control 对话框

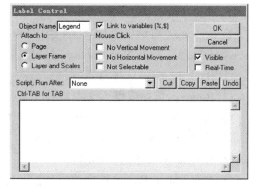

图 2-82　Label Control 对话框

3）Legends 选项卡

图例的某些属性可以通过 Plot Details 对话框的 Legends 选项卡进行修改，选择菜单命令 Format｜Page 或在 Graph 窗口的灰色部分双击鼠标，打开 Plot Details 对话框，如图 2-83 所示，在左边窗口中选中 Graph 名称，再选中 Legends 选项卡，编辑图例。该对话框各部分功能介绍如下。

① Full dataset name：选中该复选框，图标后面的文本显示完整名称，为 Worksheet_column 格式；

② Auto Update：选中该复选框图层中的数据曲线更新时，图标也自动更新；

③ Include Data Plots from All Layers：在多层图形中有用，选中该复选框，添加图例时会添加所有图层中数据曲线的图例；

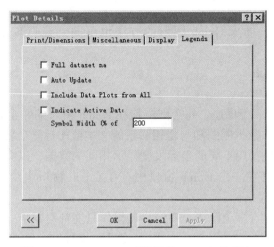

图 2-83　Plot Details 对话框的 Legends 选项卡

④ Indicate Active Dataset：如果图层中有几组数据，选中该复选框，就可以通过单击曲线图标来选中该组数据，被选中的数据曲线图标带有小方框；

⑤ Symbol Width：文本框中的数字控制图标的大小，为字体大小的百分比，如 200 表示为字体大小的 2 倍；

需要注意的是：对于彩色映射图来说，还可以往图层中添加彩色刻度，选择菜单命令 Graph｜New Color Scale 或选择鼠标右键的快捷菜单命令 New Color Scale，则在图层上出现彩色刻度，双击该刻度或选择鼠标右键快捷菜单命令 Properties，打开 Color Scale Control 对话框，对该刻度进行设置。

4）Graph 的输出

① 输出为图片

选择菜单命令 File｜Export Page，将 Graph 图形导出为图片格式的文件，可以直接插入其他应用程序中，这时不能应用 Origin 进行编辑，只能使用目标应用程序工具进行编辑。

② Graph 之间的复制

如果想将一个 Graph 窗口中的图形复制到另一个 Graph 窗口中，可以使用 Edit｜Merge All Pages 菜单命令，或者使用剪贴板将图片粘贴到其他 Graph 窗口中。

③ 输出到其他程序中

有两种方法可以将 Graph 图形插入其他应用程序：一种是将 Graph 图形复制到其他程序中，数据就相应地保存到目标应用程序；另一种是链接到目标应用程序，这时数据仍然保存在 Origin 文件中。

例如，需要将 Graph 图形复制到 Word 窗口中，具体操作为：激活 Graph 窗口，选择菜单命令 Edit｜Copy Page，或选择窗口中鼠标右键的快捷菜单命令 Copy Page；在 Word 窗口选择"编辑"｜"粘贴"命令，或按下快捷键 Ctrl+V，即可将图形作为 Origin 文件粘贴到 Word 页面中，成为其中一个对象。双击该图形，可打开 Origin 界面进行编辑。

（4）将 Graph 图形插入其他应用程序中

在 Word 窗口插入编辑 Graph 图形操作过程为：在 Word 中选择菜单命令"插入"｜"对象"，打开"对象"对话框；从对象类型列表中选择 Origin Graph，单击"确定"按钮；启动 Origin，进入 Graph 界面进行编辑，编辑完毕后关闭 Origin 窗口，在 Word 窗口中显示该 Graph

图形。

对不同的软件来说，插入 Graph 图形的方法也不同，需要参考相应的应用程序指南进行。

2.2.3.10 多层 Graph

（1）多层工具及其意义

Graph 窗口至少包含一个图层，每个图层均在 Graph 窗口的左上角有一个图层标记。每个图层至少包含坐标轴、数据制图和与之相联系的文本或图标三个要素。

多层 Graph 可以实现：用不同的坐标尺度显示相同的数据，以突出曲线的某些特征；把尺度相差较大的曲线绘制在一个 Graph 窗口中；在 Graph 窗口中绘制多个关联或独立的图形，合理地安排其位置等。

如果 Graph 窗口中包含多个图层，对窗口的操作只能针对某唯一一个激活的图层，激活图层的标记下陷。激活图层的方法有：①单击该层的坐标轴；②单击该层的对象；③单击 Graph 窗口左上角该层的标记，标记下陷的图层为当前激活的图层。

对于激活图层，选择 View｜Show｜Active Layer Indicator 命令，其坐标轴处于高亮状态；选择 View｜Show｜Layer Icons 命令，可以调节显示/隐藏图层标志。

（2）多层模板

① 双屏图

如果数据中包含两组相关 Y 数列，但这两组数列之间又没有公用的 X 列，可以使用 Horizontal/ Vertical 2 Panel(水平/竖直双屏)模板制图。

绘制水平双屏图的操作过程如下：选中三列数据，选择菜单命令 Plot ｜ Panel ｜ Horizontal 2 Panel 或单击 2D Graphs Extended 工具条中的 Horizontal 2 Panel 按钮凵进行制图，如图 2-84 所示。

竖直双屏图和水平双屏图模板对数列的要求及图形外观都是类似的，区别仅在于前者的图层是两行一列的排列方式，后者是两列一行的排列方式。

② 堆垒多层图

如果数据中包含几组相关 Y 数列，但这几组数列之间又没有公用的 X 列，可以使用 Stack(堆垒多层)模板制图。

绘制堆垒多层图的操作过程如下：选中数据，选择菜单命令 Plot｜ Panel｜Stack 或单击 2D Graphs Extended 工具条中的 Stack 按钮≣即可制图，如图 2-85 所示。

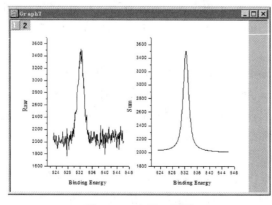

图 2-84　水平双屏图

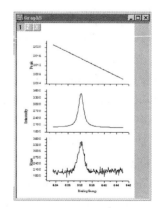

图 2-85　堆垒多层图

③ 四/九屏图形

如果数据中包含四组相关 Y 数列，但这几组数列之间又没有公用的 X 列，可以使用 4 Panel(四屏图形)模板制图。

绘制四屏图形的操作过程如下：选中数据，选择菜单命令 Plot｜Panel｜4 Panel 或单击 2D Graphs Extended 工具条中的 4 Panel 按钮，进行制图，如图 2-86 所示。

九屏图形和四屏图形完全类似，需要的数据为 9 列，Graph 窗口中的图形为 3 行 3 列。

④ 双 Y 轴图

如果数据中两个因变量数列具有相同的自变量数列，使用 Double Y Axis(双 Y 轴图形)模板制图比较理想。

绘制双 Y 轴图的操作过程如下：选中两个 Y 列，选择菜单命令 Plot｜Special Line/Symbol｜Double Y 或单击 2D Graph Extended 工具条上的 Double Y Axis 按钮，即可制图，如图 2-87 所示。

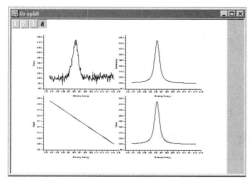

图 2-86　四屏图形

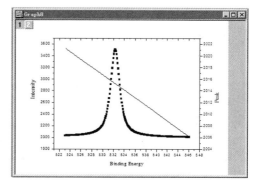

图 2-87　双 Y 轴图

⑤ 三 Y 轴图

如果数据中三个因变量数列具有相同的自变量数列，使用坐标轴错位方式制图比较合适。

绘制三 Y 轴图的操作过程如下：选中三列数据，单击 2D Graphs 工具条中的 Template Library 按钮，打开 Template Library 对话框；在左边的 Category 窗口中选择 Multiple Layer，在 Template 窗口中选中 OffsetY，如图 2-88 所示，单击 Plot 按钮完成绘图。

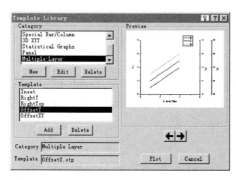
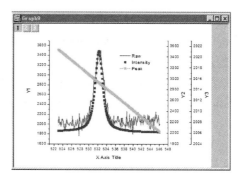

图 2-88　Template Library 及三 Y 轴图

(3) 多层图形管理

1) 添加层

① 添加独立的新层

添加的新层和已有的层之间没有链接关系，添加的新层按照 Origin 默认的大小和位置显示在 Graph 窗口中。

可以通过下列几种方法添加新层：

a. 选择菜单命令 Edit｜New Layer(Axes)｜(Normal)：Bottom X+Left Y；

b. 在 Graph 窗口的边上右击鼠标，选择快捷菜单命令 New Layer(Axes)｜(Normal)：Bottom X+Left Y；

c. 选择菜单命令 Tools｜Layer，打开 Layer 对话框(图 2-89)，在 Add 选项卡中单击添加普通 XY 层按钮 ；

d. 选择菜单命令 Edit｜Add & Arrange Layers，打开图 2-90 的 Total Number of Layers 对话框进行添加；

e. 单击 Graph 工具条中的 Add Layer 按钮 。

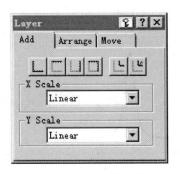

图 2-89　Layer 对话框

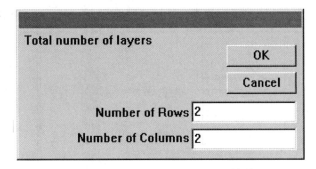

图 2-90　Total Number of Layers 对话框

② 添加含有链接的新层

添加的新层和 Graph 窗口中激活的层有链接关系，添加的层为激活层的子层，添加后，子层变为激活层。含有链接的新层的方法为：激活 Graph 窗口，选择菜单命令 Edit｜New Layer(Axes)｜(Linked)：Top X+Right Y 添加含有顶部 X 轴和右边 Y 轴的图层，或单击 Layer 对话框中或 Graph 工具条中的 Add Linked Layer 按钮。

③ 添加插入层

插入层是激活层的子层，和母层显示同样的数据。添加插入层的方法为：选择菜单命令 Tools｜Layer，打开 Layer 对话框，在 Add 选项卡中单击 按钮，或单击 Graph 工具条中的 Add Inset Graph 按钮，在 Graph 的右上角添加子层，同时使用母层数据制图。

④ 使用剪贴板复制图层

选中要复制的图层，选择菜单命令 Edit｜Copy，然后在要粘贴的 Graph 窗口中选择命令 Edit｜Paste 即可。这里也可用快捷键 Ctrl+C 和 Ctrl+V。如果没有激活图层而选择命令 Edit｜Copy Page 的话，粘贴到 Graph 窗口中图形为图片格式。

⑤ 使用 LabTalk 命令添加层

在 Script 窗口中键入 LabTalk 命令：layer −n <Enter 就给激活的 Graph 窗口中添加新层，其大小和位置是 Origin 默认的。

⑥ 使用 Extract to Layers 按钮生成新层

使用 Extract to Layers 按钮生成新层的方法为：

a. 激活 Graph 窗口；

b. 单击 Graph 工具条上的 Extract to Layers 按钮 ⊡，弹出 Total Number of Layers 对话框；

c. 保留默认值，单击 OK 按钮，弹出提示框，问是否多生成一层；

d. 单击"是"，弹出 Spacings in % of Page Dimension 对话框（图2-91），设置图层之间的间距和边距；

e. 按照图中的设置，单击 OK 按钮，Origin 按照给定的参数，绘制新的图形。例如可以将包含两组数据的单层图形绘制成两层图形，如图2-92所示。

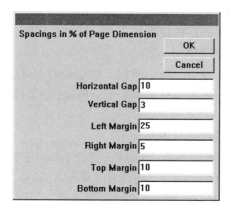

图 2-91 Spacings in % of Page Dimension 对话框

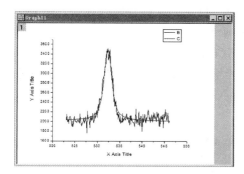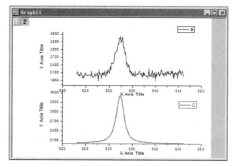

图 2-92 将包含两组数据的单层图形绘制成两层图形

2）删除、隐藏层

选中要删除的层，按下 Delete 键完成删除层操作，或在层标记处右击鼠标，选择快捷菜单命令 Delete Layer。

为了缩短刷屏时间，或使用户集中注意力编辑某个图层，可以将 Graph 窗口中其他图层隐藏起来。要隐藏图层，在层标记处右击鼠标，选择快捷菜单命令 Hide Layer。

假如取消了菜单命令 View｜Show｜All Layers 的选择，则只显示当前激活的层，隐藏其他图层。

3）合并 Graph 窗口

以合并四个 Graph 窗口到一个窗口中为例，具体方法为：

① 将这四个 Graph 窗口显示在 Origin 窗口中，其中的一个可以在其他窗口的上面，但不能隐藏或最小化，因为 Origin 不能合并隐藏的或最小化的 Graph 窗口。

② 选择菜单命令 Edit｜Merge All Graph Windows 或单击 Graph 工具条上的 Merge 按钮

圌，弹出提示框，问是否保留旧的 Graph 窗口。

③ 单击"是"按钮，保留旧的 Graph 窗口；如果单击"否"按钮的话，会将旧的 Graph 窗口全部删除，出现含有四层的 Graph 窗口，同时出现 Total Number of Layers 对话框(图 2-90)。

④ 单击 OK 按钮，弹出 Spacings in % of Page Dimension 对话框，设置图层之间的间距和边界(图 2-91)。

⑤ 保留对话框的默认值不变，单击 OK 按钮，Origin 按照给定的参数，绘制两行两列 Graph 图形，将四个 Graph 窗口中的图形合并到一个窗口中。

4）调整图层的位置和大小

对多层图形，合理安排各图层的位置和大小，可增强其显示效果，操作方法有：

① 用鼠标调整图层的位置和大小。

具体方法为：激活 Graph 窗口，选中图层，使层边框处于高亮状态，把鼠标放在图层中，等鼠标处出现十字箭头，就可以移动图层了；把鼠标放在图层方框边上的方点处，等鼠标变成双箭头，就可调整图层的大小了。

② 使用 Layer 工具调整图层的位置和大小。

具体方法为：选择菜单命令 Tools | Layer，打开 Layer 工具，单击 Arrange 标签；选中 Horizontal Panel 复选框，按照图中的页边距设置，单击 Arrange 按钮；单击 Move 标签，选择需要调整的图层，单击 Swap Layers 按钮，完成位置调整。

③ 使用 Plot Details 对话框调整图层的位置和大小。

具体方法为：a. 选择菜单命令 Format | Layer，打开 Plot Details 对话框，在坐标的窗口中选中层，单击 Size/ Speed 选项卡，如图 2-93 所示。

b. 在 Layer Area 组中，调整层到页边的距离(Left 和 Top 文本框)和层的大小(Width 和 Height 文本框)。Unit 下拉列表用于改变前面 4 个数字的单位，单位包括页面的百分数、英寸、厘米、像素等，默认的单位是页面的百分数(% of Page)。

c. 得到所需图形。

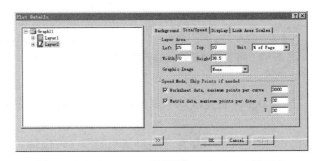

图 2-93　Plot Details 对话框的 Size/ Speed 选项卡

5）给多层图形中添加数据

单击 Graph 工具条中的 Add Layer 按钮，使 Graph 窗口成为含有多个图层的图形。接下来为每个图层添加数据：按下 Alt 键双击 Layer 2 标记，打开 Layer 对话框，在 Available Data 列表中选中相应数据后单击添加按钮，将其添加到 Layer Contents 列表中，单击 OK 按钮完成 Layer 2 的数据添加。然后用同样的方法将数据分别添加到 Layer3、Layer4 和 Layer5 等中。

2.2.4　三维 Graph

Matrix(矩阵)和 Worksheet 是 Origin 中两个重要的数据存储结构，Worksheet 中的数据可以生成 2D 和 3D 图形，但要生成三维表面图和等高图只能由 Matrix 数据创建。Matrix 和 Worksheet 的不同之处在于：每个单元格都有默认的 X、Y、Z 关系，列号和行号中含有默认的 X、Y 值，X 是相对于 Matrix 列号的递增序列，Y 是相对于 Matrix 行号的递增序列，单元格中为 Z 数值，要显示 X、Y 数值的话，选择菜单命令 View｜Show X/Y。

2.2.4.1　Matrix 数值设置

（1）设置 Matrix 的数值

导入到 Matrix 窗口中的数据均默认为 Z 值，需要用户来设置 X、Y 值。具体方法为：选择菜单命令 Matrix｜Set Dimensions，打开 Matrix Dimensions 对话框(图 2-94)；在 Dimensions 组中设置 Matrix 行数和列数；在 Coordinates 组中设置 X/Y 的起始值和结尾值，单击 OK 按钮即可。

除了设置 Matrix 的 X、Y 值外，用户也可以设置 Z 值。具体方法为：

① 选择菜单命令 Matrix｜Set Values，打开 Set Matrix Values 对话框(图 2-95)。

② 首先设置 Matrix 的行和列的范围，打开 Set Matrix Values 对话框时，默认的值是当前 Matrix 的全部范围，设置行(用 i 表示)和列(用 j 表示)的范围；

③ 在 Cell(i, j)= 文本框中输入函数，单击 OK 按钮，即可得到所需的 Z 值。

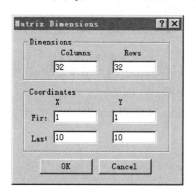

图 2-94　Matrix Dimensions 对话框

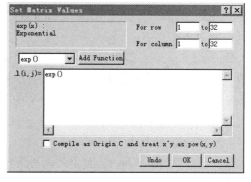

图 2-95　Set Matrix Values 对话框

（2）设置 Matrix 数据属性

激活 Matrix 窗口，选择菜单命令 Matrix｜Set Properties，即可打开 Matrix Properties 对话框，设置 Matrix 中的数据类型、格式和显示方式等属性，该对话框各部分的功能介绍如下：

1）Cell Width：设置单元格的宽度，单位为字符数。

2）Internal：设置单元格数值的最大位数，默认的是 Double(8)，为每个数提供了 8 个字节的存储空间。Float(4)、Int(4)、Short(2)、Char(1)分别提供了 4 字节、4 字节、2 字节、1 字节的存储空间。

3）Data Format：设置数值的显示格式。

4）Numeric Display：设置 Matrix 单元格中数字的显示方式，包括：①默认的 Default Decimal Digits 选项显示 Matrix 单元格中所有数字位数，该位数在 Options 对话框 Numeric Format 选项卡的 Number of Decimal 中设置；②Set Decimal Places 选项控制小数点后面数字的显示，选中该选项后会出现文本框，文本框中的数值决定了小数点后面显示的位数，如果不填，

Origin 使用默认值，这时 Options 对话框中关于数字显示的设置不起作用；③Significant Digits 选项控制有效数字的位数，选中该选项后，在后面的文本框中添入想要显示的有效数字位数。

2.2.4.2 Matrix 基本运算

Matrix 运算包括转置、旋转、翻转、收缩、扩展、平滑和积分等，其菜单命令介绍如下：

（1）Matrix｜Invert：求矩阵的逆矩阵 Cell(i, j)−1，使 Cell(i, j)·Cell(j, k)−1=$\delta_{i,k}$，要求矩阵为行数和列数相等的方阵。

（2）Matrix｜Transpose：将矩阵的行转换成列、列转换成行，即将 Cell(i, j) 转换成 Cell(j, i)。

（3）Matrix｜Rotate90：将矩阵旋转 90°，即将 Cell(i, j) 转换成 Cell(j, m−i+1)，其中 m 是总行数。

（4）Matrix｜Flip H：将矩阵水平翻转，即将 Cell(i, j) 转换成 Cell(i, n−j+1)，其中 n 是总列数。

（5）Matrix｜Flip V：将矩阵竖直翻转，即将 Cell(i, j) 转换成 Cell(m−i+1, j)，其中 m 是总行数。

（6）Matrix｜Shrink：打开 Shrink into 1×1 for Every 对话框，在其中填入收缩因子，如要将 40 列 30 行的矩阵收缩成 20 行 10 列的矩阵，可在行和列因子文本框中分别填入 2 和 3。Matrix 收缩后单元格中的数值是收缩前相应几个单元格数据的平均。

（7）Matrix｜Expand：打开 Expand for Every Cell 对话框，在其中填入行和列的扩展因子，即可扩展 Matrix。

（8）Matrix｜Smooth：弹出提示对话框，单击"确定"按钮，Origin 在扩展、收缩矩阵后进行平滑，平滑后的矩阵可能和原来矩阵的行/列数目不同。

（9）Matrix｜Integrate：Origin 执行 X、Y 的二重积分，计算 Matrix 定义下的体积，并将结果输出到 Script 窗口中。

2.2.4.3 Matrix 转换为 Worksheet

将 Matrix 转换为 Worksheet，有下列两种方法：

（1）直接转换

激活 Matrix 窗口，选择菜单命令 Edit｜Convert to Worksheet｜Direct，生成名称为 Data n 的 Worksheet 窗口，并将 Matrix 所有的数据导入 Worksheet 窗口中，行列次序不变。默认情况下，第一列设置为 X 列，其他列设置为 Y 列。

（2）生成 XYZ 列 Worksheet

激活 Matrix 窗口，选择菜单命令 Edit｜Convert to Worksheet｜XYZ，打开 Convert Matrix to WKsheet 对话框，在 Conversion Type 下拉列表中有两个选项：①X Constant 1st，表示首先排列 X 值；②Y Constant 1st，表示首先排列 Y 值，Matrix 窗口中对应 X、Y 值的单元格数值放置在 Worksheet 中相应的 X、Y 值后面。

2.2.4.4 Worksheet 转换为 Matrix

激活 Worksheet 窗口，选择菜单命令 Edit｜Convert to Matrix｜Direct，打开 Direct Conversion to Matrix 对话框，单击 Convert 按钮，生成一个新 Matrix 窗口，并将 Worksheet 中的数据转换到 Matrix 窗口中，保持同样的行和列。

如果激活的是 Excel 工作簿，可选择菜单命令 Window｜Create Matrix，将 Excel 工作簿转换成 Matrix。

2.2.4.5　三维图形

3D 图形包括 3D XYY、3D XYZ、3D 表面图和等高 Graph，前两种模板需要 Worksheet 数据，后两种需要 Matrix 数据。

（1）3D XYY Graph

3D XYY 图形利于显示数据之间的变化规律，尤其是几组数据之间的比较，且具有立体感。包括 3D 条形图、3D 带形图、3D 墙形图、3D 瀑布图。

绘制 3D XYY 图形要求 Worksheet 中至少有一个 Y 列(或其中的一部分)，最好是两列以上，如果没有设定与该列相关的 X 列，Origin 会提供 X 的缺省值，即将行号作为 X 值。

制图方法为：选中数据，在 Plot 下拉菜单中选择要绘制的图形类型，或直接单击 3D Graphs 工具条上的相应按钮，即可制图。

不同类型 3D XYY 图形的基本特点介绍如下：

① 3D Bar Graph(3D 条形图)：Y 值为条形的高度，每个条都有固定的宽度，其颜色按照红、绿、蓝的顺序变化，并将 Y 值的标签标在旁边作为 Z 轴，模板文件为 BAR3D. OTP。

② 3D Ribbon Graph(3D 带形图)：Y 值为带子的高度，每个带子都有固定的宽度，并将 Y 值的标签标在旁边作为 Z 轴，模板文件为 RIBBON. OTP。

③ 3D Wall Graph(3D 墙形图)：Y 值为墙的高度，每个墙都有固定的厚度，并将 Y 值的标签标在旁边作为 Z 轴，WALLS. OTP。

④ 3D Waterfall Graph(3D 瀑布图)：类似于 3D 墙形图，但没有厚度，且均为白色，模板文件为 WATER3D. OTP。

（2）3D XYZ Graph

这类图形利于显示数据 X、Y、Z 之间的变化规律，包括 3D 散点图和 3D 投影图。

绘制 3D XYZ 图要求 Worksheet 中至少有一个 Y 列和 Z 列(或其中的一部分)，如果没有设定与该列相关的 X 列，Origin 会提供 X 的缺省值，即将行号作为 X 值。

制图方法：选择菜单命令 Plot | 3D XYZ | 3D Scatter/ Plot | 3D XYZ | 3D Trajectory，或直接单击 3D Scatter Plot 按钮或 3D Trajectory 按钮。

3D 散点图和 3D 投影图特点介绍如下：

① 3D Scatter Graph(3D 散点图)：用散点的形式将 X、Y、Z 之间的数量关系表示出来，模板文件为 3D. OTP。

② 3D Trajectory Graph(3D 投影图)：散点+线+XY 面投影线的图形，模板文件为 TRA-JECT. OTP。

三维图形的设置方法同二维图形类似，但在 Plot Details 对话框左边窗口的 Data 中除了原始数据外，还包含有显示 XY、YZ、ZX 面的投影选项。在这里不仅可以定制空间数据点的特性，还可以定制投影点的特性。选中 Data 图标会出现 Edit Control 选项卡，从而设置数据点及其投影之间的关系。Edit Control 选项卡有三个选项：All Together，数据点和三个方向上的投影具有相同连线和符号等特征，可以进行整体编辑；Fully Independent，各个元素之间相互独立，逐个编辑不同的元素；Original Independent of Projections，数据点和它的投影分别编辑，但三个方向上的投影是相互联系的。

（3）3D 表面图

这类图形是根据 Matrix 绘制用来表现空间曲面的，包括 3D 条形表面图、3D 彩色填充表面图、3D 彩色映射表面图、3D 线条表面图、3D 线框表面图、3D X 恒定带基线表面图和 3D Y 恒定带基线表面图。各种 3D 表面图的绘制方法分别介绍如下：

① 3D Color Fill Surface（3D 彩色填充表面图）：通过菜单命令 Plot｜3D Color Fill Surface 或 3D Color Fill Surface 按钮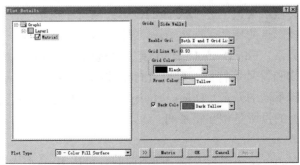制图。

② 3D Color Map Surface（3D 彩色映射表面图）：通过菜单命令 Plot｜3D Color Map Surface 或 3D Color Map 按钮制图。

③ 3D Wire Frame Surface（3D 线框表面图）：通过菜单命令 Plot｜3D Wire Frame 或 3D Wire Frame 按钮制图。

④ 3D Wire Surface（3D 线条表面图）：通过菜单命令 Plot｜3D Wire Surface 或 3D Wire Surface 按钮制图。

⑤ 3D X Constant with Base Surface（3D X 恒定带基线表面图）：通过菜单命令 Plot｜3D X Constant with Base 或 3D X Constant with Base 按钮制图。

⑥ 3D Y Constant with Base Surface（3D Y 恒定带基线表面图）：通过菜单命令 Plot｜3D Y Constant with Base 或 3D Y Constant with Base 按钮制图。

⑦ 3D Bar Surface（3D 条形表面图）：通过菜单命令 Plot｜3D Bars 或 Matrix 3D Bars 按钮制图。

（4）等高 Graph

等高图也是根据 Matrix 绘制的表面图，可以理解为从 Z 方向上来看 3D 映射表面图，包括灰度映射等高线图、带有数字标签的黑白线条等高线图和彩色填充等高线图。各种等高图的绘制方法分别介绍如下：

① Gray Scale Map Contour（灰度映射等高线图）：通过菜单命令 Plot｜Contour Plot｜Gray Scale Map 或 3D Graphs 工具条中的 Gray Scale Map 按钮制图。

② Black and White Lines with Labels Contour（带有数字标签的黑白线条等高线图）：通过菜单命令 Plot｜Contour Plot｜Contour–B/W Lines+Labels 或 Contour B/W Lines 按钮制图。

③ Color Fill Contour（彩色填充等高线图）：通过菜单命令 Plot｜Contour Plot｜Contour–Color Fill 或 Contour–Color Fill 按钮制图。

2.2.4.6　设置 3D Graph

（1）表面图的设置

使用 Plot Details 对话框可以对表面图形进行设置，包括坐标面、网格线、表面色等。双击 3D 表面图即可打开 Plot Details 对话框，对于不同的表面图，该对话框的选项有所差别，如图 2-96~图 2-98 所示。下面介绍该对话框的几种功能：

图 2-96　3D 彩色填充表面图的 Plot Details 对话框

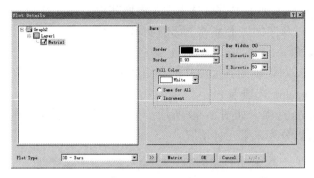

图 2-97 3D 条形表面图的 Plot Details 对话框

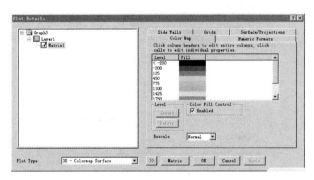

图 2-98 3D 彩色映射表面图的 Plot Details 对话框

1）Grids 选项卡

① Enable：设置网格线的显示方式，包括 None、X Grid Line Only、Y Grid Line Only 和 Both X and Y Lines 四种选项；

② Grid Line Width：设置网格线的宽度；

③ Grid Color：设置网格线的颜色；

④ Front Color：设置上表面的填充色；

⑤ Back Color：设置下表面的填充色。

对于 3D 线框表面图和 3D 线条形表面图，会出现和此选项卡类似的 Wire Frame 选项卡，在 Grid Color 中多了几个选项，包括主网格线和辅网格线属性的设置。

2）Side Walls 选项卡

该选项卡用来填充表面图前面和右面的颜色，激活 Enable 即可选择合适的颜色。

3）3D Bars 选项卡

对于 3D 条形表面图来说，需要使用 Bar 选项卡进行设置。

① Border Color：设置长方条中棱的线条颜色；

② Border Width：设置长方条中棱的线条宽度；

③ Bar Widths（%）：设置 X/Y 方向上条的宽度，单位为 X/Y 坐标单位的百分数；

④ Fill Color：设置填充色。选择 Same for All 复选框，所有条的填充色都相同；选择 Increment 复选框，条的颜色在 Y 方向上按照调色板上的颜色顺序递增，下拉列表中设置的颜色为起始颜色。

3）Surface/ Projections 选项卡

3D 彩色映射表面图比较复杂，除了前面介绍的颜色映射、网格线、数值格式等，还可以在 Surface/ Projections 选项卡中设置其表面及表面映射。在此选项卡中，用户可以根据需要对填充色和等高线以及曲面、上部和下部的显示进行设置。

（2）等高图的设置

等高图 Plot Details 对话框的各部分功能介绍如下：

1）Color Map/Contours 选项卡

Color Map/Contours 选项卡如图 2-99 所示，在这里可以设置 Z 值的等级、填充色、等高线及标签等属性，可以分为以下三种情况：

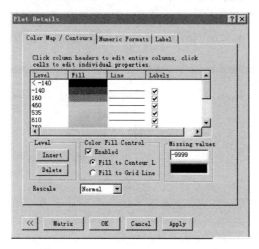

图 2-99　Color Map/Contours 选项卡

① 编辑单个 Z 值等级。双击 Level 列内的某个数值，在数值后面出现光标，可以直接进行修改；若要编辑单个 Z 值的颜色或等高线，将鼠标放在 Fill 或 Line 下面的某个级别上，变成小手，单击打开 Fill 或 Line 对话框，进行设置填充色、填充样式、线条颜色等特征；要显示某个级别的标签，直接在该级别的对应的 Labels 方框内画"√"。

② 整体设置 Z 值的等级、颜色、等高线和标签。单击 Level、Fill、Line、labels 列的标题栏，打开 Set Levels、Fill、Contour Lines、Contour Labels 对话框，这四个对话框的功能分别为：

a. Set Levels 对话框：设置 Z 的最大值和最小值。单击 Find Min/Maxs 按钮，Origin 根据 Z 值自动设置最大/最小值；通过 Interval 或 Num. of Level 文本框调整颜色级别的总数和间隔；选中 Log Scale 复选框可使用对数坐标。

b. Fill 对话框：选中 Limited Mixing 复选框并在 From 和 To 下拉列表中选择起始和结束颜色，则彩色填充图中的颜色在这两种颜色之间变化；选中 Introducing Other Colors in Mixing 复选框，允许图中出现其他颜色，便于区分不同的 Z 值。Pattern Generation 组可以设置颜色的填充方式，在 From 和 To 中选择不同的样式，则填充连续变化，若选择相同，则该样式应用于所有样式级别。如果选择了部分数据段，则在 Range 组中出现选择的范围。

c. Contour Lines 对话框：设置是否显示等高线，以及等高线的样式、宽度、颜色等。

d. Contour Labels 对话框：设置是否显示等高线的标签。

2）Numeric Formats 选项卡

Numeric Formats 选项卡用来设置等高图中数字标签的显示方式，或者彩色填充图中彩色图例的数字显示方式。该选项卡各部分功能介绍如下：

130

① Numeric Formats。通过 Format 设置数字标签的显示格式，包括 Decimal、Engineering 和 Scientific；在 Divide by Factor 文本框中添入数字，则所有的颜色填充和等高线级别数字都除以这个数值，然后显示在 Graph 中；通过 Decimal Places 设置小数点后面显示的位数；通过 Significant Digits 设置有效数字的位数；通过 Prefix 和 Suffix 文本框分别设置数字标签显示的前缀和后缀。

② Labeling Criteria。当等高线图中有一部分数值大于设置值时，通过 Min. Area 中的数字决定是否显示这部分数值标签。

3）Label 选项卡

Label 选项卡可以设置标签字体及其大小、位置和颜色。如果要突出显示等高线图中的标签，则选中 White Out 复选框，这样不显示标签下面部分的等高线。

2.2.4.7 改变 Graph 的显示效果

（1）旋转 3D 图形

3D 图形绘制完成后，3D Rotation（旋转）工具条自动打开，使用此工具条可以控制透视和三维显示的方向等特征，使图形的显示效果更佳。

（2）坐标轴的设置

三维图形坐标轴的设置和二维类似，只是 Selection 列表中多一项特征坐标轴选项。另外还可以通过 Plot Details 对话框进行设置，选中 Layer 后会出现 6 个选项卡，包括 Background、Size/Speed、Display、Axis、Miscellaneous 以及 Planes，前 3 个选项卡与二维图形相同，这里只介绍剩下的 3 个选项卡，分别见图 2-100~图 2-102。

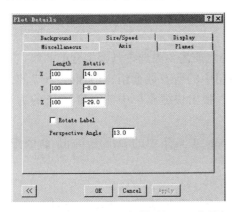
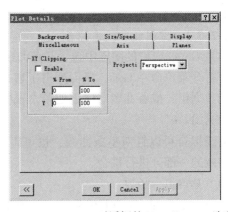

图 2-100　Plot Details 对话框的 Axis 选项卡　图 2-101　Plot Details 对话框的 Miscellaneous 选项卡

1）Axis 选项卡

Axis 选项卡中的相应文本框里，可以直接设置坐标轴的长度（单位为层框架的百分数）以及旋转角度（单位为度）。此外，可以通过 Perspective Angle 文本框设置透视角度，在 0~30°范围内。选中 Rotate Labels 复选框，旋转 Graph 时，坐标轴刻度标签一起旋转。

2）Miscellaneous 选项卡

Miscellaneous 选项卡用来设置投影显示效果，在 Projection 下拉列表中可以选择不同的 3D 图形投影方式：Perspective，透视显示效果，即近大远小的显示方式；Orthographic，正射显示效果，即远近大小相同的显示方式。

另外，在 XY Clipping 组中可以像设置 Z 轴那样，在不改变坐标轴的情况下，使得 X/Y 方向上的部分图形不显示。

3）Planes 选项卡

Planes 选项卡用来设置坐标面，包括设置三个坐标面 XY、YZ 和 ZX 的显示属性及前面坐标轴轮廓的显示。

当旋转 Graph 图形后，选中 Auto Position 复选框时，恢复旋转之前的显示方式，同时自动更新%文本框中的数字。此外，也可以在这里指定坐标面的位置。

通过 Color 下拉列表中设置坐标面的颜色。

要显示前面坐标面的轮廓线，可以选中 Front Corner 组中的 Enable 复选框，然后再设置其颜色和宽度。

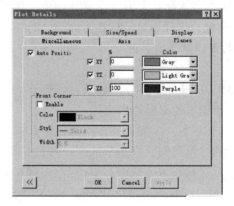

图 2-102　Plot Details 对话框的 Planes 选项卡

2.2.5　非线性拟合

2.2.5.1　常用的非线性拟合

如果 Graph 窗口的图层中包含几条曲线，拟合之前需要先选中需要拟合的曲线，具体操作为：打开菜单命令 Data，里面列出了窗口激活层中的所有数据组，前面带"√"的为当前激活的数据组；或者在图层标记处单击鼠标右键，弹出快捷菜单中前面带"√"的为当前激活的数据组。

曲线拟合可以针对整条曲线，也可以使用 Tools 工具条中的 Data Selector 命令按钮 ⬍，选择曲线的一部分进行拟合。

（1）基本拟合函数

菜单命令 Analysis 的下拉菜单中关于非线性拟合命令包括：Fit Exponential Decay｜First Order/Second Order/Third Order、Fit Exponential Growth、Fit Sigmoidal、Fit Gaussian、Fit Lorentzian、Fit Multi-peaks｜Gaussian/Lorentzian 以及 Non-linear Curve Fit｜Advanced Fitting Tool/Fitting Wizard…。

各拟合命令的含义及表达式如表 2-1 所列，用户可以根据 Graph 曲线特征及函数曲线的特征选择合适的函数进行拟合。

表 2-1　Origin 7.5 提供的基本拟合函数

名称	含义	拟合模型函数
Exponential Decay	指数衰减拟合函数	一阶：$y = y_0 + A_1 e^{-(x-x_0)/t_1}$
Exponential Growth	指数增长拟合函数	$y = y_0 + A_1 e^{(x-x_0)/t_1}$

名称	含义	拟合模型函数
Sigmoidal	S 拟合函数	$y=\dfrac{A_1-A_2}{1+e^{(x-x_0)/dt}}+A_2$，X 轴为线性坐标时采用 Boltzmann 函数拟合
		$y=\dfrac{A_1-A_2}{1+(x/x_0)^p}+A_2$，X 轴为对数坐标时采用对数函数拟合
Gaussion	Gaussion 拟合函数	$y=y_0+\dfrac{A}{\sqrt{2\pi}\sigma}e^{\frac{(x-x_0)^2}{2\sigma^2}}$
Lorentzian	Lorentzian 拟合函数	$y=y_0+\dfrac{2A}{\pi}\cdot\dfrac{w}{4\,(x-x_0)^2+w^2}$
Fit Multipeaks	多峰值拟合	按照峰值分段拟和，每一段采用 Gaussion 或者 Lorentzian 方法
Nonlinear Curve Fit	非线性曲线拟合	内部提供了相当丰富的拟合函数，还支持用户定制

（2）多峰拟合

多峰拟合一般是指 Gaussian 或 Lorentzian 拟合。拟合前一般先减去背底，过程如下：假定背底为直线，选择菜单命令 Analysis｜Substrate｜Straight Line，鼠标变成✛形状；选择曲线中的合适点，双击鼠标减去基线，同时 Worksheet 窗口中的数据也作相应的修改。

拟合过程如下：

① 选择菜单命令 Analysis｜Fit Multi-peaks｜Gaussian，打开 Number of Peaks 对话框，输入拟合峰的数目；

② 单击 OK 按钮，打开 Initial half width estimate 对话框，Origin 会根据积分值估计半高宽，默认值为 0.85；

③ 单击 OK 按钮，转换到 Graph 窗口，鼠标变成✛形状，借助 Data Play 工具条，在曲线上的合适地方设置峰的位置，双击鼠标确定；

④ 确定了峰位后进行拟合，在原来散点图的基础上，添加拟合曲线，同时在 Graph 窗口中还给出一个文本标签，包括拟合类型、函数及剩余误差，如图 2-103 所示。

需要注意的是，拟合数据保存在一个隐藏的名称为 NLSF 的 Worksheet 窗口中，同时在结果纪录窗口中也会给出拟合日期、时间、绘图窗口，以及拟合模型和公式参数等拟合结果。

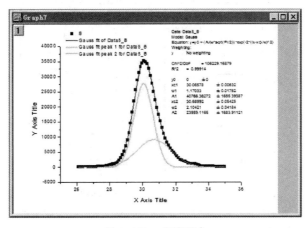

图 2-103　多峰拟合

（3）S 拟合工具

S 拟合工具用于拟合 Boltzmann 函数或对数函数。具体拟合方法为：选择菜单命令 Tools ｜Sigmoidal Fit，打开 Sigmoidal Fit 工具，在对 Operation 和 Settings 两个选项卡（图 2-104）进行设置后完成拟合。Operation 和 Settings 选项卡的功能介绍如下：

1）Operation 选项卡

① Asymptotes：在 Upper 和 Lower 对话框中键入拟合曲线的渐近线，相当于函数中的 A_1 和 A_2，如果选中相应的 Fix 复选框，在拟合过程中 A_1 或 A_2 固定为常数。

② Parameters：在 Center 文本框中输入 x_0 的值，在 Rate 文本框中输入 dx 或 p 值，如果选中相应的 Fix 复选框，在拟合过程中该参数不变。

③ Simulate：单击此按钮，Origin 根据设置生成拟合函数，在 Plot Details 对话框的 Function 选项卡中可以查看此函数。

④ Fit 按钮，单击此按钮，Origin 根据数据曲线更新没有选中 Fix 的参数进行拟合。

⑤ Calculate：拟合后激活选项，变为相应的数据组名称。添入 X 值，单击 Find Y 按钮，不论此 X 是否在拟合曲线范围内，均可以从拟合函数中计算相应的 Y 值。添入 Y 值，单击 Find X 按钮，如果该 Y 值超出了拟合曲线范围，不能给出结果；如果在曲线中，恰好是其中的一个拟合点，给出相应的 X 值，否则采用插值法确定 X 值。

2）Settings 选项卡

① Setting：在 Point 文本框中指定拟合曲线的点数，在 Left、Right 文本框中指定超出数据范围的拟合曲线部分（单位为百分数），在 Fit 文本框中输入要迭代的次数；若选中 Fit All Curves 文本框，拟合该层中所有数据曲线。Use Reduced Chi^2 复选框只影响拟合过程参数报告误差，对拟合过程没有任何影响。

② Logged Data Fit Function：选择是使用 Boltzmann 函数还是对数函数进行拟合。需要注意的是，如果 X 轴坐标刻度是对数，不管用户选择哪个函数，Origin 都使用对数函数拟合。

③ Weighting：设置权重方式，如果选择 Error Bars 复选框，Worksheet 中必须有 Y 误差列，或将误差列绘制到 Graph 图形中，这时 Origin 使用 1/errbar^2 作为权重；若选中 Inverse Y 复选框，Origin 使用 1/Y 作为权重。

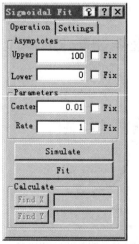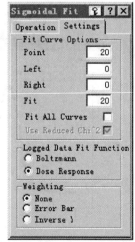

图 2-104　Sigmoidal Fit 工具箱的 Operation 和 Settings 选项卡

2.2.5.2 高级非线性拟合

除了基本拟合方法，Origin 还提供了 NLSF 拟合(Nonlinear Least Squares Fitter，非线性最小平方拟合)。NLSF 是 Origin 中功能最强大、最复杂的数据拟合工具，包含 200 多个函数供用户使用，基本上满足不同研究领域的需要。该工具允许用户使用一个或一组数据进行拟合，可以设置 200 多个参数。

NLSF 有两种模式：基本模式(Basic)和高级模式(Advance)。在基本模式界面中单击 More Mode 按钮可切换到高级模式界面，在高级界面模式中单击 Basic 按钮可切换回基本模式界面。

(1) NLFS 基本模式

基本模式提供的拟合函数较少，控制功能相对较弱，但界面简单，使用方便。该模式的功能包括：选择函数、选择数据组、执行拟合过程和在 Graph 窗口中显示拟合结果。

1) Select Function 对话框

激活 Graph 或 Worksheet 窗口，选择菜单命令 Analysis | Non-linear Curve Fit | Advanced Fitting Tool，打开 Non-linear Curve Fitting: Fitting Session 对话框(图 2-105)，选择基本模式后打开 Select Function 对话框。在左边的函数列表中选中一个函数，该函数的表达式出现在右边的窗口中，若选中 Curve 复选框，出现该函数的曲线图，同时在下面的文本框中出现该函数的名称(图 2-105)。

该对话框各部分功能为：

① 单击 New 和 Edit 按钮，分别打开 Define New Function 和 Edit Function 对话框。

② 单击 Start Fitting 和 Select Dataset 按钮，分别打开 Fitting Session 和 Select Dataset 对话框。

③ 单击 More 按钮，切换到 NLFS 高级模式。

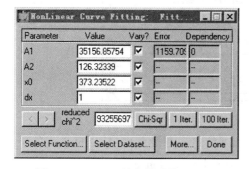 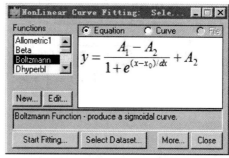

图 2-105　NLFS 基本模式的 Fitting Session 对话框(左)和 Select Function 对话框(右)

2) Fitting Session 对话框

Fitting Session 对话框如图 2-105 所示，各部分功能介绍如下。

① Parameter 和 Value 的内容随拟合函数而变，列出了当前函数参数的初始值，从这些参数开始进行迭代。选中 Vary 复选框，在迭代过程中根据需要进行修改，否则保持参数不变。

② 如果至少迭代过一次，在 Error 列表中出现其标准差。

③ Dependency 列表中显示参数依赖关系，如果是 1，其依赖关系最强。

④ 单击 Chi-Sqr 按钮显示当前参数的 reduced chi^2 值，在每次迭代后该值自动更新，如果重新设置了参数想知道 reduced chi^2 值，需再单击该按钮。

在这里 chi^2 表示 χ^2，即数据点和拟合函数相应点差的平方和，Origin 通过迭代的方法使之最小。reduced chi^2 = SQRT(cov_{ii}(Chi^2/DOF))。

⑤ 单击 1 Iter. 按钮执行一次迭代，并输出所有新参数；单击 n Iter. 按钮迭代 n 次，n 的值可以在高级模式中进行设置。

⑥ 单击 ‹ 或 › 按钮可以找到前面或后面的 reduced chi^2 参数。

具体拟合过程可以依照下述内容进行：

选择菜单命令 Analysis | Non-linear Curve Fit | Advanced Fitting Tool，打开 Non-linear Curve Fit：Select Function 对话框，从 Function 列表中选中函数，

单击 Select Dataset 按钮，打开 Non-linear Curve Fit：Select Dataset 对话框，把曲线对应的数据设置为变量；

单击 Start Fitting 按钮，一般情况下，Origin 会根据数据特征设置初始参数，打开 Non-linear Curve Fit：Fitting Session 对话框，单击 100 Iter. 按钮，直到参数 reduced chi^2 不再变化，得到拟合曲线；

单击 Done 按钮，Origin 在 Graph 窗口中显示拟合曲线，并在 Results Log 窗口输出拟合结果。

3）Select Dataset 对话框

Select Dataset 对话框如图 2-106 所示，各部分功能介绍如下。

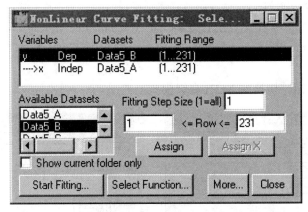

图 2-106　NLFS 基本模式的 Select Dataset 对话框

① Select Dataset 对话框上面的列表中包含如下信息：变量名称（Variable）、自变量还是因变量（Indep 或 Depend）、数据组（Datasets）及范围（Fitting Range）。

② Available Datasets 列表中列出了 Project 文件中所有的数据变量。

③ 在 Fitting Step Size 文本框中指定拟合过程中需要跳过的数据点。

④ 单击 Start Fitting 和 Select Function 按钮，分别打开 Fitting Session 和 Select Function 对话框。

设置变量的方法如下：

① 选中因变量，从 Available Datasets 列表中选中数据组，在"<= Row<="文本框中添入数据范围，单击 Assign 按钮进行设置。

② 选中自变量，从 Available Datasets 列表中选中数据组，如果将该列数据设置为自变量，单击 Assign 按钮，如果该列不是 X 列，想使用和该列相联系的 X 列作为自变量的话，

单击 Assign X 按钮。

③ 选择自变量时，"<=Row<="变为按钮，在其中进行设置行的范围，如 1<=Row<=20，只对 1~20 行之间的数据点进行拟合。单击该按钮，变成"<=X<="按钮，这样就可以设置 X 的范围了，如"0.7<=X<=9.9"，只对 X 值在 0.7 和 9.9 之间的数据点进行拟合。

（2）NLFS 高级模式

通过高级模式可以设置拟合过程的所有细节，在基本模式界面中单击 More 按钮切换到高级模式界面。其各部分功能介绍如下：

1）Select Function 对话框

选择命令 Function | Select 或单击按钮 ，打开 Select Function 对话框（图 2-107），在这里选择 Origin 自带的函数。

该对话框顶部为菜单栏和工具栏，下面左边为 Categories 列表，列表中包括：Origin 基本函数（Origin Basic Functions）、色谱函数（Chromatography）、指数函数（Exponential）、S 函数（Growth/Sigmoidal）、双曲函数（Hyperbola）、对数函数（Logarithm）、峰函数（Peak Functions）、药理学函数（Pharmacology）、幂函数（Power）、有理函数（Rational）、光谱函数（Spectroscopy）和波函数（Waveform）共 12 种。每类中包括几个函数，共 200 多个函数，右边为 Function 列表框，选择函数时，先在 Categories 列表中选择函数所在类别，然后在 Function 列表框中选择具体函数。

函数有三种显示方式：方程式、曲线和函数文件。通过窗口中间的 Equation、Sample Curve 和 Function File 可以进行切换，与 NLFS 基本模式类似，可以预览函数的特征。与基本模式相比，高级模式增加了大量函数，还添加了强大的菜单命令功能，如 Category、Function 等。

2）Select Dataset 对话框

选择命令 Action | Dataset 或单击命令按钮 ，打开 Select Dataset 对话框，如图 2-108 所示。在这里把数据组和函数中的变量对应起来，方法和基本模式类似。

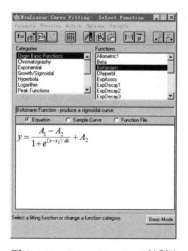

图 2-107　Select Function 对话框

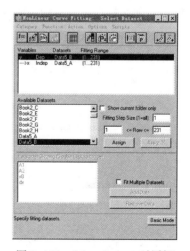

图 2-108　Select Dataset 对话框

高级模式的该对话框中多了一个 Fit Multiple Datasets 复选框，该复选框允许用户使用一个函数拟合多个数据组。选中该复选框，激活 Add Data 和 Remove Data 按钮以及 Parameter Sharing 列表，单击 Add Data 或 Remove Data 按钮，添加或删除数据组；双击 Parameter

Sharing 列表中的某一参数，在该参数后面出现 Shared，选中的话，拟合过程中几组数据组的拟合函数中该参数值相同，否则对不同的数据组，参数值不同。

3）Control Parameters 对话框

选择命令 Options｜Control 或单击命令按钮 ，打开 Control Parameters 对话框，如图 2-109 所示，在该对话框中可以设置拟合过程中的数量属性，直接影响到迭代过程，各部分功能介绍如下。

① Max. Number of Iterations：指定 Fit Session 对话框中 n Iter. 按钮的 n 值，此值是迭代的最多次数，默认值是 100。

② Tolerance(容许限度)：单击 n Iter. 按钮时，最多执行 n 次 Levenberg-Marquardt 迭代，如果两次连续迭代的 reduced chi^2 相对变化值小于 Tolerance 文本框中数值的话，迭代到此为止；要继续迭代，再单击 1Iter. 或 n Iter. 按钮。

③ Derivative Delta：只对用户自定义的函数起作用，对内置函数不起作用，决定了偏微分的计算方法。

④ Parameters Significant Digits：选择合适的有效数字位数，选择 Free 则使用当前的 Origin 设置。

⑤ Weighting Method：包含 No weighting 、Instrumental 、Statistical 、Arbitrary dataset 和 Direct Weighting 五个选项，设置迭代过程中计算 reduced chi^2 时的权重方法。

⑥ Scale Errors with Sqrt(reduced chi^2)：该复选框在选择一种权重方法时被激活，只影响迭代过程中误差的计算方法，对拟合的结果没有任何影响。

⑦ Weighting Method：选择 Arbitrary dataset 后，激活 Dependent Var. 列表，选择权重的计算方法，并可从 Available Datasets 列表中选择相应的权重数据。

4）Parameter Constraints 对话框

选择命令 Options｜Constraints 或单击命令按钮 ，打开 Parameter Constraints 对话框，如图 2-110所示，在该对话框中指定参数的限制方式。选择了限制方式后，迭代过程中只采用符合条件限制的参数，防止拟合过程不稳定而导致超出参数的定义域，各部分功能介绍如下。

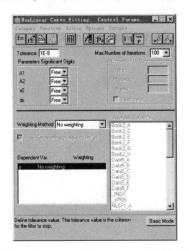 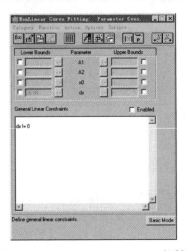

图 2-109　Control Parameters 对话框图　图 2-110　Parameter Constraints 对话框

① Lower 和 Upper Bounds：选中复选框设置相应参数的上限或下限，单击按钮 或 ，将其相互调换为小于(<)或小于等于(<=)。

② General Linear Constraints：设置参数的线性限制，设置时需要注意：如果多于一个限制条件，中间用分号隔开；换行用 Ctrl+Enter 复合键；限制关系必须为线性；此编辑框中，<和<=相同，>和>=相同；允许使用复合关系；系数必须为常数，如果是参数的话，必须赋予有效数值；选中 Enabled 复选框，该编辑框中的设置有效。

5）Before Fitting 对话框

执行 Fitting Session 对话框操作前编辑此对话框，设定开始非线性拟合时的操作。选择命令 Scripts｜Before Fit 打开 Before Fitting 对话框，在 Scripts to Execute Before Fitting 文本框中使用 LabTalk 脚本编辑时，必须选中 Enabled 复选框，该编辑才起作用。

6）After Fitting 对话框

选择命令 Scripts｜After Fit 或单击命令按钮，打开 After Fitting 对话框，如图 2-111 所示，执行 Fitting Session 对话框操作后，在此对话框中编辑完成拟合时需要进行的操作，各部分功能介绍如下。

① Fit Curve：选中 Generate Fit Curve 复选框，在 Graph 窗口中显示拟合曲线；选中 Same as X Fitting Data 复选框，生成的拟合曲线自变量的数据点和原数据点相同，将拟合曲线数据显示在 Worksheet 工作表中原数据的后面；选中 Uniform X，激活下面的 Independent Inv. 组，生成新拟合曲线数据，拟合曲线数据显示在新 Worksheet 窗口中，并可在 Independent Inv. 组中设置自变量的范围及数据点的个数。

② Write Parameters to Results Log：选中该复选框，拟合结果将写在 Results Log 窗口中；选中 Paste Parameters to Plot 复选框，拟合结果将显示在 Graph 窗口的标签中。

③ After Fitting Scripts：使用 LabTalk 脚本编辑导出命令，但要选中 Enabled 复选框该命令才能有效。

7）Fitting Session 对话框

选择命令 Action｜Fit 或单击命令按钮，打开 Fitting Session 对话框（图 2-112），在这里进行函数拟合迭代，其各部分功能介绍如下。

 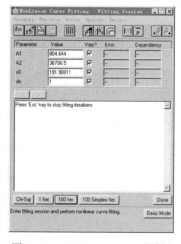

图 2-111　After Fitting 对话框　　　图 2-112　Fitting Session 对话框

① Value 文本框：自动显示函数的初始参数。选中每个参数后面的 Vary 复选框，则在迭代过程中该参量随拟合的需要改变，否则不变；Error 文本框中显示了拟合函数和数据组之间的标准差；Dependency 给出了参数的置信度。

② Chi-Sqr 按钮：单击该命令按钮可以查看窗口内显示当前参数值的 chi^2 值。在 NLSF 中，不论是 chi^2 还是 reduced chi^2，有的地方标记为 chi^2/DoF，给出的值均为 reduced chi^2。

③ 1 Iter. 或 n Iter. 命令按钮：单击后即可进行 Levenberg-Marquardt 迭代，新参数连同误差值、置信度显示在参数列表中。在迭代过程中可以随时修改参数的初始值，以后的迭代从修改后的参数值开始。单击 n Iter. 命令按钮迭代过程中，如果达到了容许限度或发生了错误，迭代次数将少于 n 次。单击 〈 或 〉 按钮，查看前面或后面迭代的参数。

④ 单击 Done 按钮完成迭代过程，Origin 根据设置输出拟合结果。迭代曲线显示在 Graph 窗口中，实际迭代的次数和 chi^2 显示在查看窗口内。

8）Generate Results 对话框

选择命令 Action｜Results 或单击命令按钮 ，打开 Generate Results 对话框（图 2-113），得到各个拟合阶段的结果及其相关参数。

除了拟合曲线外，在 Generate Results 对话框中，选中 Dependent Var. 列表中的一个因变量，可以对其生成三条辅助曲线：Fit Curve Options 组中，在 at Confidence 文本框中指定置信度，单击 Conf. Band 按钮可以生成置信带曲线，并将其数据显示在 Worksheet 窗口中；单击 Pred. Band 按钮可以生成预测带曲线，并将其数据显示在 Worksheet 窗口中；单击 Residue Plot 按钮，将剩余误差制图，并将剩余误差数据显示在 Worksheet 窗口中。

Other Option 组中，单击 Fit Curve Options 按钮，生成 Worksheet 窗口，输出拟合过程中的各种参数，包括参数名称、数值、误差、上下限等；单击 Var-Cov Matrix 按钮，输出变量协方差矩阵；单击 Paste Parameters to Plot 按钮，把拟合结果输出到 Graph 窗口的标签中；单击 Display Parameters in Results Log 按钮，在 Results Log 中输出拟合结果。

Calculate 组，高级工具支持多重变量，选择了多重变量后，可以从 Dep. Var. 下拉列表中选择变量的名称；通过 Find X 和 Find Y 按钮及其相应的文本框可以通过给定的自变量找到对应因变量，也可以通过因变量找到对应的自变量。

9）Replicas 对话框

Replicas 对话框可以实现 Lorentzian、Gaussian 等允许多峰拟合进行的函数实现其功能。选择命令 Options｜Replicas 或单击命令按钮 ，即可打开 Replicas 对话框（图 2-114）。要判断哪个函数允许多峰拟合，选中该函数，命令按钮 处于激活状态，则该函数允许多峰拟合。

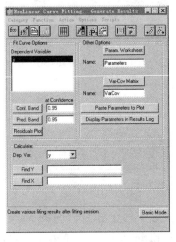

图 2-113　Generate Results 对话框

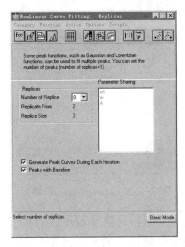

图 2-114　Replicas 对话框

该对话框是通过复制 Origin 内置函数完成多峰拟合的，不仅可以设置拟合峰的个数，还可以设置不同峰各自的参数，其各部分功能介绍如下：

① 在 Number of Replicas 列表中选择函数拟合峰要复制的个数，如果想拟合 n 个峰，选择 n-1。Replicate From 数值表示多峰拟合过程中开始复制哪个参数，如 Replicate From 数值为 2，例如 Gaussian 函数中的参数依次为 y0、xc、w 和 A，那么从第二个参数 xc 开始复制，所有的拟合峰都有同样的参数 y0。Replica Size 是需要复制的参数个数，具体显示在 Parameter Sharing 列表中。

② Parameter Sharing 列表中显示了需要替代的参数，如果几个拟合峰具有相同的参数，在该参数上双击鼠标，使其后面带有 Shared 标记。

③ 选中 Generate Peak Curves During Each Iteration 复选框，每次拟合迭代后显示曲线。

④ 选中 Peaks with Baseline 复选框，所有的拟合峰具有相同的基线。

（3）自定义函数拟合

Origin 允许用户使用 NLFS 拟合工具高级模式自定义函数，定义后的函数就出现在拟合向导中供选择，下面具体介绍自定义函数拟合的步骤和操作。

1）自定义拟合函数

① 选择 NLSF 菜单命令 Category | New，在弹出的文本框中添入 New category，新建函数类别，New category 出现在 Categories 列表中；

② 选择 NLSF 菜单命令 Function | New 或单击命令按钮 ，打开 Define New Function 对话框（图 2-115）；

③ 在 Name 文本框中输入新建函数名称，例如 My function；

④ 选中 User Defined Param. Names 复选框，Number of Parameters 处于不激活状态，在 Parameter Names 文本框中键入函数所涉及的参数名称，在 Definitions 文本框中输入自定义函数，Independent Var. 和 Dependent Var. 文本框中的变量不变；

⑤ 选中 Use Origin C 复选框，单击 Edit in Code Builder 按钮，打开 Code Builder，在编辑窗口中自动出现自定义函数，单击 Compile 按钮后看到"Done!"说明函数通过编译，单击 Return to NLSF 按钮返回 Define New Function 对话框。

需要注意的是：如果不选 Use Origin C 复选框，激活 Form 下拉列表，只能在 Definitions 文本框中定义函数，Form 下拉列表中有 Expression、Y-Script 和 Equations 三个选项：①Expression 只允许有一个因变量；②Y-Script 使用 LabTalk 定义函数；③Equations 适合于表达多个因变量，每个表达式分行表示，不允许循环或 if-else 结构。

⑥ 单击 Save 按钮保存函数，定义的函数就会出现在 Select Function 对话框的 New category 类别中。

2）选择拟合数据组

打开 Select Dataset 对话框，选择拟合的数据组。

3）初始化参数

对新建函数的参数进行初始化，选择命令 Scripts | Parameter Initialization 或单击按钮 ，打开 NLSF 的 Parameter Initializations 对话框（图 2-116）设定初始参数，参数的设置过程如下：① 在参数设置文本框中输入初始参数；② 选中 Use Origin C 复选框，单击 Edit in Code Builder 打开 Code Builder，单击 Compile 按钮后看到"Done!"，说明参数通过编译，单击 Return to NLSF 按钮返回 Parameter Initialization 对话框；③ 选择命令 Function | Save，保存参数

设置；④ 单击 Execute 按钮，输出初始化参数。

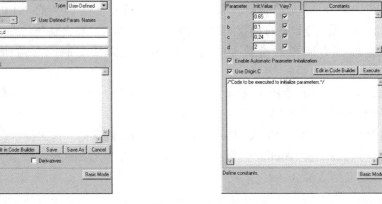

图 2-115　Define New Function/ Edit Function 对话框　　图 2-116　Parameter Initializations 对话框

4）曲线模拟

Simulate Curves 对话框可以帮助用户选择合适的初始值。选择命令 Action | Simulate 或单击命令按钮 ，打开 Simulate Curves 对话框（图 2-117），这里自动显示了函数的初始化参数。

1）Func Dataset Name 文本框中显示了将要生成的拟合数据组名称，Dependent Variables 文本框中显示了因变量。如果因变量多于一个，可以从中选择进行模拟。

2）在 Parameter 组中输入参数，单击 Create Curve 按钮生成曲线，同时生成名称为 Myfunctionn-Myfunction fit of B 的数据组，如果不理想，可以更改。单击 ＜ 或 ＞ 按钮，可以浏览本次设置之前或之后设置的参数。

3）Begin/End 组用于设置拟合曲线的特征，所有自变量都出现在这里，在 Begin/End 中设置拟合曲线的上下限，在#Point 文本框中输入拟合曲线的点数，如果自变量多于一个，#Point 中对不同的自变量都相同。

4）单击 Create Curve 按钮，生成曲线，观察确定选择的初始参数是否合适。

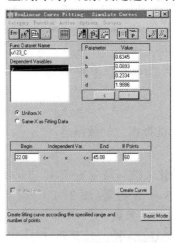

图 2-117　Simulate Curves 对话框

5）曲线拟合

打开 Fitting Session 对话框，在参数对话框中出现迭代的初始值，单击 50 Inter. 按钮，直到迭代后的参数不变。

6）输出拟合结果

选择命令 Action | Results 或单击命令按钮![按钮]，打开 Generate Results 对话框，得到各个拟合阶段的结果数据工作表窗口，包括：

① NLSF 工作表窗口

拟合后显示拟合曲线数据，如果自变量和原数据组一一对应，显示在原数据组的后面，如果不对应，生成新 NLSF Worksheet 窗口显示数据，该设置在 After Fitting 对话框中进行。Fit Curve Options 组中，分别单击 Conf. Band、Pred. Band 和 Residue Plot 按钮，生成置信带曲线/预测带曲线和剩余误差曲线，并在 NLSF Worksheet 中输出曲线数据。

② 参数工作表窗口

单击 Param. Worksheet 按钮，生成名为 Parameters 的工作表窗口，保存拟合过程中涉及的各参数值，包括参数的名称、数值、误差值、Vary（拟合过程中可变－floating、不变－Fixed）、Llimit（下置信度）和 Ulimit（上置信度）等参数，还包括 Chi＾2/DoF、SSR 和 Correlation 等。

③ Var-Cov Matrix

在 Var-Cov Matrix 按钮后的文本框内输入窗口名称，单击生成方差－协方程矩阵（Variance-Covariance Matrix），

④ Results Log 窗口

Results Log 窗口不可编辑，单击 Display Parameters in Results Log 按钮，在 Results Log 窗口中显示拟合后的主要参数，包括日期、数据组、函数名称、参数值等。

⑤ Graph 窗口

Graph 窗口显示拟合结果以及拟合曲线和其他曲线，如模拟曲线、误差曲线和置信度曲线等，此外还会自动添加包含拟合结果参数的文本框。

2.2.5.3 拟合向导

Origin 还提供了 NLFS 拟合向导工具，该工具提供了 NLFS 高级模式中的所有选项，操作简单。使用 NLFS 拟合向导拟合曲线过程为：

（1）激活 Graph 窗口，选择菜单命令 Analysis | Nonlinear Curve Fit | Fitting Wizard，打开 NLFS 拟合向导的 Select Data 页面，在向导中自动选中激活的曲线数据；

（2）单击 Next 按钮进入 Select Function 页面，从 Category 列表中选中 Origin Basic Function，从 Function 列表中选中拟合函数，例如 Boltzmann；

（3）单击 Next 按钮进入 Weighing 页面，函数权重选择 None；

（4）单击 Next 按钮进入 Fitting Control 页面，单击 50 Inter. 按钮进行迭代拟合，直到函数收敛；

（5）单击 Next 按钮进入 Results 页面（图 2-118），选择要输出的结果；

（6）单击 Finihsed 按钮完成拟合，Origin 在 Graph 窗口中输出拟合曲线；

（7）NLFS 拟合向导窗口右下角按钮的功能介绍如下：![按钮]放大向导中的 Graph 图形，其他工具只有在放大后才激活；![按钮]将放大后的图形返回到本次放大前的形状；![箭头按钮]左右上下滚动放大后的图形；![按钮]返回到图形的初始状态；![按钮]打开对话框设置拟合初始参数值；

143

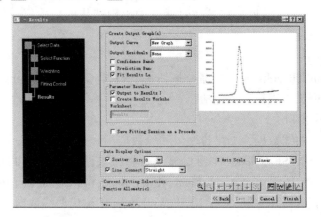
显示剩余误差图；显示置信度；显示预测度。

图 2-118　NLFS 拟合向导的 Results 页面

2.2.6　数据分析

2.2.6.1　高级数学运算

（1）插值

插值是指在当前激活数据曲线的数据点之间或之外利用某种算法估算出新的数据点，包括内插值和外插值两种。

激活 Graph 窗口，选中数据曲线 D，选择菜单命令 Analysis｜Interpolate/ Extrapolate，打开 Make Interpolated Curve from Data1_ B 对话框（图 2-119），分别在 Make Curve Xmin 和 Make Curve Xmax 文本框中输入插值运算时 X 的最小值和最大值（默认的值为当前数据曲线的最小和最大值），这里选择的 X 值超出了曲线的范围，Origin 进行外插运算。

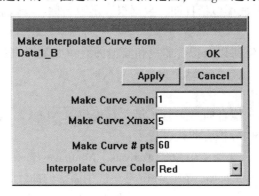

图 2-119　插值选项对话框

在 Make Curve # Points 文本框中输入插值曲线的点数 300，在 Interpolate Curve Color 下拉列表中选择插值曲线的颜色为 Red。

单击 Apply 按钮，预览当前设置的插值曲线，然后单击 OK 按钮输出插值结果，完成插值运算。

（2）微分

数据曲线的一阶微分处理过程为：选中 Graph 窗口中的曲线 Data1_ B，选择菜单命令 Analysis｜Calculus｜Differentiate，计算出曲线各点的导数值，根据 DERIV. OTP 模板绘制出微分曲线，其数值保存在名称为 Derivative1-Derivative of Data1_ B 的 Worksheet 中，并生成

144

一个名称为 DerivPlot1-Derivative of Data1_ B 的 Graph 窗口。

计算二阶微分的一个简单的办法是激活一阶微分窗口，再进行一次微分，但是也可以直接进行二次微分，其处理过程为：选中曲线 B，选择菜单命令 Analysis｜Calculus｜Diff/Smooth，打开 Smoothing 对话框(图 2-120)，在 Polynomial Order 文本框中指定多项式的阶，在 Points to the Left 和 Points to the Right 文本框中选择平滑的点数，单击 OK 按钮。如果指定 Polynomial Order 大于 2，打开 Derivatives On Data1_ B 对话框(图 2-121)，在指定 Order of Derivative 中指定微分的阶为 2，单击 OK 按钮绘制出微分曲线。

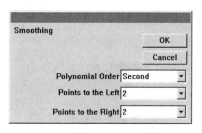

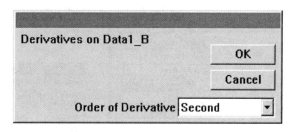

图 2-120　Smoothing 对话框　　　　　图 2-121　Derivatives On Data1_ B 对话框

（3）积分

数值积分的功能操作如下：选中曲线 B，选择菜单命令 Analysis｜Calculus｜Integrate，Origin 根据梯形法则计算曲线到基线(y=0)的积分值，将积分曲线绘制在 IntegPlot1-Integral of Data1_ B 中，并在 Result Log 窗口给出积分结果，数据保存在隐藏的 Integral1 中。

2.2.6.2　基线和峰值分析

（1）拾取峰工具

激活 Graph 窗口时，可以使用拾取峰工具(Pick Peaks)来寻找曲线的峰值，并标注在曲线上。具体操作过程为：

① 激活 Graph 窗口，选中数据曲线 B，选择菜单命令 Tools｜Pick Peaks，打开 Pick Peaks 工具框(图 2-122)。

② 在 Pick Peaks 组选中 Positive，只寻找正峰，即方向朝上的峰。

③ 在 Search Rectangle 组中设置搜索矩形框参数，Width 文本框中输入 3；Height 文本框中输入 4。

图 2-122　Pick Peaks 工具框

④ 在 Minimum Height 文本框中指定峰值的最小高度为 5。

⑤ 在 Display Options 组中，选中 Show Center 和 Show Label 复选框，在 Graph 窗口中标注峰值的中心位置，并显示峰值的横坐标。

⑥ 单击 Find Peaks 按钮，Origin 根据设置自动找到峰值点，标注在数据曲线上。

（2）基线工具

分析峰的积分面积时基线工具非常有用，该工具除了可以得到峰到基线或到 X 轴的积分面积外，还具有拾取峰、获得峰的宽度以及基线数据的功能。

基线工具的操作过程为：激活 Graph 窗口，选择菜单命令 Tools｜Baseline，打开 Baseline 对话框（图 2-123），出现 Baseline、Peaks 和 Area 三个选项卡。设置 Baseline 对话框后单击 Create Baseline 按钮，单击 Modify 按钮进行修改后生成基线。单击 Peaks 标签，完成设置后单击 Find Peaks 按钮，Origin 自动寻峰后在 Graph 窗口中显示峰位，并将峰值保存在一个隐藏的名称为 BsPeak1 的 Worksheet 中。单击 Area 标签，完成设置后，单击 Use Baseline 按钮计算积分面积，在 Graph 窗口中绘制积分曲线，并在 Worksheet 窗口数据列后面保存积分曲线数据，同时在 Results Log 窗口中输出积分结果，包括积分面积、中心和高度。

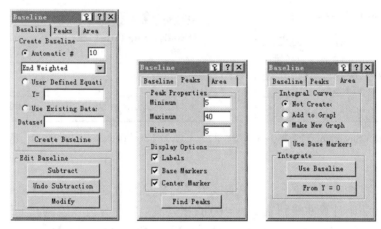

图 2-123　Baseline 工具的 Baseline、Peaks 和 Area 选项卡

下面分别介绍 Baseline、Peaks 和 Area 三个选项卡的设置方法。

1）Baseline 选项卡

Baseline 选项卡用于设置基线参数，以找到最佳基线。

Create Baseline 提供了三种创建基线方式：

① 选择 Automatic 复选框，在后面的#Pts 文本框中输入基线的点数，Origin 根据设置的方式计算基线，有四种基线计算方法：①End weighted：首先确定两边的端点，将原始数据两端 1/8 处的数据作为基线两端的坐标，然后使用相邻平均法（Adjacent Averaging）得到平滑数据组，最后根据平滑数据组和端点数据使用内插法确定基线数据组；②Entire Data w/ o Smooth：使用相邻平均法得到平滑数据组，根据平滑数据组和原始数据组使用内插法确定基线数据组；③Entire Data w/ Smooth：用 Savitzky-Golay 滤波器平滑原始数据，然后用 Entire Data w/ Smooth 运算法则确定基线；④Positive Peak Algorithm：假定只有正峰，先确定正峰的基线，再将每个峰的基线连接起来构成曲线的基线。

② 选中 User-Defined Equation 复选框，在相应的文本框中输入基线方程，单击 Create Baseline 按钮，根据基线方程生成基线；

③ 如果已经生成了基线，选中 Existing Data Set 复选框，在相应的文本框中输入基线数据组名称，单击 Create Baseline 按钮生成基线。

Edit Baseline 组中有三种方法编辑基线：

① 单击 Subtract 命令按钮，用数据曲线减去基线；② 单击 Undo Subtraction 命令按钮，撤销相减操作；③ 单击 Modify 命令按钮，启动 Data Reader 工具，用鼠标拖动基线上的数据点或使用上下左右键，实现对基线的修改，同时 Worksheet 数据作相应的修改。

2）Peaks 选项卡

Peaks 选项卡各部分的功能介绍如下：

① Peak Properties 组中，Minimum Width 和 Maximun Width 中的数字为 X 值范围的百分数，峰必须落在这个范围里面，Minimum Height 文本框中的数字为 Y 值范围的百分数，此值越小可能获得的峰越多。

② Display Options 组中，选中 Labels、Base Markers 和 Center Markers 分别显示峰的中心的横坐标值、标记峰的边缘和峰的中心。

3）Area 选项卡

Area 工具主要用于计算数据曲线对基线或对 X 轴的积分面积，其各部分的功能介绍如下：

① Integral Curve：设置积分曲线的显示方式：选中 Not Created 复选框，不显示积分曲线；选中 Add to Graph 复选框，在 Graph 窗口中绘制积分曲线；选中 Make New Graph 复选框，在新 Graph 窗口中绘制积分曲线。

② Use Base Markers：选中该复选框，只对峰边缘里面的部分积分，在 Integral Curve 组中的几个复选框处于不激活状态。

③ Integrate：单击 Use Baseline 按钮计算数据曲线和基线之间的积分面积；单击 From Y = 0 命令按钮计算数据曲线和 X 轴之间的积分面积。

2.2.6.3 快速傅里叶变换(FFT)

Origin 可以通过 FFT 工具方便地进行 FFT 计算。首先要在 Worksheet 窗口中选中数据，或在 Graph 窗口中选择数据曲线，然后选择菜单命令 Analysis | FFT，打开 FFT 工具。FFT 工具包括两个选项卡：Operation 和 Settings，如图 2-124 所示，其功能介绍如下。

1）Operation 选项卡

Operation 选项卡的功能介绍如下：

① FFT：选中 Forward 复选框进行正 FFT 运算，选中 Backward 复选框进行逆 FFT 运算。

② Spectrum：选中 Amplitude 复选框生成 Amplitude(幅度、线性坐标)和 Phase(相位)谱，选中 Power 复选框生成 Power(幅度、对数坐标)和 Phase(相位)谱。

2）Settings 选项卡

Settings 选项卡的功能介绍如下：

① Sampling：输入提供时间或频率信息的数据列，默认情况下是选定数据组或曲线对应的 X 数据列。

② Real：输入进行 FFT 计算的实分量，默认值为选定的 Y 数据组或曲线的 Y 列。

③ Imaginary：输入 FFT 复数计算的虚分量，如果为空，则做实 FFT 计算。

④ Sampling Interval：输入 FFT 计算的时间或频率间隔。

⑤ Window Method：包含几种 FFT 运算用的窗函数，包括 Rectangular、Welch、Hanning、Hamming 和 Blackman 窗函数。

⑥ Output Options：①选中 Normalize Amplitude 复选框，对幅度规格化，即将 FFT 结果分成 AC 和 DC 两个部分，DC 分量除以 2 即为数据组的平均值；②选中 Shift Results 复选框，在 $-f_{max}/\sim f_{max}/2$ 相位范围只显示正相位部分 $0 \sim f_{max}/2$；清除该复选框，则显示整个相位 $0 \sim f_{max}$；③选中 UnWrap Phase 复选框，保持原始相位数据，清除则将相位转换到 $-180 \sim +180°$ 内。

⑦ Exponential Phase Factor：设置 FFT 运算的指数相位因子，Science 选择为 +1，

Electrical Engineering 选择为-1，二者得到的实分量相同，虚分量相位相反。

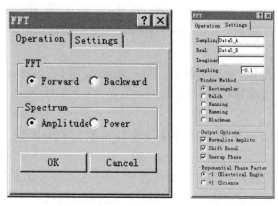

图 2-124　FFT 工具的 Operation 和 Settings 选项卡

3）FFT 运算

FFT 运算的操作过程为：激活 Graph 窗口，选择菜单命令 Analysis｜FFT，打开 FFT 工具进行设置，例如将 Data1_ A 设置为时间量，将 Data1_ D 设置为实分量，采样间隔设置为0.1，选中 Rectangular 窗函数，取消 Normalize Amplitude 和 Shift Results 复选框的选择，指数相位因子设置为1，单击 Operation 选项卡中的 OK 按钮进行 FFT 计算。

Origin 计算的结果包括频谱图、FFT Worksheet 数据结果和 Results Log 结果。

① 频谱图（FFTPower n）：该 Graph 窗口包括两层，上面层为相位谱，下面层为幅度谱。

② FFT worksheet 窗口包括频率（Freq）、变换数据的实分量（Real）、虚分量（Imag）、幅值（r）、相位（Phi）及功率（Power）六列数据。

③ 在 Results Log 窗口中输出原始数据的点数和实际 FFT 运算的点数。

2.2.6.4　数据的平滑和滤波

（1）平滑

平滑可以通过菜单命令 Analysis｜Smoothing 或者平滑工具 Tools｜Smooth 实现，下面分别进行介绍。

1）菜单命令

通过菜单命令实现平滑的具体方法包括三种：相邻平均法（Adjacent Averaging）、Savitzky-Golay 滤波器平滑法以及 FFT 滤波器平滑，分别介绍如下。

① 相邻平均法平滑

相邻平均法是对指定点数的近邻数据求平均，参数为 Enter Number of Points 文本框中的数据点数，默认值为5。具体方法为：激活待平滑数据曲线的 Graph 窗口，选择菜单命令 Analysis｜Smoothing｜Adjacent Averaging，打开 Smoothing 对话框，使用 Enter Number of Points 文本框中的默认平均点数5，单击 OK 按钮得到平滑曲线。

② Savitzky-Golay 滤波器平滑

Savitzky-Golay 滤波器是对每个数据点应用局部多元回归算法，计算出平滑后的值，需要三个参数，即多项式的阶、左侧点数和右侧点数。这种方法尽量保持原始曲线的特征，如峰高度和宽度，所以优于相邻平均法。具体方法为：激活待平滑数据曲线的 Graph 窗口，选择菜单命令 Analysis｜Smoothing｜Savitzky-Golay 打开 Smoothing 对话框，保持 Polynomial Order 中的阶为2，Points to the Left 和 Points to the Right 下拉列表中的平滑点数为2，单击

148

OK 按钮得到平滑曲线。

③ FFT 滤波器平滑

这种方法是对数据做 FFT，去除频率高于 $1/n\Delta t$ 的高频成分，达到平滑的目的，其中 n 是 FFT 的数据点数，Δt 是相邻两个数据点之间的时间间隔。具体方法为：激活待平滑数据曲线的 Graph 窗口，选择菜单命令 Analysis｜Smoothing｜FFT Filter 打开 Smoothing 对话框，使用默认平均点数 5，单击 OK 按钮得到平滑曲线。

2）平滑工具

平滑工具将三种平滑方法集中在一个对话框内，使用灵活方便，操作简单。具体操作方法为：激活 Graph 窗口，选择菜单命令 Tools｜Smooth，打开 Smoothing 对话框，该对话框包含 Operations 和 Settings 两个选项卡。在 Operations 选项卡中单击不同类型的平滑方法按钮进行相应的平滑，在 Setting 标签中除了提供的上面介绍过的所有功能外，还有一个 Results 组，可以对平滑处理后的曲线数据存储方式进行设置：选中 Replace Original 复选框，平滑处理后的曲线数据存入原 Worksheet 内，覆盖原数据；选中 Create Worksheet 复选框，平滑处理后的曲线数据存入新建 Worksheet 中。

（2）数字滤波

Fourier 转换数字滤波器一共有 5 种：低通（Low pass）、高通（High pass）、带通（Band pass）、带阻（Band block）和阈值（Threshold）滤波器。

① 低通和高通滤波

低通滤波器只允许低频部分通过，高通滤波器只允许高频部分通过，分别用来消除高频和低频部分噪声。

低通滤波的操作方法为：激活待处理数据曲线的 Graph 图形，选择菜单命令 Analysis｜FFT Filter｜Low Pass，打开 Frequency Cutoff 对话框，保持默认截止频率 0.4，单击 OK 按钮实现低通数字过滤运算，过滤高于截止频率部分。

滤波后的曲线绘制在 Graph 窗口中，也可以通过 Graph 工具条上的 Extract to Layers 按钮 🖻，把滤波后的曲线绘制到不同的图层中。数据保存在一个名称为 FFTfiltern 的隐藏的 Worksheet 窗口中。

高通滤波的操作方法为：激活 Graph 图形，选择菜单命令 Analysis｜FFT Filter｜High Pass，打开 Frequency Cutoff 对话框，选中 Apply F0 Offset 复选框，给高频部分叠加一个直流 F0，以将其和原始数据显示在一个相近的数据范围内，单击 OK 按钮实现高通数字过滤运算，过滤低于截止频率部分。

② 带通、带阻滤波

带通滤波器用来消除特定频带以外的噪声，带阻滤波器用来消除特定频带以内的频率成分。带通和带阻滤波的参数为上限截止频率（High Cutoff Frequency，Fh）和下限截止频率（Low Cutoff Frequency，Fl），默认的计算方式分别为 Fh = 20 * (1/period) 和 Fl = 10 * (1/period)，period 是 X 数据组范围。

带通滤波的操作方法为：激活待处理数据曲线的 Graph 窗口，选择菜单命令 Analysis｜FFT Filter｜Band Pass 打开截止频率对话框，设置上、下限截止频率等后单击 OK 按钮，Origin 进行带通运算，把数据保存在隐藏的 Worksheet 窗口中，同时在 Graph 窗口中绘制出滤波后的曲线。

带阻滤波的操作方法为：激活 Graph 窗口，选择菜单命令 Analysis｜FFT Filter｜Band

Block，打开截止频率对话框，进行设置，单击 OK 按钮进行带阻运算。

③ 阈值滤波

阈值滤波器用来消除数据曲线中 FFT 幅度谱低于某个指定阈值的频率成分，操作方法为：激活待处理数据曲线的 Graph 窗口，选择菜单命令 Analysis｜FFT Filter｜Threshold；拖动阈值水平线到合适的位置或直接在 Threshold 文本框中输入阈值 10000；单击 Filter threshold 命令按钮，进行阈值滤波运算。

2.3　3ds Max 软件

2.3.1　认识 3ds Max

3D Studio Max，常简称为 3d Max 或 3ds Max，是 Discreet 公司开发的（后被 Autodesk 公司合并）基于 PC 系统的三维动画渲染和制作软件。其前身是基于 DOS 操作系统的 3D Studio 系列软件。3ds Max 自问世以来，凭借其强大的规模、材质、动画等功能和人性化的操作方式，被广泛用于多个行业领域，比如建筑、工业、影视、游戏、多媒体制作、广告等领域，在行业中拥有庞大的用户群，受到国内外设计师和三维爱好者的青睐。

2.3.1.1　3ds Max 的应用领域

3ds Max 是目前世界上应用领域最广的三维制作软件。无论行业需求如何，3ds Max 工具都能给工作人员带来极富灵感的设计体验。

（1）影视动画

随着 3D 技术的发展，3D 元素被越来越多地应用到电影和动画作品中。在影视作品中，不仅利用 3ds Max 可以制作风格迥异的卡通形象，更能够用来完成真实世界中无法完成或实现的特效，甚至制作大型的虚拟场景，如图 2-125 所示。3ds Max 软件也向着智能化、多元化方向发展。

图 2-125　电影场景

（2）游戏

游戏行业一直是 3D 技术应用的先驱型行业，随着网络和硬件技术的发展，从电脑平台到手机平台，用户对 3D 游戏的视觉体验要求越来越高。从校色到道具，再到场景，这些 3D 效果的背后都少不了 3ds Max 的身影，如图 2-126 所示。

（3）建筑设计

随着数字技术的普及，建筑设计行业对于效果制作的要求越来越高，大量优秀的规划师和设计师都将 3ds Max 用作建筑效果图的设计和表现工具。通过 3ds Max 来诠释设计作品，可产生更加强烈的视觉冲击效果，如图 2-127 所示。

图 2-126 游戏场景

图 2-127 建筑效果图

（4）室内设计

3ds Max 最常用于室内设计，其强大的渲染功能可使室内效果图更加逼真，如图 2-128 所示。

图 2-128 室内设计图

（5）工业产品造型设计

随着经济的发展，产品的功能性已经不是吸引消费者的唯一要素，产品的外观在很大程度上也能够提升消费者的好感度。因此，产品造型设计逐渐成为近年来的热门行业，使用 3ds Max 可以为产品制作宣传动画，大大提升了产品造型展示的效果和视觉冲击力，如图 2-129 所示。

图 2-129　汽车

2.3.1.2　3ds Max 2018 的安装流程

第一步：下载 3ds Max 2018 的安装程序，然后双击运行安装程序，出现解压页面，默认解压到 C 盘，如果不想解压到默认文件夹，可点击更改。

第二步：解压完成后会出现如图 2-130 所示的页面，点击安装。

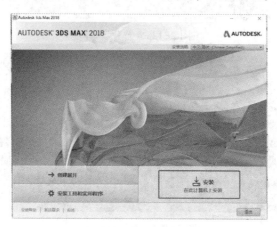

图 2-130　安装页面

第三步：选择"我接受"，然后点击下一步。

第四步：默认安装路径在 C 盘，点击浏览可换成自己想安装的路径，然后点击安装，如图 2-131 所示。

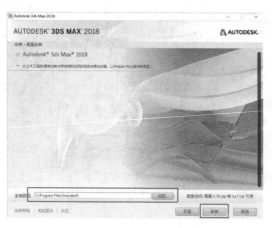

图 2-131　安装路径

第五步：安装完成，点击右上角关掉页面，如图 2-132 所示。

2.3.1.3　3ds Max 的工作界面

成功安装 3ds Max 之后，双击 3ds Max 图标打开 3ds Max 软件，会弹出一个欢迎窗口，可以单击右上角关闭按钮关闭。

打开 3ds Max 2018 之后，可以看到默认的用户主界面，下面简单介绍用户主界面（图 2-133）。

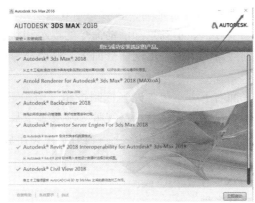

图 2-132　安装完成

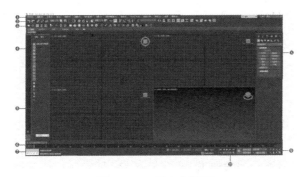

图 2-133　用户主界面

（1）菜单栏：位于主窗口标题栏的下面。包含文件、编辑、工具、图表编辑器、渲染等常用的功能命令。其中，【编辑】菜单：主要用于执行常规选择和编辑对象；【工具】菜单：包含工具行的重复命令；【组】菜单：包含组合对象的命令；【视图】菜单：包含视图显示属性的相关命令；【创建】菜单：包含创建的相关命令；【修改器】菜单：包含修改对象的命令；【动画】菜单：包含约束、变换控制器等命令；【图形编辑器】菜单：包含轨迹视图和图解视图等命令，也可添加同步音轨；【渲染】菜单：可进行环境设置，调整渲染场景、渲染效果；【自定义】菜单：主要用于自定义 3ds Max 的用户界面；【MAXScript】菜单：主要用于脚本操作；【帮助】菜单：主要用于用户查询相关工具的使用方法。

（2）主功能区：位于界面上方，以图标形式排列，是软件中较为常用的工具，包含了选择系列工具、捕捉系列工具等最常用的重要操作工具。若软件安装了 V-Ray 渲染器，3ds Max 软件启动后，除显示原有的"视图布局选项卡"工具以外，还会显示"V-Ray Toolbar"工具条，可以根据用户需要选择关闭或调出，方法是在任意工具条的空白处点鼠标右键，在弹出的菜单里进行勾除或勾选。

（3）切换功能区（石墨工作区）：包含一组工具，可用于建模、绘制到场景中以及添加人物。

（4）视口布局：可以从多个角度显示场景，并预览照明、阴影、景深和其他效果，可呈现四视图显示，默认的视图显示分别为"顶视图""前视图""左视图""透视图"。可将鼠标放

153

在视图边界处，按住左键拖动鼠标来调整边界大小。

（5）场景管理器：可进行几何体、灯光、辅助对象、摄影机等对象的显示控制设置。

（6）关键帧（动画）时间滑块：位于视图下方，用于记录动画的时间单位，默认的时间设置为 100 帧，速率为 25 帧/s。可进行拖动，查看动画效果。

（7）状态栏：位于视图下方，显示场景和活动命令的提示和状态信息。

（8）命令面板：包含创建命令面板、运动命令面板、修改命令面板、层次命令面板、显示命令面板和工具命令面板。

（9）视口导航：位于界面右下方，包含许多控制按钮，用户可控制视图中对象的显示，包含缩放、最大化显示、所有视图最大化显示、视野、平移等工具。

（10）播放工具：用于控制动画的播放与停止，类似于视频播放软件中的功能键。

2.3.1.4　3ds Max 的基本操作

（1）新建场景

创建新场景文件的方法有多种：

① 启动 3ds Max 2018 软件后，系统会自动创建一个全新的、名为"无标题"的场景文件；

② 通过选择"文件"→"新建"菜单创建新的场景文件。通过此方法创建的场景文件会保留原场景的界面设置等参数。

③ 通过选择"文件"→"重置"菜单创建新的场景文件，此时创建的场景文件与启动 3ds Max 2018 时创建的场景文件完全相同。

（2）保存场景

对于已做过保存的场景，只需选择"文件"→"保存"菜单，系统会将其保存到以前的文件中。

对于没有保存过的场景，则会弹出"文件另存为"对话框，从对话框的"保存在"下拉列表中选择文件保存的位置，并在"文件名"文本框中输入文件的名称，然后单击"保存"按钮就完成了新场景的保存，如图 2-134 所示。

图 2-134　新场景的保存

2.3.2　几何体建模

本部分主要学习创建标准基本体、扩展基本体等简单模型的创建，并且通过对多种几何体的修改加工实现指定模型的创建，比如桌椅、板凳等。

2.3.2.1　创建标准基本体

建模是指使用 3ds Max 相应的技术手段建立模型的过程。建模是使用 3ds Max 创作作品的第一步，作品有了模型就可以对其进行材质、贴图等设置，围绕模型进行灯光设计、渲染设置，甚至设置动画等。模型是创作的基础，由此可见建模的重要性。

（1）创建长方体

长方体是 3ds Max 最基本的几何体，点击 ![+] 进入创建命令面板，单击 ![O] 按钮，在按钮下方的下拉菜单中选择"标准基本体"。单击"对象类型"卷展栏，选择长方体，把鼠标放在顶视图中，当鼠标变为十字光标后，按下鼠标左键，并拖动鼠标画出一个矩形，然后松开鼠标左键并向上或向下拖动鼠标，结合透视图观察，确定长方体高度后单击左键完成创建。如图 2-135 和 2-136 所示。

图 2-135 "标准基本体"卷展栏

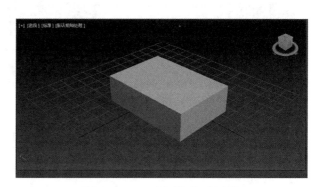

图 2-136 "对象类型"卷展栏

长方体的参数设置如图 2-137 所示。

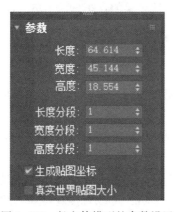

图 2-137 长方体模型的参数设置

① 名称和颜色：在"名称和颜色"对话框中输入 自定义的名字，按 Enter 键确定。单击命名框右边的颜色框，打开颜色对话框，通过选择不同的颜色可以改变模型的颜色。

② 创建方法：选择创建模型的类型，立方体或长方体。

③ 尺寸：在参数列表中，通过键盘输入模型的尺寸。

④ 通过单击或拖曳长度、宽度、高度来确定长方体三边的长度。其中长、宽和高：设置实际尺寸，方便操作；长度分段、宽度分段和高度分段：设置其长、宽和高的平滑度，数值越大物体表面越光滑，但是占用的内存也越大。

（2）创建球体

球体是用于创建一个表面有许多四边形面片组成的基本球体，通过参数可以进行调节设置，如图 2-138 所示。

球体的参数设置如图 2-139 所示。

图 2-138　球体模型　　　　　　　　　　　　　图 2-139　球体模型的参数设置

1）创建方法：边是指从球体的侧边拖拽出球体的直径；中心是指从球体的中心拖拽出球体，得到的参数是球体的半径。

2）参数：

① 半径：半径大小。

② 分段/平滑：球体的分段数，控制球体的光滑效果。

③ 半球：半球为 0 时，球体是完整的；半球为 0.5，球体是一半。越接近 1 半球越小，越接近 0 半球越大。

④ 切除：随着半球的减小，半球上的线段也切除，半球光滑度不变。

⑤ 挤压：随着半球的减小，半球光滑度逐渐增加。

⑥ 切片启用：控制造型的完整性，勾选该选项，才可以使用切片功能，使用该功能可以制作一部分球体效果。

⑦ 轴心在底部：勾选该选项可以将模型的轴心设置在模型的最底端。

（3）创建几何球体

"几何球体"用于创建以三角形面拼接而成的球体或半球体，在默认情况下外观效果与"球体"无区别，当取消"平滑"选项后，可以直接观察到它们之间的差别，如图 2-140 所示。

图 2-140　几何球体模型

156

（4）创建圆柱体

圆柱体是指具有一定半径、一定高度的模型。常用圆柱体来模拟柱形物体，比如桌面、罗马柱等。点击"圆柱体"按钮，进行圆柱体创建，如图2-141所示。

圆柱体的参数设置如图2-142所示。

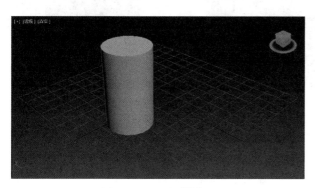

图2-141　圆柱体模型　　　　　　　　　　　图2-142　圆柱体模型的参数设置

（1）半径：设置圆柱体的半径大小。

（2）高度：设置圆柱体的高度。

（3）高度分段：用于调整圆柱体在纵向上的分段数。

（4）断面分段：用于调整圆柱体在断面上的分段数。

（5）边数：设置圆柱体在横向上的分段数，边数越多，模型越光滑。

（6）创建管状体

管状体是由外半径(半径1)和内半径(半径2)组成的模型，其横截面为圆形。使用【管状体】工具创建一个管状体，如图2-143所示。其主要参数如图2-144所示。

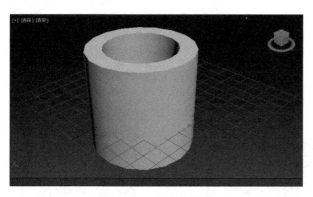

图2-143　管状体模型　　　　　　　　　　　图2-144　管状体模型参数设置

（7）圆环

圆环是由内半径(半径2)和外半径(半径1)组成的模型，其横截面为圆形，如图2-145所示。使用【圆环】工具创建一个圆环，其参数如图2-146所示。

157

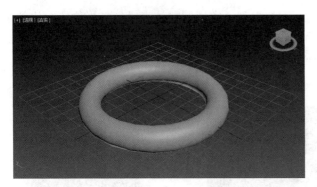

图 2-145　圆环模型

图 2-146　圆环模型参数设置

（8）四棱锥

四棱锥是由宽度、深度和高度组成，底部为四边形的锥状模型。使用【四棱锥】工具创建模型，如图 2-147 所示，其参数如图 2-148 所示。

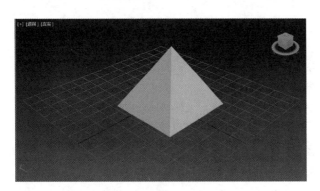

图 2-147　四棱锥模型

图 2-148　四棱锥模型参数设置

（9）圆锥体

圆锥体是由上半径(半径 2)和下半径(半径 1)及高度组成的模型。该模型可用来模拟路障、冰激凌等。使用【圆锥体】工具创建一个圆锥体，如图 2-149 所示。其参数如图 2-150所示。

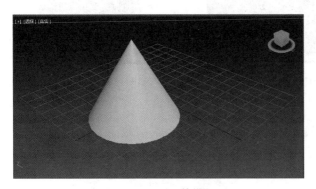

图 2-149　圆锥体模型

图 2-150　圆锥体模型参数设置

（10）茶壶

茶壶模型是由壶体、壶把、壶嘴、壶盖四部分组成。使用【茶壶】工具创建一个茶壶，如图2-151所示，其参数如图2-152所示。

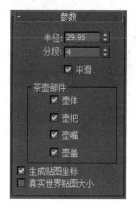

图2-151　茶壶模型　　　　　　　　　图2-152　茶壶模型参数设置

参数面板中的"壶体""壶把""壶嘴""壶盖"，分别控制茶壶的四大部分，取消选择时，被取消的部分将不会显示，如图2-153和2-154所示。

图2-153　取消壶把

图2-154　取消壶把、壶嘴

（11）平面

平面模型只有长度和宽度，可用来模拟纸张、背景、地面等。使用【平面】工具创建一个平面，如图2-155所示。其参数如图2-156所示。

图 2-155　平面模型　　　　　　　　　　　图 2-156　平面模型参数设置

2.3.2.2　扩展基本体

扩展基本体是标准基本体的延伸，包含异面体、环形结、切角长方体、切角圆柱体、油罐、胶囊、纺锤、L-Ext、球棱柱、C-Ext、环形波、软管和棱柱等 13 种模型，如图 2-157 所示。可帮助设计较为复杂的模型，本节只需要对这些类型有所了解。

图 2-157　扩展基本体类型

（1）异面体

在命令面板中，选择【异面体】命令，实现异面体的创建，如图 2-158 所示，其参数如图 2-159 所示。在参数面板的【系列】模块下，有五种异面体的类型，包括四面体、立方体/八面体、十二面体/二十面体、星形 1 和星形 2。图 2-158 为星形 1 效果。

（2）环形结

环形结模型可用于创建缠绕的复杂效果，主要用于创作抽象的模型。采用【环形结】命令创建一个环形结，如图 2-160 所示。

该环形结的主要参数如图 2-161 所示。通过调节【基础曲线】中的半径，可调节环形结的整体大小，调节【横截面】中的半径，可调节环形结的粗细。

160

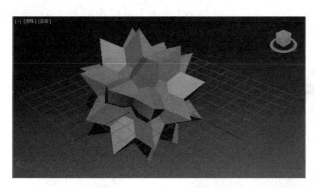

图 2-158　异面体模型　　　　　　　　图 2-159　异面体模型参数设置

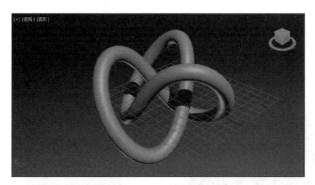

图 2-160　环形结模型　　　　　　　　图 2-161　环形结模型参数设置

（3）切角长方体

【切角长方体】是长方体模型的延伸，该命令可用于创建具有圆角的立方体或长方体模型，比如茶几、沙发等。执行【切角长方体】命令，创建如图 2-162 所示的模型。其参数如图 2-163 所示。可通过【参数】模块下的"圆角"选项，改变切角长方体的圆角大小。

图 2-162　切角长方体模型　　　　　　图 2-163　切角长方体模型参数设置

161

（4）切角圆柱体

【切角圆柱体】模型是圆柱体模型的延伸，采用该命令创建一个切角圆柱体，如图 2-164 所示。其参数如图 2-165 所示。其圆角大小可通过调整【参数】面板中的"圆角"命令实现。圆柱体的光滑程度可通过调整"边数"大小来调整，数值越大，圆柱体越光滑。

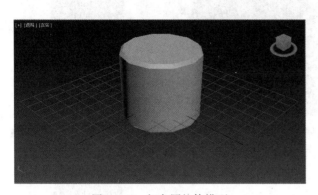

图 2-164　切角圆柱体模型　　　　　　　　图 2-165　切角圆柱体模型参数设置

（5）油罐

【油罐】命令可以创建具有凸面封口的圆柱体。利用该命令创建一个油罐模型，如图 2-166 所示，其参数如图 2-167 所示。

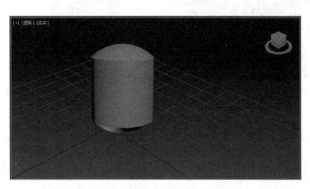

图 2-166　油罐模型　　　　　　　　　图 2-167　油罐模型参数设置

（6）胶囊

【胶囊】命令可以创建具有半球状封口的圆柱体，可用来模拟胶囊药物等。利用该命令创建一个胶囊模型，如图 2-168 所示。其具体参数如图 2-169 所示。模型的具体参数可通过面板中的"半径""高度"等进行调节。

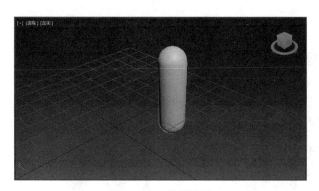

图 2-168　胶囊模型

图 2-169　胶囊模型参数设置

（7）纺锤

【纺锤】命令可创建两端封口为圆锥形的圆柱体。利用该命令创建一个纺锤模型，如图 2-170 所示。其具体参数如图 2-171 所示。

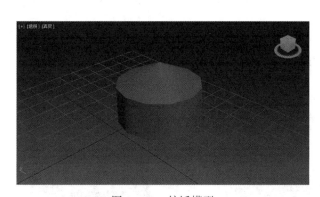

图 2-170　纺锤模型

图 2-171　纺锤模型参数设置

（8）L-Ext

【L-Ext】命令可以创建具有 L 形的模型，可用来模拟墙、迷宫等。采用该命令创建一个 L 模型，如图 2-172 所示。其参数如图 2-173 所示。

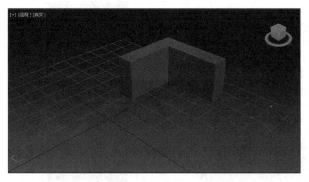

图 2-172　L 模型

图 2-173　L 模型参数设置

163

（9）C-Ext

【C-Ext】命令可以创建 C 型模型，该命令可以实现墙体的模拟。使用该命令创建如图 2-174所示的模型，其参数如图 2-175 所示。

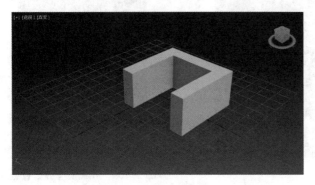

图 2-174　C 型模型　　　　　　　　　　　图 2-175　C 型模型参数设置

（10）球棱柱

【球棱柱】命令可创建具有不同边数的棱柱，可以是三面棱柱、五面棱柱、八面棱柱等，棱柱边数越多，越接近于圆柱体。使用【球棱柱】命令创建一个八面棱柱，如图 2-176 所示。其参数如图 2-177 所示。

图 2-176　八面棱柱模型　　　　　　　　　图 2-177　八面棱柱模型参数设置

（11）环形波

【环形波】命令主要用于创作具有环形波浪的模型，使用频率较低。使用该命令创建一个环形波模型，如图 2-178 所示。其主要参数如图 2-179 所示。

图 2-178　环形波模型　　　　　　　　　　图 2-179　环形波模型参数设置

（12）软管

【软管】命令用于创建具有管状结构的模型，可用来模拟饮料吸管。采用【软管】命令创建一个软管，如图 2-180 所示。其参数如图 2-181 所示。

图 2-180　软管模型　　　　　　　　图 2-181　软管模型参数设置

（13）棱柱

【棱柱】命令用来创建具有独立分段面的三面棱柱。采用【棱柱】命令创建如图 2-182 所示的三棱柱。其主要参数如图 2-183 所示。

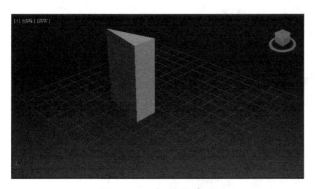

图 2-182　三棱柱模型　　　　　　　　图 2-183　三棱柱模型参数设置

2.3.2.3　门、窗、楼梯的创建

3ds Max 软件中配备了室内设计常用的模型，如门、窗、楼梯等，采用这些模型可以迅速创建相应的模型。

（1）门

3ds Max 软件中创建对象类型中有三种门，分别是枢轴门、推拉门和折叠门。

① 枢轴门

该模型用于创建一般样式的门。

② 推拉门

该模型可创建推拉样式的门。

③折叠门

该模型用于创建折叠样式的门。

图2-184为三种门的效果图。

三种门的参数设置区别不大，图2-185为枢轴门的基本参数。

图2-184　三种门的效果图

图2-185　枢轴门的基本参数

高度/宽度/深度：用于设置门的高度、宽度和深度。

打开：用于设置门的开合角度。

创建门框：用于设置是否创建外侧的门框。

厚度：用于设置门的厚度。

门挺/顶梁：用于设置顶部和两侧的镶框版的厚度。

底梁：用于设置门脚处的镶框版的厚度。

水平窗格数：用于镶板在水平/垂直方向上的数量。

镶板间距：用于设置镶板之间的间隔大小。

镶板：用于设定在门中创建镶板的方式，可选择不创建镶板或创建不带倒角的玻璃镶板。

● 厚度：玻璃镶板的厚度。

有倒角：用于选择是否创建有倒角的玻璃镶板。

● 倒角角度：是指门的外部平面和镶板平面之间的倒角角度。

● 厚度1：用于设置镶板的外部从起始处的厚度；

● 厚度2：用于设置镶板的倒角从起始处的厚度。

中间厚度：用于设置镶板内的面部分的厚度。

● 宽度1：用于设置倒角从起始处的宽度。

● 宽度2：用于设置倒角从镶板内的面部分的宽度。

（2）窗

3ds Max中有六种窗的模型，分别是遮篷式窗、固定窗、伸出式窗、平开窗、旋开窗和推拉窗。图2-186中从左至右分别是遮篷式窗、推拉窗和平开窗，其他三种类型的窗可根据相应模型画出，此处不再做展示。

遮篷式窗：用于创建具有一个或多个可在顶部转枢的窗框。

平开窗：用于创建拥有一个或两个转枢在侧面的窗框。

固定窗：用于创建关闭的窗永。

旋开窗：用于创建只有一个窗框，转枢在中间的模型，该模型可垂直或水平旋转打开。

伸出式窗：用于创建顶部窗框不能移动、底部的窗框可像遮篷式窗那样旋转打开的窗，可创建三个窗框。

推拉窗：用于创建两个窗框，一个固定，一个可不固定。

这六种窗的参数类型、设置相近，如图 2-187 所示。

图 2-186　遮篷式窗、推拉窗和平开窗

图 2-187　遮篷式窗的参数设置

高度/宽度/深度：用于设置窗户的高度、宽度和深度。

窗框：用于调整窗框的宽度和厚度。

玻璃：用于调整玻璃的厚度。

窗格：用于调整窗格的宽度、个数。

开窗：用于调整窗户的打开比例。

（3）楼梯

3ds Max 中给出了四种楼梯模型，分别为：直线楼梯、L 形楼梯、U 形楼梯和螺旋楼梯（图 2-188）。

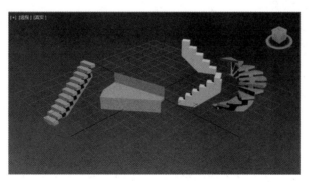
图 2-188　四种楼梯模型

注：从左至右依次为：直线楼梯、L 形楼梯、U 形楼梯和螺旋楼梯

直线楼梯：用于创建直线形的楼梯。

L 形楼梯：用于创建具有 L 形转折效果的楼梯。

U 形楼梯：用于创建中间有平台，两段平行的楼梯。

螺旋楼梯：用于创建螺旋状的旋转楼梯。

四种楼梯的设置参数类似，因此只在图 2-189 中列举了直线楼梯的设置参数。

图 2-189　直线楼梯参数设置

参数模块要用于设置楼梯的类型、布局、楼梯高度及台阶的相关参数。

类型：用于设置楼梯的类型，可选开放式、封闭式和落地式。

侧弦：用于楼梯梯级断点的侧弦创建。

支撑梁：用于在梯级下创建一个倾斜的切口梁，该梁用于支撑台阶。

扶手：用于扶手的创建，可选左侧和右侧。

梯级、台阶：该选项中的参数用于设置楼梯的高度、台阶厚度等。

支撑梁模块主要用于支撑梁深度、宽度等参数的调整。栏杆模块主要用于栏杆的高度、半径等参数的调整。侧弦模块用于设置侧弦的深度、宽度、偏移量等参数。

2.3.3　复合对象建模

复合对象建模是一种特殊的建模方式，可将两个或多个已有模型进行组合，进而获得单个模型，适用于一些复杂模型的创建。

2.3.3.1　复合对象

找到创建命令，再找到几何体命令，在下拉菜单中找到【复合对象】命令，可看到该命令下有 12 种类型，每种类型用于创建不同类型的模型，如图 2-190 所示。

变形：该命令与 2D 动画中的中间动画类似，可将一个模型变成另外一个模型。

散布：将多个对象分布到另一个对象的表面，比如将球散布到圆锥体表面。

一致：用于将某一个对象的顶点投影到另一个对象的表面，例如山上盘旋公路的创建。

连接：将两个或多个对象连接起来。

水滴网络：通过不同的方法创建球体，然后将球连接起来，这些球体就像由柔软的液态物质组成的一样。

图形合并：一般用于模型表面图案的制作，比如轮胎上的花纹等。

168

图 2-190　复合对象命令

布尔：用于两个对象之间的组合，可以是两个模型的相加或相减。

地形：等高线数据创建曲面时会用到。

放样：用于两条图形制作三维模型，比如石膏线等。

网格化：以每帧为基准把对象转换成网格对象，方便后续弯曲或 UVW 贴图的使用。

ProBoolean：是布尔运算的升级版。

ProCutter：一般用于爆炸、建立截面或对象拟合等。

2.3.3.2　复合对象工具

（1）布尔

该命令针对的两个对象之间的相加或相减效果。

用【球体】工具和【长方体】工具分别创建一个球体和长方体，参数如图 2-191 和图 2-192所示。

图 2-191　长方体参数设置

图 2-192　球体参数设置

选中长方体，执行以下命令：创建——几何体——复合对象——布尔，选择【差集】，单击【拾取】拾取球体，如图 2-193 所示。

选择【并集】时，获得的模型如图 2-194 所示。

169

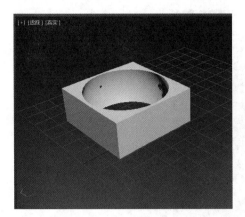

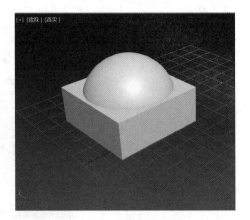

图 2-193　差集拾取球体　　　　　　　　　　　　图 2-194　并集拾取球体

ProBoolean 是布尔运算的高阶版，此处不做赘述。

（2）散布

【散布】命令可以将一个模型随机分布到另一个模型上，可以用于模拟树木、石子等。

在场景中创建一个平面和一个球体，选择平面，然后单击【散布】命令，选择【拾取分布对象】，再选择球体，改变【源对象】命令中的【重复数】，即可获得如图 2-195 所示的模型。

（3）图形合并

该工具可将一个二维图形"印"到三维模型上，通常用于模拟轮胎花纹等。

创建一个球体和一个二维的多边形（将多边形放在球体正前方），然后选择球体，执行创建——几何体——复合对象——图像合并——拾取图形命令，然后单击多边形，此时多边形印在了球体表面。选择球体，右击——转换为可编辑多边形，选择【多边形】命令，找到【挤出】按钮，将高度调整为-30，可获得如图 2-196 所示的图形。

图 2-195　散布命令拾取　　　　　　　　　　　图 2-196　图形合并模型

（4）放样

该命令是采用二维模型制作三维效果。

采用【线】命令创作一条曲线，采用【文本】命令创作文字"2021"，如图 2-197 所示。选择线，执行创建——几何体——复合对象——放样——获取图形命令，然后单击文字，获得图 2-198 所示的图形。此时二维图形具有三维效果，但文字倒置。选中该图形，单击【修改】，选择图形——角度捕捉切换命令，进行选择并旋转，获得图 2-199 的效果。

图 2-197　二维模型制作三维效果 1

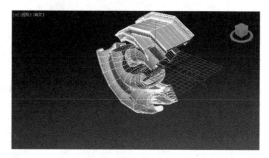

图 2-198　二维模型制作三维效果 2

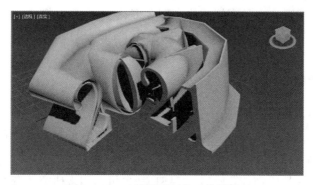

图 2-199　二维模型制作三维效果 3

此外，选中图形后，可通过改变【路径步数】的数值（图 2-200），修改模型的平滑程度，最终获得的图形如图 2-201 所示。

图 2-200　路径步数设置

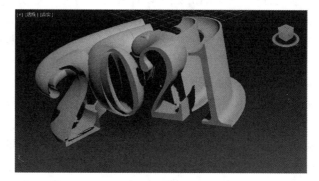

图 2-201　最终三维效果图

第3章 Materials Studio软件

Materials Studio 是美国 BIOVIA 公司用于材料科学研究的主要产品,采用世界领先的模拟计算思想和方法,如量子力学(QM)、线性标度量子力学(Linear Scaling QM)、分子力学(NM)、分子动力学(MD)、蒙特卡洛(MC)、介观动力学(MesoDyn)和耗散粒子动力学(DPD)、统计方法、QSAR 等多种先进算法和 X 射线衍射分析等仪器分析方法。它是多尺度多功能分子模拟软件平台。不仅拥有优异的操作界面,快捷实现模型搭建、参数设定以及结果的可视化分析,而且融合多种模拟方法,整合多达 23 个功能模块,实现从电子结构解析到宏观性能预测的全尺度科学研究。本章主要介绍 Castep 模块和 DMol3 模块。

3.1 Castep 模块

3.1.1 CASTEP 模块概述

CASTEP 模块是一种最先进的基于量子力学的程序,是专为固体材料科学设计的软件包之一,采用密度泛函平面波赝势方法,可以对半导体、陶瓷、金属、矿物和沸石等材料晶体和表面的性质进行第一性原理计算模拟。CASTEP 也可以用来研究系统的表面化学、结构性质、能带结构、态密度、光学特性、电荷密度及波函数的空间分布。另外,CASTEP 可以用来计算晶体的弹性常数及相关的力学特性,如泊松比、体模量和杨氏模量等。CASTEP 还可以有效地用于研究半导体或其他材料中的点缺陷(空位、置换和间隙杂质原子)和扩展缺陷(例如晶界和位错)。使用线性响应理论,CASTEP 还可以计算固体的振动特性(声子的色散关系、声子的态密度和相关的热学特性)。所有用 CASTEP 计算得到的结果都有非常重要的应用,如可以用来研究表面吸附物的振动特性(声子色散、声子态的总密度和投影密度、热力学性质),解释实验得到的中子光谱或振动谱以及研究在高温高压下相的稳定性。通过线性响应理论方法,CASTEP 还可以计算材料对外加电场的响应-分子的极化率和固体中的介电常数-以及预测红外光谱。CASTEP 中的过渡态搜索工具可以使用线性同步跃迁/二次同步跃迁技术来研究气相或材料表面的化学反应。这些工具也可以用来研究块状和表面扩散过程。

3.1.2 用第一性原理预测 AlAs 的晶格参数

采用密度泛函理论方法(DFT)应用于大周期系统的研究方面的进展在解决材料设计和加工上变得越来越重要。该理论允许对实验数据进行解释,测定材料的潜在性质等。这些工具可以被用来指导新材料的设计,允许研究者了解潜在的化学和物理过程。该实例描绘了CASTEP 模块是如何使用量子力学方法来测定材料的晶体结构,使用者将学会构建晶体结构,建立并运行 CASTEP 几何优化任务,然后分析计算结果。

3.1.2.1 构建 AlAs 晶体结构

构建晶体结构,需要了解空间群、晶格参数和晶体的内坐标等知识。对 AlAs 来说,空间群是 F-43m,空间群代号为 216。基态有两个原子,Al 和 As 的分数坐标分别为(0,0,0)

和(0. 25, 0. 25, 0. 25), 晶格参数为 5. 6622 Å. 。

第一步是建立晶格。

从启动 Materials Studio 开始, 创建一个 New Project(新项目)。打开 New Project 对话框并输入 AlAs_ lattice 作为项目名称, 单击"OK(确定)"按钮。

在 Project Explorer(项目资源管理器)内, 右击根目录选择 New│3D Atomistic Document。右击该文件, 将该文件重新命名为 AlAs. xsd, 如图 3-1 所示。

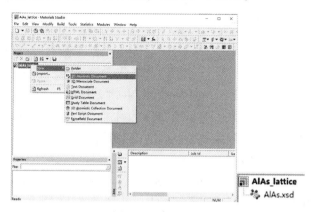

图 3-1　建立晶格

从菜单栏里选择 Build(构建)│ Crystals(晶体)│ Build Crystal(构建晶体)。Build Crystal 对话框显示出来, 如图 3-2 所示。

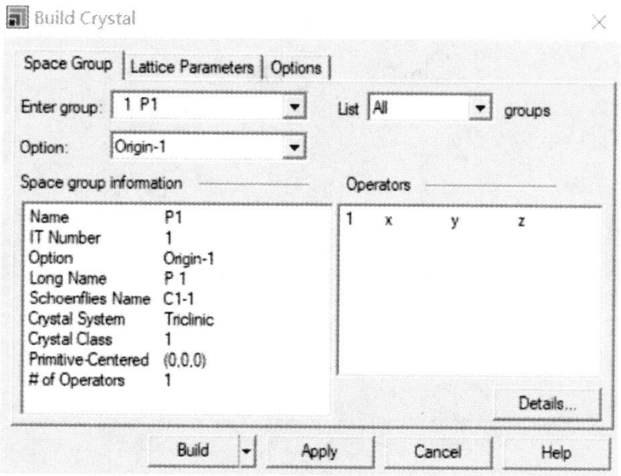

图 3-2　Build Crystal 对话框

点击 Enter group 框中单击并输入 216, 按下 TAB 按钮。Space group information(空间群信息)框中将更新 F-43m 空间群的信息。

选择 Lattice Parameters(晶格参数)选项卡, 将 a 值从 10. 00 更改为 5. 6622。按 Tab 键并单击 Build 按钮。一个空白的 3D 晶格显示在 3D Atomistic 文件里。现在可以添加原子。

选择菜单栏里的 Build│Add Atoms。这将打开 Add Atoms(添加原子)对话框(图 3-3)。使用这个对话框, 可以在确定的位置添加原子。

在 Add Atoms 对话框上, 选择 Options 选项卡, 确认坐标系统设置为 Fractional。选择 Atoms 选项卡, 在 Element 文本框里, 输入 Al(铝), 然后按下 Add 按钮, 铝原子被添加到结构

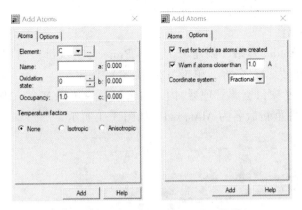

图 3-3　Add Atoms(添加原子)对话框

中。在 Element 文本框中，输入 As，在 a、b 和 c 文本框分别输入 0.25，按下 Add 按钮。原子被添加到结构中，对称算符被用来建立晶体结构中剩下的原子。原子也会显示在相邻晶胞中，这描绘了 AlAs 结构的化学键的拓扑图像。

从菜单中选择 Build | Crystals | Rebuild Crystal... 打开 Rebuild Crystal(重建晶体)对话框(图 3-4)。按下 ReBuild 按钮，外部原子被移走，并且晶体结构显示出来。可以把显示模式改为 Ball and stick(球棍)模式。

右击结构文件，并从快捷菜单中选择 Display Style(显示样式)。在 Atom 选项卡上，选择 Ball and stick 选项。

图 3-4　Rebuild Crystal(重建晶体)对话框

3D 模型内的晶体结构是传统原胞，显示了晶格的立方对称性。与包含 8 个原子的传统单元晶胞相比，可以使用每个单元晶胞包含 2 个原子的原始晶格。无论这个原胞是如何被定义的，电荷密度、键长和每个原子的总能量将是一样的。因此，在原胞中使用了较少的原子，计算时间将被缩短。

需要注意的是：在计算磁系统时需要注意对自旋极化的计算，这时候电荷密度自旋波的周期是原始原胞的数倍时，则应谨慎。

选择菜单栏里的 Build(构建) | Symmetry(对称) | Primitive Cell(原始晶胞)，模型文件显示为原胞，如图 3-5 所示。

174

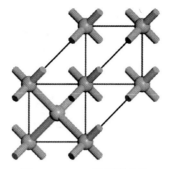

图 3-5　AlAs 的原始晶胞

3.1.2.2　设置 CASTEP 计算任务

单击 Modules(模块)工具栏上的 CASTEP 按钮 ，并从菜单栏中选择 Modules (模块) |
CASTEP | Calculation(计算)，Calculation 对话框如图 3-6 所示。

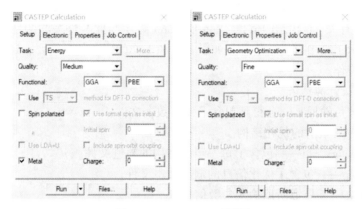

图 3-6　Calculation 对话框

接下来将进行几何结构优化：

将 Task(任务)改为 Geometry Optimization(几何优化)，Quality(精度)设置为 Fine。优化
的默认设置是只优化 atomic coordinates(原子坐标)。然而，在这种情况下，因为 AlAs 结构
的原子坐标是固定的对称性，要优化晶格。点击 Task(任务栏)中 More…(更多…)按钮，打
开 CASTEP Geometry Optimization(CASTEP 几何优化)对话框(图 3-7)。选中 Optimize cell(优
化晶胞)复选框并关闭对话框。当改变 quality(精度)时，其他参数会自动作相应的变化。

选择 Properties(性质)选项卡(图 3-8)。可以从 Properties(性质)选项卡指定要计算的性
质。选中 Band structure(能带结构)和 Density of states(状态密度)复选框。选择 Band structure
(能带结构)选项，点击 More...(更多…)按钮打开 CASTEP Band Structure(CASTEP 能带结
构)选项对话框。点击 Path...(路径…)按钮打开 Brillouin Zone Path(布里渊区路径)对话框。
单击 Create(创建)按钮并关闭两个对话框。在 3D 模型(查看器)中显示倒易晶格和布里渊区
路径和轴。

还可以设置 Job Control(工作控制)选项，如实时更新。选择 Job Control 选项卡，点击
More...(更多…)按钮。打开 CASTEP Job Control 选项对话框。将 Update interval(更新间隔)
30.0 s 更改为 5.0s 并关闭对话框。如果在远程服务器上运行计算，则可以从 Job Control 选
项卡指定该计算。按下 Run(运行)按钮，并关闭 CASTEP 计算对话框。

 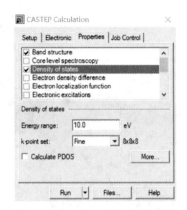

图 3-7　CASTEP Geometry Optimization　　　图 3-8　Properties(性质)选项卡
（CASTEP 几何优化）对话框

几秒钟后，Project Explorer 中将显示一个新文件夹，其中将包含所有计算结果。Job Explorer 显示中包含有关 job 状态的信息，Job Explorer 显示与此文件关联的任何当前活动任务的状态。它还显示了很多有用的信息，如服务器和工作代码。如果需要，还可以使用此工作代码来中止运行工作。

3.1.2.3　分析计算结果

当结果文件被传输回来，会得到包含下列的数个文件：

- AlAs. xsd——最后的优化结构。
- AlAs Trajectory. xtd——包含了每一步的结构的轨迹文件。
- AlAs. castep——包含了优化信息的输出文本文件。
- AlAs. param——模拟所用输入参数信息。

计算任何一个性质，都会产生 .param 和 .castep 文件。

在 AlAs 结构中，因对称性应力为 0，但是应力的大小取决于晶格参数。这样，CASTEP 试图寻找最小化系统的总能量和应力。因此，为保证计算能够合适地完成，选上应力收敛是非常重要的。

在 Project Explorer 内，点击 AlAs. castep 为当前工作文件。选择菜单栏里的 Edit | Find...，打开查找对话框。在文本框中输入"completely successfully"并单击"Find Next(查找下一步)"按钮，滚动几行。可以看到包含两行的表格，并且每行中的最后一列显示为"Yes(是)"。这表明计算已经成功。

3.1.2.4　与实验数据对比

从开始时创建晶胞，就知道晶格长度为 5.6622 Å。因此，可以把最小化后的晶格长度与初始的实验数据相比较。实验晶格长度是基于传统胞，而不是原始胞，因此需要加以转换。

双击 AlAs. xsd 使其为当前工作文件。从菜单栏里选择 Build | Symmetry | Conventional Cell，传统晶胞显示出来。有数种方法看到晶格长度，最简单的一种就是打开 Lattice Parameters 对话框。右键单击 3D 查看器并从快捷菜单中选择 Lattice Parameters(晶格参数)。

晶格参数大约为 5.634 Å，误差大约是-0.5%。这在 1%～2% 典型误差范围内，这个误差值是赝势平面波方法与实验结果比较的期望误差。

继续之前，需要保存工作，并关闭所有窗口。

选择菜单栏上的 File | Save Project(文件 | 保存)，然后是 Window | Close All(关闭 | 所有窗口)。

3.1.2.5　可视化电荷密度

可以用 CASTEP Analysis(CASTEP 分析)工具得到 charge density(电荷密度)。

单击模块工具栏上的 CASTEP 按钮 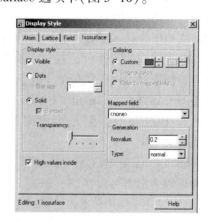，并从菜单栏选择 Analysis(分析)或选择 Modules | CASTEP | Analysis，以显示 CASTEP Analysis(CASTEP 分析)对话框。选择 Electron density(电子密度)选项。显示一条消息，报告没有可用的结果文件，因此需要指定结果文件。

在 Project Explorer(项目资源管理器)中，双击 AlAs.castep。

这将使结果文档和分析对话框相关联，但是还需要指定一个 3D Atomistic 文档，在该文档中显示 isosurface(等密度面)。

在 Project Explorer(项目资源管理器)中，双击优化的 AlAs.xsd。从菜单栏中选择 Build | Symmetry | Primitive Cell(构建 | 对称 | 原胞)。

CASTEP 分析对话框上的 Import(导入)按钮现在是激活状态。单击 Import(导入)按钮。等密度面叠加在结构上，如图 3-9 所示。

可以使用 Display Style(显示样式)对话框更改 isosurface(等密度面)设置。

右击该 3D 文件，选择 Display Style，选择 Isosurface 选项卡(图 3-10)。

图 3-9　AlAs 的电子等密度面　　　　　图 3-10　Isosurface 选项卡

Display Style(显示样式)对话框，Isosurface tab，可以在这里更改各种设置。

在 Isovalue(等密度面)文本框中，键入 0.1 并按 TAB 键。注意 isosurface 如何变化。把 Transparency(透明)滑条向右移动。向右移动 Transparency 滑条时，等密度面变得越来越透明。按住鼠标右键，移动鼠标旋转模型。

当模型旋转时，isosurface(等密度面)恢复到点显示，以提高旋转速度。如果使用高性能计算机，可以通过取消 Display Options dialog(显示选项对话框) | Graphics(图形)选项卡 | move checkbox(移动复选框) | Fast render(快速渲染)来禁用该功能。

可以在任何时候通过勾选 Isosurface 来显示等密度面。

通过选中或取消选中"Display Style(显示样式)"对话框的"Isosurface(等密度面)"选项卡上的 Visible(可见)复选框，可以在任何时间切换 isosurface(等密度面)的显示。

显示倒易晶格的布里渊区路径。从菜单栏选择 Tools | Brillouin Zone Path(工具 | 布里渊

区域路径），打开 Brillouin Zone Path（布里渊区域路径）对话框。单击 Create（创建）按钮并关闭对话框。布里渊区和 k-路径显示可以使用 Display Style（显示样式）对话框来处理。

选择 Reciprocal（倒易）选项卡，并移动 Transparency（透明）滑块一直到右边。将刻度设置为 33，并将路径线宽更改为 5.00，关闭对话框。

旋转结构，以查看这种晶格的高对称点和标准布里渊区路径（图 3-11）。

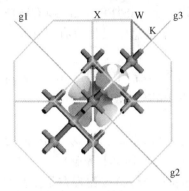

图 3-11　晶格的高对称点和标准布里渊区路径

3.1.2.6　density of states（状态密度 DOS）和能带结构（band structure）

CASTEP Analysis（CASTEP 分析）工具可用于显示 density of states（状态密度 DOS）和能带结构（band structure）信息。

能带结构图表显示了在布里渊区沿着高对称性方向电子能量对 k 矢的依赖性。这些图表为材料的电子结构的定性分析提供了有效途径。例如，很容易就可以确定 d 态和 f 态的窄带，这与类似于自由电子能带的 s 电子和 p 电子正好相反。

主要的 CASTEP output file（CASTEP 输出文件）AlAs. castep 包含有限的能带结构（band structure）和 DOS 信息，但是更详细的信息分别包含在 AlAs_ BandStr. castep 和 AlAs_ DOS. castep 文档中。

在 CASTEP Analysis（CASTEP 分析）对话框中选中 Band structure（能带结构）选项。从这个对话框可以看出，可以在同一图表文档上显示能带结构（band structure）和态密度（density of states）图，并控制 DOS 图表质量。还可以通过分别分析能带结构（band structure）和态密度（density of states），在单独的图表文档中显示能带结构和态密度。选中 Show DOS 复选框，并点击 More...（更多…）按钮，打开 CASTEP DOS Analysis Options 对话框。将积分法与插值法相结合，将精度等级选择 Fine。单击 OK 按钮。在 CASTEP Analysis dialog（CASTEP 分析对话框）中，单击"View（查看）"按钮。生成包含 band structure（能带结构）和态图密度（density of states）的图表文件。可以将任何图表文档导出为逗号分隔的变量文件，然后可以在任何电子表格包（例如 Excel）中读取该文件。

还可以借助 CASTEP 来计算很多其他性质，比如反射率和介电函数等。

3.1.3　CO 分子在 Pd(110) 表面的吸附

本实例考察 CO 分子在 Pd(110) 的吸附。Pd 三维图和 Pd(110) 表面的俯视图如图 3-12 所示。Pd(钯)表面在各种催化反应中起着非常重要的作用。了解分子是如何与这样的表面作用是了解催化反应的第一步。在本实例中，密度泛函理论（DFT）模拟可以对此有帮助，它可以回答下列问题：分子最倾向于吸附位置？多少分子会吸附在表面上？吸附能是多少？吸附后的结构是什么样的？吸附机理又是什么？本实例将集中于一个吸附位置——短桥位，这是众所周知的能量优先位置，并且，覆盖率是固定的(1 ML)。在 1ML 的覆盖率下，CO 分子会相互排斥，这会防止 CO 分子垂直于表面。通过考虑(1×1)和(2×1)表面单元晶胞，可以对能量分布进行计算，进而得到化学吸附能。

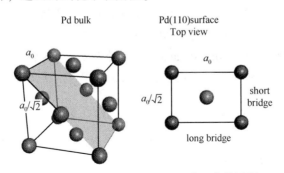

图 3-12　Pd 三维图和 Pd(110)表面的俯视图

(110)切面用深色加亮。a_0 是体晶格常数，也就是晶格参数

3.1.3.1　开始

从 Materials Studio 开始，创建一个新文件。打开新文件对话框，并输入 CO_ on_ Pd 作为文件名称，单击 OK 按钮。新文件是在 Project Explorer(项目资源管理器)中列出 CO_ on_ Pd。本实例包含了五个不同的计算。为了便于管理，需要一开始就在根目录下建立五个子文件夹。右击根 Project Explorer 中的根图标并选择 New | Folder。右击新文件夹，将其命名为 Pd bulk。对其他文件夹重复这个操作，并将它们分别命名为 Pd(110)、CO molecule、(1×1) CO on Pd(110)和(2×1) CO on Pd(110)。

3.1.3.2　优化 bulk Pd

Pd 的晶体结构包含在 Materials Studio 的晶体库中，由 structure 提供。

在 Project Explorer 内，右击 Pd bulk 文件夹，选择 Import.... (导入…)，打开 Import Document(导入文档)对话框。浏览 Structures/metals/pure-metals(结构/金属/纯金属)路径，找到并导入 Pd. msi。Pd 的三维结构就显示出来。

现在要将 display style(显示样式)更改为 ball and stick(球棍)模式。右击 Pd 3D Model 文件，选择 display style 对话框，在 Atom 选项卡里将显示风格改变为 ball and stick 模式，关闭此对话框。

现在需要运用 CASTEP 对 Pd 结构进行几何优化。从工具条中选择 CASTEP 按钮▨▾，然后选择 Calculation，或从菜单栏中选择 Modules | CASTEP | Calculation(模块 | CASTEP | 计算)。

打开 CASTEP Calculation(CASTEP 计算)对话框。Quality(精度)从 Medium 设置为 Fine。Task(任务)从 Energy 更改为 Geometry Optimization。点击 More... (更多…)按钮，打开 CASTEP Geometry Optimization(CASTEP 几何优化)对话框。选中 Optimize cell 复选框并关闭对话框。单击 Run(运行)按钮。显示关于转换为 primitive cell(原胞)的消息对话框。单击 Yes(是)按钮。

job(工作)提交并开始运行。开始继续到下一步的计算任务并构建 CO 分子，但是当计算完成后返回这里以显示 Lattice Parameters(晶格参数)。

当 job 完成后，必须将 primitive cell(原胞)结果转换回 conventional cell(常规晶胞)，以便在步骤 4 中继续构建 Pd(110)表面。在 Project Explorer 内，打开位于 Pd CASTEP GeomOpt

文件夹内的 Pd. xsd 文件。选择菜单栏里的 Build | Symmetry | Conventional Cell(构建 | 对称 | 原胞)。

现在保存工作文件。选择 File | Save Project(文件 | 保存文件),然后从菜单栏选择 Window | Close All(窗口 | 关闭所有窗口)。在 Project Explorer 项目资源管理器中,重新打开位于 Pd CASTEP GeomOpt 文件夹内优化的 Pd. xsd。

右键单击 3D 模型并选择 Lattice Parameters(晶格参数)。这将打开 Lattice Parameters(晶格参数)对话框。a 值约为 3.940 Å,与实验值 3.89 Å 相近。关闭 Lattice Parameters(晶格参数)对话框和 Pd. xsd。

3.1.3.3 构建并优化 CO

在 Project Explorer 内,右击 CO 分子文件夹选择 New | 3D Atomistic Document。右击 3D Atomistic. xsd,将此文件命名为 CO. xsd,回车。一个空的 3D 模型文件显示出来。使用 Build Crystal 工具创建一个空的晶胞,然后把 CO 分子放进去。从菜单栏里选择 Build | Crystals | Build Crystal。选择 Lattice Parameters 选项卡,把每一晶胞的长度值 a、b 和 c 都改为 8.00,按下 Build 按钮。一个空的晶胞显示在 3D 文件中。

选择菜单栏里的 Build | Add Atoms,以打开 Add Atoms 对话框。CO 分子的 C—O 键长实验测量值为 1.1283 Å,使用 Cartesian(笛卡儿)坐标,可以很精确地按照这个长度值添加原子。在 Add Atoms 对话框里,选择 Options 选项卡。确认坐标系被设为 Cartesian。选择 Atoms 选项卡,按下 Add 按钮。一个碳原子被添加到晶胞的原点。在 Add Atoms 对话框上,把 Element 改为 O。x 和 y 的值依旧为 0.000,把 z 值改为 1.1283。按下 Add 按钮,关闭此对话框。

现在需要优化 CO 分子。从工具条中选择 CASTEP 工具,打开 CASTEP Calculation 对话框。在前一个计算任务中的设置保持不变。然而,这次不必优化晶胞,在 Setup 选项卡上,按下 More... 按钮,取消选择 Optimize cell 复选框,并关闭对话框。在 CASTEP Calculation 对话框中选择 Setup 选项卡,将 Quality 改回 Medium,选择 Electronic 选项卡,把 k-point 设置由 Medium 改为 Gamma。选择 Properties 选项卡,选上 Density of states。把 k-point 设为 Gamma,勾选上 Calculate PDOS。按下 Run 按钮。

3.1.3.4 构建 Pd(110)表面

本部分需要使用来自 Pd bulk 部分的优化后的 Pd 结构。选择 File | Save Project,然后是 Window | Close All。打开 Pd bulk/Pd CASTEP GeomOpt 文件夹里的 Pd. xsd。

创建一个表面是一个两步过程。首先是要切出一个表面,其次就是创建一个包含了表面的真空层。

从菜单栏里选择 Build | Surfaces | Cleave Surface。把 Cleave plane (h k l)从(-1 0 0)改为(1 1 0),按下 TAB 键。把 Fractional Thickness 提高至 1.5。按下 Cleave 按钮,关闭此对话框。

一个新的 3D 模型文件打开了,它包含了一个二维周期性表面。然而,CASTEP 需要的是一个 3D 周期性系统当作输入文件。这可以通过使用 Vacuum Slab 工具得到。选择 Build | Crystals | Vacuum Slab...。把 Vacuum thickness 的值从 10.00 改为 8.00,按下 Build 按钮。结构由 2D 变为 3D 周期性结构,并且一个真空层被加到原子的上方。

右击 3D 模型,选择 Lattice Parameters 对话框,选择 Advanced 选项卡,按下 Reorient to standard 按钮,关闭此对话框。

改变晶格显示方式，转动结构使得 z 轴与显示屏垂直。右击 3D 文件，选择 Display Style 对话框。选择 Lattice 选项卡。在 Display style 部分，把 Style 由 Default 改为 Original。关闭对话框，按 UP 的箭头两次，得到的 3D 模型文件如图 3-13 所示。

z 坐标有最大值的 Pd 原子被称为 the uppermost Pd layer(Pd 最上层)。在本实例的后面，需要知道 Pd 的层间距 d_0。这个可以通过原子坐标计算得到。

从菜单栏选择 View | Explorers | Properties Explorer。选择 Fractional XYZ(分数坐标)为 $x = 0.5$ 和 $y = 0.5$ 的 Pd 原子。注意该原子的 z 坐标值取决于 XYZ 的性质。z 值为 1.386 Å，这是层间距。这个 z 值是笛卡尔坐标系统的值，而不是分数坐标值。

在弛豫表面前，必须把 Pa 内部的原子固定住，因为现在只需要弛豫 Pa 的表面。按下 SHIFT 键，选中除了最上层的 Pd 原子外的所有 Pd 原子。从菜单中选择 Modify | Constraints。勾选上 Fix fractional position，关闭此对话框。Pd 体内的原子被固定住，可以通过改变显示颜色查看被限制了的 Pd 原子。

在 3D 模型文件内，点击取消选择原子。右击文件，选择 Display Style。在 Atom 选项卡上的 Coloring 区域，把 Color by(颜色)选项改为 Constraint。

现在这个 3D 模型文件如图 3-14 所示。之后把 Color by 选项改回 Element，关闭此对话框。

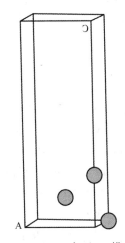
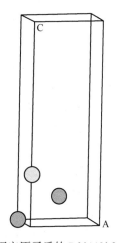

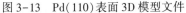

图 3-13　Pd(110)表面 3D 模型文件　　　　图 3-14　固定原子后的 Pd(110)3D 模型文件

这个结构需要用来做 Pd(110)表面的弛豫，它同时也是优化 CO 分子在 Pd(110)表面的开始模型。从菜单栏中选择 File | Save As...。浏览到 Pd(110)文件夹，按下 Save 按钮。对 (1×1) CO on Pd(110)文件夹重复此操作，但是需要把文件名改为(1×1) CO on Pd(110)。选择 File | Save Project，从菜单栏中选择 Window | Close All，关闭所有文件。

3.1.3.5　弛豫 Pd(110)面

现在准备优化 Pd (110)面。

打开 Project Explorer 中 Pd(110)文件夹内的 Pd(110).xsd。选择 CASTEP 工具，打开 CASTEP Calculation 对话框，然后选择 CASTEP Geometry Optimization 对话框。按下 More…按钮，确认取消选择 Optimize Cell。关闭此对话框。

为了保持即将进行的计算的一致性，需要在 Electronic 选项卡里做一些改动。选择 Electronic 选项卡，按下 More…按钮。选择 CASTEP Electronic Options 对话框里的 Basis 选项卡，勾选 Use custom energy cutoff 复选框，把它的值改为 300.0。选择 k-points 选项卡，勾选 Custom grid parameters 按钮。在 Grid parameters(网格参数)栏里，把 a 的值设为 3，b 的值设为 4，c 的值设为 1。

还需要计算体系的态密度。选择 CASTEP Calculation 对话框中的 Properties 选项卡，勾选 Density of states。勾选 Calculate PDOS 复选框，把 k-point set 改为 Medium。按下 Run 按钮，关闭此对话框。

3.1.3.6 添加 CO 分子到 1×1 Pd(110)表面并优化结构

现在的工作对象是(1×1) Co on Pd(110)文件夹内的结构。在 Project Explorer 内，打开(1×1) CO on Pd(110)文件夹内的(1×1) CO on Pd(110). xsd 文件。

第一步是添加碳原子。Pd—C 键长(用 d_{Pd-C} 表示)为 1.93 Å。当使用 Add Atom(添加原子)工具时，可以用笛卡尔坐标，也可以用分数坐标。本实例中需要使用分数坐标，x_C、y_C 和 z_C。x_C 和 y_C 的值分别为 0.5 和 0。对 z_C 来说要复杂一些，可以从 z_{Pd-C} 和 z_{Pd-Pd} 这两个距离计算得到。它的值大约是 4.12 Å，需要使用 Lattice parameters 把这个距离转换成分数长度。

右击 3D 模型文件，从快捷菜单中选择 Lattice Parameters。注意 c 的值。

为计算 z 的分数坐标值，用晶格参数 c 除以 z_C 就可以得到，这个值大约是 0.382。

从菜单栏里选择 Build | Add Atoms，打开 Add Atoms 对话框。选择 Option 选项卡。确认坐标系统是 Fractional。选择 Atoms 选项卡，把 Element 改为 C。把 a 的值改为 0.0，b 的值改为 0.5，c 的值改为 0.382。按下 Add 按钮。

如果想要确认所建立的模型是否正确，可以使用 Measure/Change 箭头工具 。点击与 Measure/Change 工具相关联的选项箭头，从下拉列表中选择 Distance。点击 Pd—C 键。

下一步是添加 O 原子。在 Add Atoms 对话框上，把 Element 改为 O。C—O 键的实验值是 1.15 Å。在分数坐标系统内，这个值是 0.107，把这个值与 C 的分数 z 坐标值相加，就得到 O 的分数 z 坐标值 0.489。把 c 的值改为 0.489，按下 Add 按钮，关闭此对话框。

Pd 的起始对称性是 P1，但是随着 CO 分子的引入发生了改变。可以通过运用 Symmetry 工具条上 Find Symmetry 按钮 ，打开 Find Symmetry 对话框。点击 Find Symmetry 按钮，然后点击 Impose Symmetry(加上对称性)按钮。现在的对称性是 PMM2。

右击 3D 模型文件，选择 Display Style。选择 Lattice 选项卡，把 Style 改为 Default。在 Atom 选项卡上，选择 Ball and stick 显示样式，并关闭对话框。现在晶体结构如图 3-15 所示。

选择 File | Save Project，然后选择 Window | Close All。开始优化结构。

在 Project Explorer 内，打开(1×1) CO on Pd(110)文件夹内的(1×1) CO on Pd(110). xsd。选择 CASTEP 工具中的 Calculation，打开 CASTEP Calculation 对话框。之前部分计算的参数设置这里保留不变，按下 Run 按钮。

3.1.3.7 建立和优化 2×1 Pd(110)面

第一步是使用 Supercell 工具把它改成 2×1 晶胞。选择 Build | Symmetry | Supercell，把 b 的值提高到 2，按下 Create Supercell 按钮。关闭此对话框。此时的晶体结构如图 3-16 所示。

现在把 CO 分子相互翘起。为简单操作，把在 $y=0.5$ 位置的 CO 分子记为 A，$y=0.0$ 的 CO 分子记为 B。选择 B 分子中的碳原子。在 Properties Explorer 中，打开 XYZ property，把 x 的值减去 0.6；对 B 分子中的 O 原子重复此操作，不同的是把它的 x 值减去 1.2。

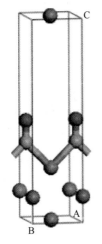
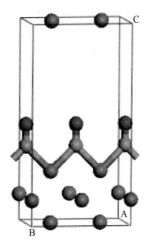

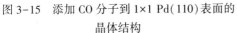

图 3-15　添加 CO 分子到 1×1 Pd(110)表面的　　图 3-16　添加 CO 分子到 2×1 Pd(110)表面的
　　　　　　晶体结构　　　　　　　　　　　　　　　　晶体结构

对分子 A 重复上述操作。选择 A 分子中的碳原子。在 Properties Explorer 中，打开 XYZ property，把 x 的值减去 0.6；对 A 分子中的 O 原子重复此操作，不同的是把它的 x 值减去 1.2。

但是，现在 Pd—C 和 C—O 键长值已经偏离了它们原来的值。选择 A 分子中的碳原子，使用 Properties Explorer，把 FractionalXYZ property 中的 z 值改为 0.369。对 B 分子重复此操作。Pd—C 的键长得到了修正。

也可以通过 Measure/Change 工具来修正 C—O 键长。点击与 Measure/Change 工具相关联的选项箭头，选择 Distance。点击 A 分子的 C—O 键。在 Properties Explorer 内，把 Filter 改为 Distance。把 Distance property 改为 1.15 Å。对 B 分子重复此操作。

现在需要对系统的对称性重新计算。打开 Find Symmetry 对话框，点击 Find Symmetry 按钮，然后按下 Impose Symmetry 按钮。

现在对称性是 PMA2。在单元晶胞内的 CO 分子数目由 3 个变为 2 个。现在可以对系统进行优化了。打开 CASTEP Calculation 对话框。对本计算而言，需要改变 k-points 格子参数设置，以便与之前计算得到的能量相对比。选择 CASTEP Calculation 对话框上的 Electronic 选项卡，按下 More…按钮，选择 k-points 选项卡，改变 Custom grid 参数，把 a 的值改为 2，b 的值改为 3，c 的值改为 1。关闭此对话框，按下 Run 按钮，计算开始。当计算结束的时候，需要得到系统的总能量，这在下一部分的内容可以得到。

3.1.3.8　能量分析

本部分将计算化学吸附能 ΔE_{chem}。吸附能定义为：

$$\Delta E_{chem} = 0.5 \times E_{(2\times1)\,CO\ on\ Pd(110)} - E_{Pd(110)} - E_{CO\ molecule}$$

使 CO 分子相互翘起，这样可以减少 CO 分子的自我排斥，这样会使能量增加。排斥能用下式计算：

$$\Delta E_{rep} = 0.5 \times E_{(2\times1)\,CO\ on\ Pd(110)} - E_{(1\times1)\,CO\ on\ Pd(110)}$$

在 Project Explorer 内，打开 CO molecule/CO CASTEP GeomOpt 文件夹内的 CO.castep 文件。按下 CTRL+F 键搜索 Final Enthalpy，记录下该值。对其他体系重复此操作，找到总能量。一旦得到这些能量，利用上面的公式就可以计算得到化学吸附能 ΔE_{chem} 和排斥能 ΔE_{rep}。

它们的值分别约为-1.79 eV 和 0.06eV。

3.1.3.9 态密度分析

接下来考察态密度的变化，对态密度的考察可以了解 CO 分子和 Pd(110)面的成键机理。为了解态密度的变化，需要知道孤立的 CO 分子的态密度和(2×1) CO on Pd(110)结构中的 CO 分子的态密度。

在 Project Explorer 内，打开 CO molecule/CO CASTEP GeomOpt 文件夹内的 CO. xsd 文件。从 Modules 工具条中选择 CASTEP ≋▾工具，然后选择其上的 Analysis，来打开 CASTEP Analysis 对话框。选择 Density of states。勾选 Partial 按钮，取消选择 f 和 sum 复选框，其他的设置保持不变，按下 View 按钮。生成了一个显示了 CO 分子的 PDOS 的文件(图 3-17)。

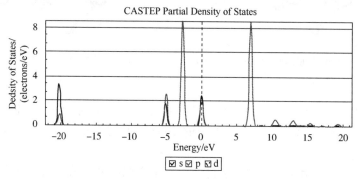

图 3-17 CO 分子的态密度

对(2×1) CO on Pd(110). xsd 文件重复此操作，得到如图 3-18 所示的态密度图。

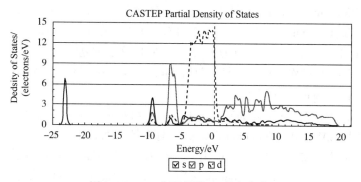

图 3-18 CO 分子吸附 Pd 的态密度

从图 3-17、图 3-18 中，可以很清楚地看到，孤立的 CO 分子在大约-20eV、-5eV 和-2.5 eV 处电子态能量显著地低于吸附在表面的 CO 分子的能量。

Pd 的默认赝势 Pd_ 80. otfg 将 4s 和 4p 半核态作为价态。这导致计算的 DOS 在-84eV 和-49 eV 附近出现尖峰。图 3-17 和图 3-18 不包括这些状态；这可以通过使用 Properties Explorer 沿 X 轴和 Y 轴改变最大值和最小值来实现。

3.1.4 吸附在 Pd(110)面上的 CO 分子的电荷密度差

本实例将研究相对于孤立的 CO 分子和没有被干扰的 Pd(110)面，CO 分子的成键是如何影响电子的分布。电荷密度的变化可以用两种方法计算出来。第一个选择就是计算各个分子碎片的电荷密度。这个方法在描述由较小体系组成的较大体系的组成时非常有用。该方法描绘了在发生化学反应或分子吸附到表面时电荷密度是如何发生变化的。本实例中吸附在

Pd(110)面上的 CO 分子的电荷密度差可以表示为：

$$\Delta\rho = \rho_{CO@Pd(110)} - (\rho_{CO} + \rho_{Pd(110)})$$

式中，$\rho_{CO@Pd(110)}$ 表示 CO+Pd(110)体系的总电荷密度，ρ_{CO} 和 $\rho_{Pd(110)}$ 分别是附着物和基底的未受干扰的电荷密度。

另一个方法就是根据原子来计算电荷密度差：

$$\Delta\rho = \rho_{CO@Pd(110)} - \Sigma(\rho_i)$$

这里，下角标 i 历遍所有原子。这个方法显示了由于形成全部的化学键导致的电子分布的变化。该方法通过整个体系原子电荷密度的离域化在描绘化学键是如何形成方面非常有用。

电荷密度的显示有助于理解化学吸附的过程。分子会选择吸附在哪里？分子为什么会选择吸附在那里？分子稳定吸附在那里的成键机理是什么？

3.1.4.1 定义分子片断

本部分与前一个"CO 分子在 Pd(110)表面的吸附"实例相关联，需要用到其工作里的一些文件。

打开(1×1) CO on Pd(110)/(1×1) CO on Pd(110) CASTEP GeomOpt 文件夹里的(1×1) CO on Pd(110). xsd 文件。

要计算片断的电荷密度差，必须首先定义片断。使用 Edit Sets 选项来执行。首先建立一个含有碳原子和氧原子的片断。从菜单栏中选择 Edit | Edit sets。点击碳原子来选上它，按下 SHIFT 键，点击氧原子。在 Edit Sets 对话框里，点击 New...。在 Define New Set 对话框里，输入 CO DensityDifference，按下 OK，关闭对话框。注意在模型(1×1) CO on Pd(110). xsd 中的 CO 分子现在是加亮的，并且被标记为刚设定的名称。不必定义 Pd 表面，因为 CASTEP 会自动假设剩下的原子在计算电荷密度差时是在考虑之外的。关闭 Edit Sets 对话框。

属于组的原子被一个网罩着，可以移走这个网。点击该网，选上该组。从菜单栏选择 View | Explorers | Properties Explorer。在 Properties Explorer 内，把 Filter 的值设为 Set。在 Set 的性质列表里包含 IsVisible 选项。双击 IsVisible。在 Edit IsVisible 对话框中选择 No / False。按下 OK。设定的组不再被网罩着。也可以用鼠标选择 CO DensityDifference，然后按下 DE-LETE 键就可以删除掉。

最后，在计算之前，一定要把结构的对称性重新设定为 P1。从菜单栏中选择 Build | Symmetry | Make P1。

3.1.4.2 运行计算

在(1×1) CO on Pd(110)/(1×1) CO on Pd(110) CASTEP GeomOpt 文件夹中双击(1×1) CO on Pd(110) Calculation 文件，打开 CASTEP Calculation 对话框。对体系执行单点能计算以得到电荷密度的变化。把 Task 的内容改为 Energy。选择 Properties 选项卡，勾选上其上的 Electron density difference，并勾选上 Both atomic densities and sets of atoms。确认没有选上其他的性质，按下 Run 按钮。

任务被提交，计算开始。等待任务完成。任务完成时，保存任务。从菜单栏中选择 File | Save Project。

3.1.4.3 显示片断的电荷密度差别

当计算结束时，可以让电荷密度差显示出来，之前关闭所有窗口。从菜单栏选择 Window | Close All。

现在打开刚才运行的任务的输出结构文件。打开(1×1) CO on Pd (110) CASTEP Energy 文件夹内的(1×1) CO on Pd (110).xsd 文件。从 Modules 工具条中点击 CASTEP 按钮 ≋▾，并选择 Analysis。选择 Electron density difference。勾选上 View isosurface on import 复选框，取消选择 Use atomic densities。按下 Import 按钮。当选择 Use atomic densities 的时候，电荷密度差就根据原子来计算；不选择 Use atomic densities 时，电荷密度差是根据片断计算的。

不同电荷密度的等密度面以 0.1 electrons/Å³ 差值显示出来，现在需要创建一个在化学上更有用的等密度面。右击文件，从快捷菜单中选择 Display Style，以打开 Display Style 对话框。在 Display Style 对话框里，选择 Isosurface 选项卡，把 Iso-value 的值设为 0.05 并选上 +/-。这个操作同时显示了两个等密度面。一个是蓝色的，差值为 0.05；另一个是黄色的，差值为 -0.05。蓝色区域显示了电子密度是增加的，相反，黄色区域是减少的，如图 3-19 所示。

通过显示电子密度的二维切片可以进一步地看到成键的变化。可以用 Volume Visualization 工具条来执行。用鼠标点击选中其中一个等密度面，按下 DELETE 键。等密度面的可视性也是可以操控的。从菜单栏选择 View | Toolbars | Volume Visualization。

现在用 Create Slices 工具来创建二维切片。选择与 Create Slices 相关联的下拉箭头 ❖▾，选择 Parallel to B & C Axis。点击并选中二维切片。按下 SHIFT 和 ALT 键，右击鼠标键，移动二维切片，使其穿透 CO 分子。

现在二维切片显示了穿过 CO 分子的密度差。接下来需要调整切片的数据范围，改变显色机制，来更加容易区分缺电子区域和富电子区域。

点击并选中切片。选择 Volume Visualization 工具条中的 Color Maps 工具 ▦，来打开 Color Maps 对话框。把 Spectrum 的值改为 Blue-White-Red。把 From 的值设为 -0.2，把 To 的值设为 0.2，最后，把 Bands 的值设为 16。

每一个 16 色都代表了一个明确的电荷密度范围。在这幅图中，电子缺失用蓝色来表示，电子的富集用红色来表示。白色表示的是那些电子密度几乎没有发生变化的区域。如果把白色区域隐藏起来就会更清晰地看到红色和蓝色区域。

点击 Color Maps 对话框中的在选择符中央的那两个颜色。最后的图形与图 3-20 相似。

 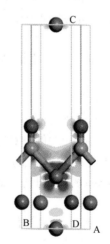

图 3-19 等密度面图 　　　　图 3-20 二维切片等密度面图

在此基础上，可以看到哪一个原子失去了电子，以及哪些轨道失去了电子，哪些轨道得到了电子，以及这些结果与实验事实是否一致。

3.1.5 预测锗的热力学性质

线性响应，或称密度泛函微扰理论(DFPT)，是晶格动力学从头计算的最常用方法之一。然而，该方法的潜在应用扩展时不包括振动特性。线性响应提供了计算总能量相对于给定扰动二阶导数的分析方法。根据这种扰动的本质，可以计算出一些性质。离子位置的微扰给出了动力学矩阵和声子，磁场下给出了核磁共振响应，单位晶胞矢量中给出了弹性性质，电场下给出了介电响应等。晶体中声子或晶格振动的基本理论已有很好的理解，并已在几本教科书中详细描述。声子解释晶格动力学的重要性可以从声子的大量物理性质来说明：红外、拉曼和中子散射光谱；比热容、热膨胀和热传导；电子-声子相互作用；电阻率和超导性等。基于密度泛函理论(DFT)方法的 CASTEP 模块可以用来预测这些性质。

目前还不支持使用超软赝势的 DFPT 声子计算，也不支持自旋极化系统的 DFPT 计算。然而，在有限差分法的框架下，声子谱及其相关性质可以用这些设置来计算。

在本实例教程中，将学习如何使用 CASTEP 执行线性响应计算，以计算 phonon dispersion(声子色散)和 density of states(态密度)，并预测热力学性质，如熵和自由能。

3.1.5.1 开始

首先启动 Materials Studio，并创建一个新项目。打开 New Project 对话框，输入 Ge_ phonon 作为项目名称，单击 OK 按钮。新项目是使用 Project Explorer 中列出的 Ge_ phonon 创建的。

首先导入 Ge 结构，该结构包含在 Materials Studio 提供的结构库中。从菜单栏中选择 File | Import... 打开 Import Document(导入文档)对话框。导航到 Structures/metals/pure-metals(结构/金属/纯金属)，然后选择 Ge.msi。

3.1.5.2 优化锗晶胞的结构

通常可以通过将结构转换为原胞来显著加快速度。从菜单栏中选择 Build | Symmetry | Primitive Cell(构建 | 对称 | 原胞)，显示锗的原胞。

现在使用 CASTEP 优化 Ge 结构的几何结构。单击 Modules(模块)工具栏上的 CASTEP 按钮 ≈≈▼，选择 Calculation，或从菜单栏中选择 Modules | CASTEP | Calculation(模块 | CASTEP | 计算)。这将打开 CASTEP Calculation(CASTEP 计算)对话框。在 Setup 选项卡上，将 Task 从 Energy 更改为 Geometry Optimization，将 Functional(泛函)更改为 LDA。取消选中 Metal 复选框，因为 Ge 是半导体。将 Quality(精度)改为 Ultra-fine，这是计算材料振动性质的推荐设置。单击 More... 按钮，打开 CASTEP Geometry Optimization 对话框，选中 Optimize cell(优化晶胞)复选框，并关闭该对话框。

选择 CASTEP Calculation 对话框的 Electronic 选项卡，并将 Pseudopotentials(赝势)设置为 Norm conserving 范数守恒(声子特性的线性响应计算仅适用于范数守恒势)。

在 Job Control 选项卡上，在 Gateway location(网关位置)下拉列表中选择要运行的 job(任务)的位置，并将 Runtime optimization(运行时优化)设置为 Speed(速度)。单击 Run(运行)按钮，启动任务。任务已提交并开始运行。需要几分钟时间，这取决于计算机的工作速度。结果会放置在一个新文件夹中，名为 Ge CASTEP GeomOpt。

3.1.5.3 计算声子色散和声子态密度 DOS

DFPT 可精确计算倒易空间中任意给定点的声子频率。然而，每个 q 点的计算可能很昂贵。另一种方法可用于计算需要大量 q 点的声子频率，例如声子 DOS 和热力学性质。这种替代方案利用了晶体中相对较短的有效离子-离子相互作用范围。插值可以用来减少计算时间而不降低精度。精确的 DFPT 计算只在少量的 q 矢量上进行，然后用的插值程序在其他 q

点上获得频率。使用插值方案而不是精确计算的一个优点是，低温下的热力学性质很大程度上取决于声子 DOS 网格中点的数量。使用插值方法，可以在不计算成本的情况下增加该值。

为了计算声子色散和声子密度，必须在从 CASTEP Calculation 对话框的 Properties 选项卡中选择适当的性质后，执行 single point energy(单点能量)计算。确保 Ge CASTEP GeomOpt 文件夹中的 Ge. xsd 是工作文档。在 CASTEP Calculation 对话框的 Setup 选项卡上，将 Task 设置为 Energy。在 Properties 选项卡上，选择 Phonons，并通过选择 Both 来请求 Density of states (态密度)和 Dispersion(散射)。单击 More... 按钮，显示 CASTEP Phonon Properties Setup 对话框。确保 Method 是 Linear response，并选中 Use interpolation(使用插值)复选框。确保用于插值的 q 矢量网格间距为 0.05 1/Å，散射和态密度的 Quality(精度)设置为 Fine。关闭对话框。单击 Run 按钮，并关闭 CASTEP Calculation 对话框。

任务已提交并开始运行。这是一项更耗时的任务，在多核计算机上可能需要几个小时。在 Ge CASTEP GeomOpt 文件夹中创建了一个名为 Ge CASTEP Energy 的新文件夹。当能量计算完成后，两个新的结果文件放置在这个文件夹中，分别是 Ge_ PhonDisp. castep 和 Ge_ PhonDOS. castep。

3.1.5.4 显示声子色散和态密度

声子色散曲线显示了在布里渊区沿高对称方向声子能量如何依赖于 q 矢量。这一信息可以从单晶体中子散射实验中得到。这些实验数据仅适用于少量材料，因此理论色散曲线有助于建模方法的有效性，以证明从头计算的预测能力。在某些情况下，可以测量态密度 (DOS)，而不是声子色散。此外，电子-声子相互作用函数与声子 DOS 直接相关，可以在隧道实验中直接测量。因此，这对第一性原理计算声子 DOS 是很重要的。Materials Studio 可以从任意 . phonon CASTEP 输出文件生成声子散射和 DOS 图表。这些文件隐藏在 Project Explorer 中，但是 . phonon 文件是用每个 . castp 文件生成的，每个文件都有一个 PhonDisp 或 PhonDOS suffix 后缀。

在评估 phonon DOS 时，仅使用 Monkhorst-Pack 网格上的声子计算结果。

现在使用前面的计算结果创建声子色散图。从菜单栏中选择 Modules | CASTEP | Analysis，打开 CASTEP Analysis 对话框。从 properties 列表中选择 Phonon dispersion(声子色散)。确保 Results file(结果文件)选择器显示 Ge_ PhonDisp. castep。从 Units 下拉列表中选择 cm-1，从 Graph style(图形样式)下拉列表中选择 Line(线)。单击 View 按钮，在结果文件夹中创建一个新的图表文档，即 Ge Phonon Dispersion. xcd。部分结果如图 3-21 所示。

```
+                          Vibrational Frequencies                          +
+                          ---------------------                            +
+                                                                           +
+ Performing frequency calculation at  40 wavevectors (q-pts)               +
+ ========================================================================= +
+                                                                           +
+ q-pt=   1 (  0.500000  0.250000  0.750000)     0.0487804878               +
+                                                                           +
+ Acoustic sum rule correction <   0.002528 cm-1 applied                    +
+    N       Frequency irrep.                                               +
+               (cm-1)                                                      +
+                                                                           +
+    1      114.828225      a                                               +
+    2      114.828225      a                                               +
+    3      204.776057      b                                               +
+    4      204.776057      b                                               +
+    5      274.984105      a                                               +
+    6      274.984105      a                                               +
+ ......................................................................... +
+         Character table from group theory analysis of eigenvectors        +
+                        Point Group = 32, Oh                               +
+                                                                           +
+ Rep  Mul |  E   2   2   m  -4                                             +
+                                                                           +
+ a        2 |  2   0   0   0  -1                                           +
+ b        1 |  2   0   0   0   1                                           +
+ ....                                                                       +
```

图 3-21 声子计算结果

由于起始模型结构的微小差异，获得的结果可能与显示的结果略有不同，表3-1。

表 3-1 预测和实验频率　　　　　　　　　　　　　　　　　　cm^{-1}

	预测频率	实验频率		预测频率	实验频率
Γ_{TO}	302	304	L_{TO}	243	245
Γ_{LO}	302	304	L_{LO}	288	290
Γ_{TA}	0	0	X_{TA}	80	80
Γ_{LA}	0	0	X_{LA}	241	241
L_{TA}	62	63	X_{TO}	272	276
L_{LA}	223	222			

每个 q 点和每个分支[纵向光学或声学（LO/LA）、横向光学或声学（TO/TA）]的频率以 cm^{-1} 给出，q 点在倒易空间的位置也以 cm^{-1} 给出。高对称点 Γ、L 和 X 分别位于倒易空间位置（0 0 0）、（0.5 0.5 0.5）和（0.5 0 0.5）。

总的来说，计算的准确性是可以接受的。采用较好的 SCF k 点网格进行计算，可以得到与实验结果较为一致的结果。现在创建一个 Phonon DOS 图表。在 CASTEP Analysis 对话框中，从 properties（性质）列表中选择 Phonon density of states（声子态密度）。使 Ge. xsd 成为工作文档，并确保 Results file（结果文件）选择器显示 Ge_ PhonDOS. castep。将 Display DOS 设置为 Full，单击 More... 按钮，打开 CASTEP Phonon DOS Analysis Options 对话框。从 Integration method（集成方法）下拉列表中选择 Interpolation（插值），并将 Accuracy level（精度级别）设置为 Fine。单击 OK 按钮，然后在 CASTEP Analysis 对话框中单击 View 按钮以创建 DOS 图表。选择插值方案以获得 DOS 的最佳表示；另一种设置（拖尾）生成的 DOS 细节太少。

3.1.5.5　显示热力学性质

CASTEP 中的声子计算可用于在准谐波近似下评估晶体的焓、熵、自由能和晶格热容的温度依赖性。这些结果可以与实验数据（例如热容量测量）进行比较，或者用于预测不同结构修饰或相变的相稳定性。

所有与能量相关的特性都绘制在一张图上，并包括零点能量的计算值。热容在右侧单独绘制。熵以 TS 的形式出现，以便与焓进行比较。

现在使用声子计算的结果来创建热力学性质图。

在 CASTEP Analysis 对话框中，从 properties 列表中选择 Thermodynamic 性质。使 Ge. xsd 成为工作文档，并确保 Results file 选择器显示 Ge_ PhonDOS. castep。

选中 Plot Debye temperature 复选框，并单击 View 按钮。结果文件夹中创建了两个新的图表文档，即 Ge Thermodynamic Properties. xcd 和 Ge Debye Temperature. xcd，如图 3-22 所示。

无谐性实验结果（Flubacher et al., 1959）表明，高温极限下的德拜温度为 395(3) K，模拟德拜温度为 392 K，与实验值吻合较好。

总的来说，实验图与 CASTEP 生成的图表在定性分析上非常相似。在大约 25 K 处有一个下降，德拜温度的最低值为 255 K，与 CASTEP 结果所预测的完全一致。使用本教程中使用的计算设置，在非常低的温度下曲线的确切形状不准确。需要对低频声模进行更好的采样，这可以通过在声子态密度计算中使用更精细的 Monkhorst-Pack 网格来实现。

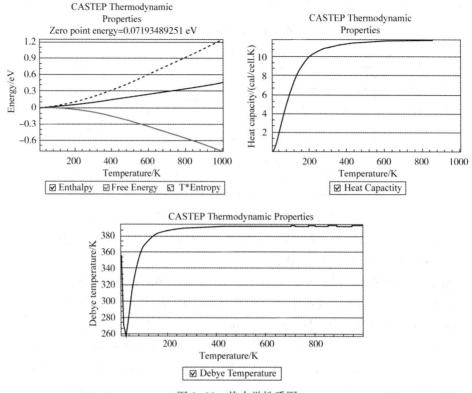

图 3-22 热力学性质图

3.1.5.6 显示原子位移参数

原子位移参数，也称为温度因子，可以通过声子计算来估计，并在可视化仪中显示为椭球体。

在 CASTEP Analysis 对话框中，从 properties 列表中选择 Thermodynamic 性质。使 Ge. xsd 成为工作文档，并确保 Results file 选择器显示 Ge_ PhonDOS. castep。单击 Assign temperature factors to structure(将温度因子指定给结构)按钮。这个设置向每个原子添加关于各向异性温度因子的信息。可以使用 Properties Explorer 检查这些值。本教程中生成的 B 因子值 0.545 $Å^2$，与实验报告(0.52~0.55 $Å^2$)非常一致。

要将温度因子可视化为椭球体，请打开 Display Style(显示样式)对话框的 Temperature Factors(温度因子)选项卡，然后单击 Add(添加)。椭球体被添加到显示中，但它们可能被倒易空间遮挡。通过取消选中 Display Style 对话框的 Reciprocal 选项卡上 Display reciprocal lattice(显示交互晶格)复选框，可以隐藏倒易空间。

3.1.6 计算 BN 的弹性常数

最新发展的密度泛函理论(DFT)方法可有效解决材料设计和加工问题。DFT 工具可用于指导和引领新材料的设计，使研究人员能够了解工艺的基本化学和物理性质。

在本实例教程中，将学习如何使用 CASTEP 计算弹性常数和其他力学特性。在第一部分中，将优化立方 BN 的结构，然后计算其弹性常数。

3.1.6.1 开始

首先启动 Materials Studio 并创建一个新项目。打开 New Project 对话框，输入 BN_ elastic 作为项目名称，单击 OK 按钮。新项目是用 Project Explorer 中列出的 BN_ elastic 创建的。

下一步是导入 BN 结构。从菜单栏中选择 File | Import...，打开 Import Document（导入文档）对话框。导航到文件夹 Structures/semiconductors/（结构/半导体/），并选择 BN. msi。为了减少计算时间，应该转换为原胞表示。从菜单栏中选择 Build | Symmetry | Primitive Cell（构建 | 对称 | 原胞）。

3.1.6.2 优化立方氮化硼的结构

在计算弹性常数前不需要进行几何优化，因此可以为实验观测的结构生成 Cij 数据。但是，如果执行完整的几何优化（包括晶格优化），然后计算与理论基态相对应的结构的弹性常数，会得到更一致的结果。

弹性常数的精度，尤其是剪切常数的精度，很大程度上取决于 SCF 计算的精度，尤其是布里渊区采样的精度和波函数的收敛程度。因此，应使用 SCF 公差和 k 点采样的 Fine（精细）设置以及 Fine 设置的 FFT 网格。

现在将设置 geometry optimization（几何优化）。单击 Modules（模块）工具栏上的 CASTEP 按钮 🌊▾，从下拉列表中选择 Calculation，或从菜单栏中选择 Modules | CASTEP | Calculation（模块 | CASTEP | 计算）。这将打开 CASTEP Calculation 对话框。

在 Setup 选项卡上，将 Task 设置为 Geometry Optimization，将 Quality 设置为 Fine，将 Functional 设置为 GGA 和 PBESOL。单击 More... 按钮，打开 CASTEP Geometry Optimization 对话框。选中 Optimize cell（优化晶格）复选框，并关闭对话框。选择 CASTEP Calculation 对话框上的 Job Control 选项卡，然后选择要在其上运行 CASTEP 任务的 Gateway（网关）。单击 Run 按钮。

优化后的结构晶胞参数约为 $a=b=c=2.553$ Å，相当于常规单元晶胞 3.610 Å 的晶格参数（实验值为 3.615 Å）。在 3D Viewer 中单击鼠标右键，然后从快捷菜单中选择 Lattice Parameters（晶格参数）。显示晶格参数。

现在可以继续计算优化结构的弹性常数。

3.1.6.3 计算 BN 的弹性常数

在 CASTEP Calculation 对话框中选择 Setup 选项卡。从 Task 下拉列表中选择 Elastic Constants，然后单击 More... 按钮。

这将打开 CASTEP Elastic Constants（CASTEP 弹性常数）对话框。将 Number of steps for each strain（单位应变的步数）从 4 增加到 6，然后关闭对话框。确保 BN CASTEP GeomOpt/BN. xsd 是工作文档，然后单击 CASTEP Calculation 对话框上的 Run 按钮。

如果 BN CASTEP GeomOpt/BN. xsd 在打开 CASTEP Elastic Constants 对话框前已激活，则此对话框上的 Strain pattern（应变模式）网格将包含这些值。

弹性常数任务的 CASTEP 结果作为一组 .castep 输出文件返回。对于给定的应变模式和应变幅度，它们中的每一个代表一个具有固定晶格的几何优化运行。这些文件的命名约定是：seedname_ cij_ _ m_ _ n。其中 m 是当前应变模式，n 是给定模式的当前应变振幅。

Castep 可以使用这些结果来分析每一次运行的计算应力张量，并生成一个包含弹性特性信息的文件。

单击 Modules 工具栏上的 CASTEP 按钮 🌊▾，从下拉列表中选择 Analysis，或从菜单栏中选择 Modules | CASTEP | Analysis。选择弹性常数选项。BN 的弹性常数任务的结果文件应自动显示在 Results file（结果文件）选择器中。单击 Calculate 按钮。结果文件夹中会创建一个新的文本文档 BN Elastic Constants. txt。

本文件中的信息包括输入应变和计算应力的总结、每个应变模式的线性拟合结果（包括拟合精度）、给定对称性的计算应力和弹性常数之间的对应关系、弹性常数（C_{ij}）和弹性柔度表（S_{ij}）表格。本文件还报告了推导出的特性，如三个方向的体模量、压缩性、杨氏模量和泊松比，以及将材料建模为各向同性介质所需的 Lame 常数。

3.1.6.4 弹性常数文件说明

由于起始模型结构的微小差异，获得的结果可能与显示的结果略有不同。

这种晶格类型需要两种应变模式。对于每个应变模式，从相应的 .castep 文件中提取的计算结果都提供了有关应力、应变和弹性常数张量分量之间关联的信息。在这一阶段，每个弹性常数都由一个单一的压缩指数来表示，而不是由一对 ij 指数来表示。压缩符号和常规索引之间的对应关系在文件后面提供：

应力对应于弹性系数：1 7 7 4 0 0

由应变分量引起：1 1 1 4 0 0

梯度提供弹性常数的值（或弹性常数的线性组合）；由相关系数表示的拟合精度提供该值的统计不确定性。应力截距值不用于进一步的分析，它只是一个简单的指示收敛基态与初始结构的差异。

然后总结所有应变模式的结果，如图 3-23 所示。

```
==============================
Summary of elastic constants
==============================

id i j      Cij (GPa)
1  1 1    775.32183 +/-   1.305
4  4 4    453.35960 +/-   0.837
7  1 2    163.73738 +/-   0.492
```

图 3-23 弹性常数计算结果

仅当使用两个以上的应变振幅值时，才提供误差，因为没有统计不确定性与仅有两点拟合的直线有关。文件的最后一部分包含一些弹性性质，如图 3-24 所示。

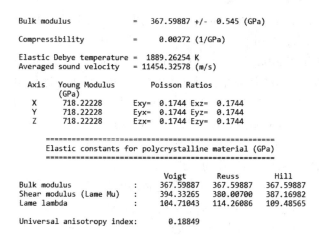

图 3-24 弹性性质计算结果

以上报告的值大致在试验测量值（B = 396 GPa，C_{11} = 820 GPa，C_{12} = 190 GPa，C_{44} = 457 GPa）的 10% 以内，这是 DFT 计算的典型值。

计算出的晶体弹性性质对电子结构计算的精度比计算出的晶格参数和原子坐标更为敏感。始终有必要检查与以下参数有关的计算性质的收敛性：density of k-points（k 点密度）

（最重要）；energy cutoff（能量截止）；augmentation density scaling factor（增强密度比例因子）——在 ultrasoft pseudopotentials（超软赝势）的情况下，可以是 on the fly 或者是 tabulated。

弹性性质计算中的另一个考虑因素是交换相关泛函的选择。与传统的 LDA 或 PBE 泛函相比，设计用于更精确地再现固态特性的泛函是 PBESOL 和 Wu-Cohen；推荐这些泛函用于计算固体的弹性常数。

3.2 DMol3 模块

3.2.1 DMol3 模块概述

DMol3 模块可以模拟有机和无机分子、分子晶体、共价固体、金属固体、无限表面和溶液等过程及性质，应用于化学、材料、化工、固体物理等许多领域，研究分处子结构、分子反应、均相催化、多相催化等。

DMol3 目前可以执行几种不同的任务：Single-point energy calculation（单点能计算）；Geometry optimization（几何优化）；Molecular dynamics（分子动力学）；Transition-state search（过渡态搜索）；Transition-state optimization（过渡态的优化）；Transition-state confirmation（过渡态的确认）；Elastic constants calculations（弹性常数计算）；Reaction kinetics calculations（反应动力学计算）；Electron transport calculations（电子输运计算）。每种计算都可以进行设置，从而产生特定的化学和物理性质。

另一种任务（称为性质计算）可重新启动已完成的任务，以计算原始运行时的未计算的其他性质。

3.2.2 计算能带结构和态密度

扩展周期性系统的特征在于它们的能带，它们类似于分子系统中的轨道本征值。不同于轨道本征值，每个能带的能量在倒易空间的不同点变化。这些能带通常绘制在倒易空间中，以显示特征值在不同方向上的色散。在倒易空间中，由于存在有限数量的高对称性唯一方向，因此仅需要有限数量的点来表征这些带。通过观察不同点的能带之间的能隙，可以得出关于材料性质的结论，以判断它是绝缘体、导体还是半导体。

另一种方法是通过态密度（DOS）来表征材料电子结构。DOS 计算每个能量范围内的相对能级数。在分子中，存在不同的能量本征值，因此 DOS 在这些值中的每个值都具有 1，而在其他地方的值为 0。相比之下，对于晶体，能级构成连续体，DOS 图可对材料的电子结构进行定性分析。DOS 还可以查看系统是导体还是绝缘体。此外，部分态密度（PDOS）可根据特定原子轨道 s、p、d 或 f 的贡献来表征 DOS。

在本实例教程中，将使用 DMol3 模块来计算和分析半导体的能带结构、DOS 和 PDOS。

3.2.2.1 开始

首先启动 Materials Studio 并创建一个新项目。打开 New Project 对话框，并输入 AlAs_DOS 作为项目名称，单击 OK 按钮。在 Project Explorer 中列出 AlAs_DOS 创建新项目。现在，将导入要学习的输入文件。

下一步是导入要分析的结构。Materials Studio 包括各种各样的预制结构。在本实例教程中，将对 AlAs（半导体）执行计算。从菜单栏中选择 File | Import...，打开 Import Document（导入文档）对话框。导航到并选择 Structures/semiconductors/AlAs.msi，然后单击 Open 按钮，显示 AlAs 的结构。3D Viewer 中的晶体结构是传统的单元晶格，它显示了晶格的三次对

称性。

3.2.2.2 建立 DMol3 计算

DMol3 可以使用晶格的完全对称性。每单位晶胞的原始晶格含有 2 个原子，可以用来代替含有 8 个原子的常规晶胞。无论如何定义单位晶胞，每个原子的电荷密度、键长和总能量都是相同的。通过减少单元晶胞中的原子数，可以减少计算时间。

从菜单栏中选择 Build | Symmetry | Primitive Cell。晶体结构如图 3-25 所示。

单击 Modules 工具栏上的 DMol3 按钮 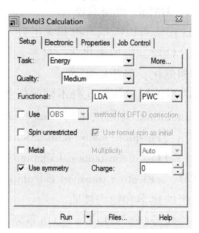，并从菜单栏中选择计算或选择 Modules | DMol3 | Calculation。这将打开 DMol3 Calculation 对话框（图 3-26）。

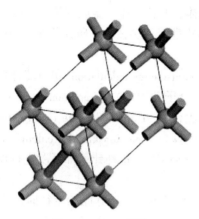

图 3-25   AlAs 原胞

图 3-26   DMol3 Calculation 对话框

从 Task 下拉列表中选择 Energy。将 Functional 设置为 LDA 和 PWC，并将 Quality 设置为 Medium。将使用 Medium 精度设置的所有默认选项，不需要更改任何其他计算参数。选择 Properties 选项卡。此选项卡可在优化结构后计算某些性质（图 3-27）。

选中 Band structure 复选框。注意，要包含的空带的默认数量是 12，k 点集的默认值为 Medium。这些值适用于大多数应用程序。但是，应该更详细地检查 k 点集。点击 Path… （路径…）按钮来显示 Brillouin Zone Path 对话框（图 3-28）。单击 Create 按钮。当创建了 Brillouin Zone 时，按钮名称更改为 Reset。

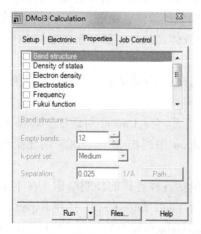

图 3-27   DMol3 Properties 选项卡

图 3-28   Brillouin Zone Path 对话框

更新 3D Viewer 中的结构,以显示倒易晶格和布里渊区路径,用 Brillouin Zone Path 对话框中报告的字母标记 k 点。

表格的每一行都指示了通过布里渊区中对称唯一点的路径。这些坐标在倒易空间中分数坐标给出。例如,在行 1 中,路径将从 [0.5,0.25,0.75] 跟踪到 [0.5,0.5,0.5]。能量在沿着路径的多个点上进行计算,并且结果将显示为电子能量与 k 矢量的曲线图。按照惯例,布里渊区的每个高对称点将分配一个字母。例如,W 对应于 [0.5,0.25,0.75]。这里用 G 表示的伽马点 Γ,对应于 [0,0,0]。

使用面板底部的控件,可以添加或删除行,也可以更改坐标值。还可以通过更改 Properties 选项卡上设置的 k 点的值,来更改路径的每个部分的分区数量。但是,对于本实例教程,不需要更改任何值。关闭 Brillouin Zone Path 对话框。在 Properties 选项卡上,选中 Density of states 和 Calculate PDOS 复选框,以计算全部和部分态密度。

3.2.2.3 控制任务设置并运行任务

将使用 Job Control 选项卡上的命令来控制 DMol3 calculation。选择 Job Control 选项卡(图 3-29)。

选择将运行计算的网关位置,并设置各种选项,例如任务描述、任务是否将使用多个内核启动,以及要使用的内核数量。可以通过单击 More...(更多…)来设置其他任务选项,包括 live update settings(实时更新设置)和确定任务完成时发生什么的控件。现在可以运行 DMol3 计算了。单击 Run 按钮,并关闭对话框。打开 Job Explorer,其中包含有关计算状态的信息。打开 Status. txt 的文本文档,其中包含 DMol3 运行状态。此文档定期更新,直到计算完成。

3.2.2.4 能带结构分析

当计算完成时,结果返回到 Project Explorer 中的 AlAs DMol3 Energy 文件夹。在 AlAs DMol3 Energy 文件夹中,双击 AlAs. xsd。显示 AlAs 结构。晶体结构与原始结构相同,但这种结构具有与 DMol3 计算相关的结果。在本教程的其余部分中,将分析能带结构和 DOS 结果。单击 Modules 工具栏上的 DMol3 按钮,并从菜单栏选择 Analysis 或选择 Modules | DMol3 | Analysis。这将打开 DMol3 Analysis 对话框(图 3-30)。

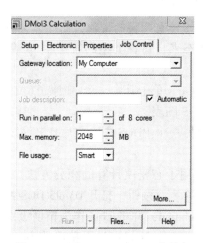

图 3-29 DMol3 Job Control 选项卡

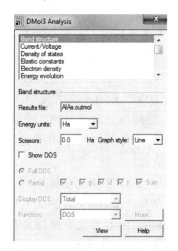

图 3-30 DMol3 Analysis Analysis 对话框

从列表中选择 Band structure,然后单击 View 按钮。显示能带结构图(图 3-31)。

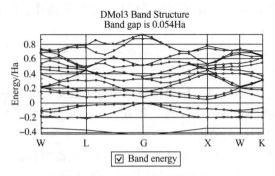

图 3-31　DMol3 AlAs 的带结构图

能带的能量是相对于费米能级绘制的，费米能级设置为零。注意，Γ 点的带隙(G) 大约只有 0.1 Hartree，表明这是半导体。可以使用缩放控件来扩展图表的这个区域，并更精确地测量带隙。实际带隙在图表中报告为 0.054 Ha(1.5 eV)，从图中可以看到，AlAs 具有间接带隙，这与实验结果定性一致[1]。采用密度泛函方法低估了带隙的绝对值，在低温下的实验带隙约为 2.2 eV。

3.2.2.5　DOS 和 PDOS 分析

在 AlAs DMol3 Energy 文件夹中，双击 AlAs. xsd。在 DMol3 Analysis 对话框中选择 Density of states。单击 Partial 按钮，并选中 s、p、d 和 Sum 复选框。单击 View 按钮，显示 PDOS 图(图 3-32)。

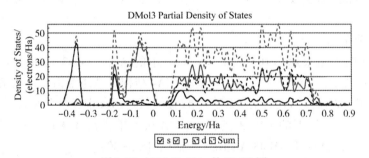

图 3-32　DMol3 AlAs 的 PDOS 图

检查费米能级的能态数，其中 Energy=0。绝缘体有明显的带隙，而导体会有许多状态。这里的图是典型的半导体。可以观察到有多少状态来自每种类型的轨道 s、p 或 d。还可以看到有多少状态与结构中的特定原子相关联。

在 AlAs DMol3 Energy 文件夹中，双击 AlAs. xsd。单击其中一个 Al 原子(Al 原子位于晶胞的顶点)。使用与上面相同的过程重新创建 PDOS 图表。

选择 AlAs 中的 As 原子，并为这个原子创建另一个 PDOS 图。之后比较 Al、As 和整个单元晶胞的结果。

为提高 DOS 和 PDOS 绘图的质量，可以改变用于态密度计算的积分方法。当选择态密度时，点击 DMol3 Analysis 对话框中 More...(更多...)按钮，打开 DMol3 DOS Analysis 选项对话框。从 Integration 方法下拉列表中选择 Interpolation，并将 Fine 作为精度级别。单击 OK 按钮，然后单击 DMol3 Analysis 对话框上的 View 按钮。这将产生更精确的 DOS，具有更清晰的特征和更清晰的带隙定义。从菜单栏中选择 File | Save Project，然后选择 Window | Close All。

196

3.2.3 使用离域内坐标对固体进行几何优化

DMol3 的面向分子的离域内坐标优化机制为大分子系统提供了一套良好的方案。在 Materials Studio 的 DMol3 中,这种机制被扩展到周期性系统。

这个基于离域内坐标的新型优化工具还有能力处理以下体系:高度坐标化系统,比如密堆积固体;片断系统,比如分子晶体,其中的内坐标并不是遍及整个优化空间;包含了在优化过程中的笛卡尔坐标限制。

内部的有效工作表明,对周期性体系而言,这个状态图式的离域内坐标优化方案的效率要比笛卡尔坐标方法高出 2~5 倍,而笛卡尔坐标方法是现在进行固态计算的标准方法。

在实例中,将利用 DMol3 的优化工具,使用离域内坐标方法对分子筛结构进行几何优化。

3.2.3.1 建立 DMol3 计算任务

第一步是输入需要进行优化的分子筛结构。本实例中,将优化分子筛(chabazite)。打开 New Project 对话框,并输入 Chabazite 作为项目名称,单击 OK 按钮。

点击工具栏里的 Import 按钮。找到 Examples/Documents/3D Model/CHA.xsd,并点击输入文件对话栏上的 Import 按钮。

在 3D Viewer(3D 浏览器)中右击鼠标,从快捷键中选择 Display Style 来打开 Display Style 对话框,把显示方式改为 Polyhedron。关闭对话框。Display Style 对话框和用 Polyhedra 方式显示的 CHA 的 3D 图如图 3-33 所示。

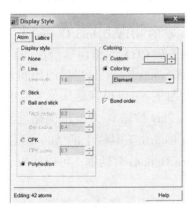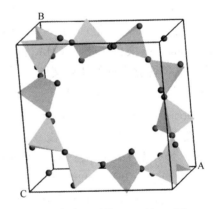

图 3-33　Display Style 对话框和用 Polyhedra 方式显示的 CHA 的 3D 图

从 Modules 工具条上点击 DMol3 按钮，选择 Calculation,或者从菜单栏里选择 Module | DMol3 | Calculation。

首先,选择计算任务。从 Task 下拉列表中选择 Geometry Optimization;把 Functional 设置从 LDA 和 PWC 改为 LDA 和 VWN。在这个任务中将使用 DND 基组和 LDA/VWN 汉密尔顿算符。

当把计算任务改为 Geometry Optimization 时,点击 More…按钮,从而进行更多与此任务相关的设置。选择 More…按钮,来打开 DMol3 几何优化对话栏。

可以通过改变 Quality 的水平来设置迭代误差(Convergence Tolerance)或者编辑这些值。默认的设置是 Medium,包括以下内容:能量为 2.0e~5 Ha 的收敛设置,0.004 Ha/Å 的最大应力设置,以及 0.005 Å 的最大位移设置。Quality 设置为 Medium,关闭 DMol3 Geometry Optimization 对话栏。在 DMol3 Calculation 对话栏上,转换到 Electronic 选项卡。

Electronic 选项卡包括与电子汉密尔顿算符相关的参数。在这个栏内要改变的设置是 k-point set 和 Orbital cuttoff quality。把 k-point set 和 Orbital cuttoff quality 分别设置为 Gamma 和 Coarse。点击 More…按钮，显示 DMol3 Electronic 选项对话栏。点击 Orbital Cutoff 选项卡，可以看到 orbital cutoff 设置的值为 3.5 Å。关闭对话栏。可以通过点击 More…按钮对 SCF 和 k 点电子汉密尔顿算符参数进行更加精确的操作和控制。

点击 DMol3 Calculation 对话栏上的 Properties 选项卡，对需要优化结构的某些性质进行计算。勾选 Electron Density 和 Electrostatics 复选框。

3.2.3.2　控制工作设置和运行计算任务

可以使用 Job Control 选项卡上的命令来控制 DMol3 计算。点击 DMol3 Calculation 对话框上的 Job Control 选项卡，设置后点击 Run 按钮。

Job Explorer(工作浏览器) 开始工作，包括计算状态等信息。产生了一个名为 status. txt 的文件，里面含有 DMol3 运行状态。这个文件在计算任务结束以前会隔一段时间自动更新。不久后，显示出来两个名为 CHA Energy. xcd 和 CHA Convergence. xcd 的图表文件，它们分别对应于计算的优化和收敛状态。这对于可视化监视计算进程非常有用。

可以通过使用服务器控制台来查看实时状态。从菜单栏中选择 Tool | Server Console。扩展 Server Management 和 Jobs 节点。计算任务被名为 CHA DMol3 GeomOpt。点击 CHA DMol3 GeomOpt。服务器控制台上结果界面显示了计算任务的实时状态。关闭 Server Console。当计算任务结束的时候，相关文件就从服务器传回客户端。

3.2.3.3　检验计算结果

当计算结束时，计算结果返回到 Project Explorer 的 CHA DMol3 GeomOpt 文件夹里。双击 CHA DMol3 GeomOpt 文件夹中的 CHA. xtd。分子筛 CHA 的结构显示在 3D 模型窗口中；这是一个包含了几何优化进程的轨迹文件。可以用 Animation 工具栏里的控制工具来浏览几何优化的历史进程。如果 Animation toolbar 不是可见的，可以很容易从菜单栏中选择 View | Toolbars | Animation。在 Animation toolbar 上，点击 Play 按钮 ▷ 来演示优化进程。结束演示时，点击 Stop 按钮 ◻ 终止演示。单击 Animation toolbar 工具栏上的 Animation Mode（动画模式）箭头 ↵▾，然后选择 Options 以打开 Animation Options 对话框。可以使用它来查看各个画面，改变播放速度，以及开始和结束画面。

最终的总能量可以在 . outmol 文件中看到。使用 Project Explorer 换到 CHA. outmol 界面，向下拖动文件寻找总能量。. xsd 文件包含了优化结构。

在 Project Explorer 中，双击 CHA DMol3 GeomOpt 文件夹里的 CHA. xsd 文件。要使得计算所得的性质可视化，就要对输出文件进行分析。点击 Modules 工具栏上的 DMol3 按钮 ❀▾，选择 Analysis，或者从菜单栏里选择 Module | DMol3 | Analysis。这将打开 DMol3 Analysis 对话框。选择 Electron Density 选项，确保在 Results 栏里显示 . outmol 文件，Density Field 设为 Total Density，并且勾选 View isosurface on import。点击 Import 按钮。

总电子密度显示在分子筛上。放大和旋转以检视结构。可以改变等密度面的显示方式，但需要改变原子的显示方式。打开 Display Style 对话框，点击 Atom 栏内的 Stick 显示样式。换到 Isosurface 选项卡，可以使用 Transparency 标尺改变所显示的等密度面的透明程度，也可以通过选择 Dots 或者 Solid 选项来改变等密度面的显示方式。通过拖拽标尺改变 Transparency。点击 Dots 按钮，然后换回到 Solid 按钮。把 Transparency 改回到初始值。还可以控制等密度面的尺寸。把 Iso-value 的值改为 0.1，按下 TAB 键；然后把 Iso-value 的值改回 0.2，再按一回 TAB 键。一旦得到了电子的等密度面，接下来可以把其他的性质绘出来。

从 Module 工具栏里打开 DMol3 Analysis 对话栏；选择 Potential；确定没有勾选 View iso-surface on import 选项；点击 Import 按钮。当数据输入完成，关闭对话栏。右击鼠标，从快捷菜单中选择 Display Style，换到 Isosurface 选项卡，从 Mapped Field 下拉列表中选中 DMol3 electrostatic potential Ha * electron(-1)。关闭对话框。

静电势绘制在电子等密度面上。可以使用 Color Map 对话栏改变所绘图的颜色。右击鼠标，从快捷菜单中选择 Color Maps。使用 Color Maps 对话栏，可以改变颜色方案、所绘图的值以及显示的能带数目。改变 Spectrum 为 Blue-White-Red。点击与 From 相关的 right-arrow，选择 Mapped Minimum。点击与 to 相关的 right-arrow，选择 Mapped Maximum。关闭对话框。等密度面上颜色的改变反应与所绘电子密度图相关区域的最大值和最小值。

可以从 Volume Visualization(体积可视化)工具栏内得到更多的体积可视化工具。从菜单栏里选择 View | Toolbars | Volume Visualization。可以给结构加一个切面。点击与 Create Slices button 相关的选项箭头 ，选择 Best Fit，打开 Choose Fields to Slice 对话框，选择 DMol3 electrostatic potential 选项，点击 OK。一个穿越静电势的切面就显示出来了。这个切面使用了全区的最大值和最小值。如果要查看最大值和最小值在切面上的分布和具体区域，就需要再次使用 Color Map 对话栏。点击工具条上的 Color Maps 按钮 ，点击切面并选择。当选择切面的时候，一条黄色虚线显示在切面的边沿，而在选中区域的中间有一个黄色虚线十字。点击与 From 相关的 right-arrow 并选择 Mapped Minimum。点击与 To 相关的 right-arrow 并选择 Mapped Mean。改变 Spectrum 为 Blue-White-Red。有一些较大的最大值在这个网格区域，但这是不需要看到的，所以没有选择 Mapped Maximum，而选择了 Mapped Mean。还可以使用 Color Maps 对话栏对这些值进行选择性显示。点击与颜色条相关的 Red right-arrow。所有大于平均值的点都被从切面上删除。还可以通过操作删除特定的颜色、改变颜色等。点击那两条竖直的线 II，平均值以上的颜色就重新显示出来了。关闭 Color Maps 对话栏。

可以用 Display Style 对话栏里的 Slice 工具改变切面的显示方式。右击鼠标，打开 Display Style 对话栏。换到 Slice 选项卡，拖动 Transparency 标尺到右边。当拖动 Transparency 标尺时，切面的透明度也随着变化。当结束对切面和等密度面等的分析工作之后，可以删除它们。选择切片并按 DELETE 键。对等值面重复这个步骤。

3.2.4　计算简单反应的自由能

vibrational analysis calculation(振动分析计算)的结果可用于计算重要的热力学性质，如 enthalpy 焓(H)、entropy 熵(S)、free energy 自由能(G)和 heat capacity at constant pressure 比定压热容(C_p)关于温度的函数。DMol3 总能量产生 0 K 温度下总电子能量。如下所述，各种平移、旋转和振动分量用于计算在有限温度下 H、S、G 和 C_p。

在本实例教程中，使用 DMol3 来计算简单反应的自由能，1-butene(1-丁烯)异构化为 cyclobutane(环丁烷)：

1-butene(g)→cyclobutane(g)

已经测量了每种碳氢化合物的燃烧热，结果差为：

1-butene(g)→cyclobutane(g)

$$\Delta H_{exp}^{298.15K} = 6.48 kcal/mol$$

每种物质的熵在同一文献中为-9.8 cal/mol/K。这些结果可以用来计算 $T = 298.15$ K 时

199

的自由能。

$$\Delta G_{\mathrm{exp}}^{298.15\mathrm{K}} = \Delta H_{\mathrm{exp}}^{298.15\mathrm{K}} - T\Delta S_{\mathrm{exp}}^{298.15\mathrm{K}}$$

结果为：

$$1\text{-butene}(\mathrm{g}) \rightarrow \text{cyclobutane}(\mathrm{g})$$
$$\Delta G_{\mathrm{exp}}^{298.15\mathrm{K}} = 9.40\ \mathrm{kcal/mol}$$

为确定由第一性原理计算得到的反应焓或自由能，使用热力学循环，如果已知 T_0 温度下反应焓和两个温度之间的产物和反应物的比热容，则可以计算 T_1 温度下的反应焓：

$$\int_{T_1}^{T_0} C_p(\mathrm{reactants})\,\mathrm{d}T \Bigg\downarrow \quad \begin{array}{c} T_1 \xrightarrow{\Delta H_{rxn}^{T_1}} \\[4pt] \xrightarrow{\Delta H_{rxn}^{T_0}} \\[4pt] T_0 \end{array} \quad \Bigg\uparrow \int_{T_0}^{T_1} C_p(\mathrm{products})\,\mathrm{d}T$$

得到下列公式：

$$\Delta H_{rxn}^{T_1} = \int_{T_1}^{T_0} \sum_{\mathrm{reactants}} C_p\,\mathrm{d}T + \Delta H_{rxn}^{T_0} + \int_{T_0}^{T_1} \sum_{\mathrm{products}} C_p\,\mathrm{d}T$$

采用 DMol3 进行几何优化得到的结果给出了系统的总电子和离子能 (E_{tot})。焓差由下式给出：

$$\Delta H = \Delta U - P\Delta V$$

在某些情况下，必须包括系统容量的可能变化。

系统的内能 (U) 是由电子、振动、平移和旋转贡献产生，并由以下方程给出：

$$\Delta U = \Delta E_{\mathrm{tot}} + \Delta E_{\mathrm{vib}} + \Delta E_{\mathrm{t\,rans}} + \Delta E_{\mathrm{rot}}$$

Gibbs free energy difference (吉布斯自由能) 由下式给出：

$$\Delta G = \Delta H - T\Delta S$$

其中，ΔS 由下列公式给出：

$$\Delta S = \Delta S_{\mathrm{vib}} + \Delta S_{\mathrm{t\,rans}} + \Delta S_{\mathrm{rot}}$$

一旦确定了基态结构，并且利用统计力学方法获得了 3N-6(5) 模态的振动频率，DMol3 就可以计算上述所有项。

3.2.4.1　开始

首先启动 Materials Studio 并创建一个新项目。打开 New Project 对话框，输入 butene (丁烯) 作为项目名称，单击 OK 按钮。使用 Project Explorer 中列出的 butene 创建新项目。

3.2.4.2　结构准备

在本实例教程中，在单独的文档中构建反应物和产物。

第一步是创建两个新的 3D Atomistic documents。单击 Standard 工具栏上的 New 箭头 🗋▾，并从下拉列表中选择 3D Atomistic Document。重复此过程，以便创建两个新的 3D Atomistic documents。

确保第一个 3D Atomistic document 是当前工作文档。从 Sketch 工具栏中选择 Sketch Atom 工具 ✎。画出四个碳原子的链，然后按 ESC 键取消草图。单击其中一个终端 C—C 键，将键级增加到 two。为了完成结构，需要添加氢，并将结构排布成合理的初始几何形状。单击 Sketch 工具条上 Adjust Hydrogen 按钮 H，然后单击 Clean 按钮 ▦。

在 3D Viewer 中右击，并从快捷菜单中选择 Display Style 以打开 Display Style 对话框。在 Atom 选项卡上选择 Ball and stick 选项。重新命名新文档 1-butene. xsd。

现在构建另一个参与反应的分子，cyclobutane。单击 3D Atomistic（2）. xsd 的 3D Viewer 使其成为工作文档。单击 Sketch 工具栏上的 Sketch Ring 箭头 ，并从下拉列表中选择 4 Member。在文档中单击一次以插入 cyclobutane ring（环丁烷环）。单击 Adjust Hydrogen 按钮 和 Clean 按钮 。在 Display Style 对话框中，选择 Ball and stick 选项并关闭对话框。将该文档命名为 cyclobutane. xsd。

单击 3D Viewer 工具栏上的 3D Viewer Selection Mode 按钮 。当完成后，应该在单独的 3D Atomistic documents 中显示以下两个分子（图 3-34）。

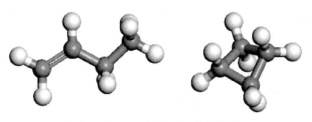

图 3-34 1-丁烯和环丁烷结构图

3.2.4.3 优化几何结构并进行振动分析计算

在进行 vibrational analysis calculation（振动分析计算）前，应该优化两个分子的结构。将使用 DMol3 中的 geometry optimization（几何优化）功能来实现这一点。

使 1-butene. xsd 成为工作文档。单击 Modules 工具栏上的 DMol3 按钮 ，并从下拉列表中选择 Calculation。将 Task（任务）设置为 Geometry Optimization（几何优化）。确保 Quality（精度）设置为 Medium，并将 Functional（泛函）更改为 GGA 和 BLYP。刚刚指定了用于此计算的 basis set（基组）和 Hamiltonian（哈密顿量）。像 BLYP 这样的梯度修正函数对于计算精确的热力学性质是非常重要的。在 Electronic 选项卡上，单击 More...（更多…），打开 DMol3 Electronic Options 对话框。选中 SCF 选项卡上的 Use smearing 复选框，并确保 Smearing（拖尾）的值设置为默认值 0.005。关闭对话框。Smearing 根据热分布填充费米能级周围的能级，并且在许多情况下有助于改善 SCF 收敛。在 DMol3 Calculation 对话框的 Properties 选项卡上，选中 Frequency（频率）复选框。这使得在结构优化收敛之后进行振动分析。利用该分析结果，计算焓（H）、熵（S）、自由能（G）和恒压比热容（C_p）关于温度的函数关系。DMol3 总能量产生 0 K 温度时的总电子能量。各种平移、旋转和振动分量用于计算在有限温度下 H、S、G 和 C_p。在本实例教程中，重点为对自由能的有限温度校正。

现在可以运行 1-丁烯和环丁烷的计算了。确保 1-butene. xsd 是工作文档，然后单击 Run 按钮。将 cyclobutane. xsdc 设置为工作文档，然后再次单击 Run 按钮。关闭对话框。在计算过程中任务进展以图表和文本文档的形式呈现。任务完成后，所有结果文件都返回给客户端。因为 DMol3 利用了分子的 D2D 对称性，环丁烷的计算比 1-丁烯的计算快得多。

3.2.4.4 计算有限温度下的自由能

1-丁烯的优化结构包含在 1-butene DMol3 GeomOpt/1-butene. xsd 文件中。计算的文本输出包含在 1-butene. outmol 文件中。在计算异构化反应的自由能前，将在图表文档中显示计算的热力学性质。从菜单栏中选择 File | Save Project，然后选择 Window | Close All。

在 Project Explorer 中，双击 1-butene DMol3 GeomOpt 文件夹中的 1-butene. xsd。

从菜单栏中选择 Modules | DMol3 | Analysis，打开 DMol3 Analysis 对话框，并从下拉列表中选择 Thermodynamic（热力学）性质。确保 1-butene. outmol 是 Results（结果）文件，然后

单击 View 按钮，并关闭对话框。

根据相应的 DMol3 输出文档中的数据来计算反应的自由能。

$$1\text{-butene}(g) \rightarrow \text{cyclobutane}(g)$$

$$\Delta G_{exp}^{298.15K} = 9.40 \text{kcal/mol}$$

反应自由能计算所需的数据见表 3-2。

表 3-2 反应自由能计算所需的数据   单位：Hartree

	1-Butene	Cyclobutane
E_{total}/Hartree		
$G_{\text{total}}^{298.15K}$/kcal/mol		
G_{total}/Hartree		
$E_{\text{Tcorr}}^{298.15K} = E_{\text{total}} + G_{\text{total}}(\text{Hartree})$		

在 Project Explorer 中，双击 1-butene DMol3 GeomOpt 文件夹中的 1-butene. outmol。1-丁烯计算的输出显示在 Text Viewer(文本浏览器)中(图 3-35)。按 CTRL+F 键，完成几何优化搜索，找到相应的数值并将数值记录在表格的第 1 行。

滚动到 1-butene. outmol 文档的末尾，会发现一个数据表，其中包含在 25~1000 K 温度范围内，步长为 25 K，计算的标准热力学量(熵、热容、焓和自由能)的有限温度修正。所有这些量包括零点振动能(ZPVE)。将 1-丁烯在 298.15 K 温度下 G 值记录在表格的第 2 行。

计算得到在 298.15 K 温度下 G_{total} 值为+49 kcal/mol。现在将 G_{total} 从 kcal/mol 转换为 Hartree(1 Hartree=627.51 kcal/mol)。在表 3-2 的第三行中，记录 1-丁烯在 298.15 K 温度下 G 值。

由于 DMol3. outmol 文档提供了对 H、S 和 G 的有限温度的校正，所以可以简单地将表 3-2 的第 1 行和第 3 行中的值相加，以获得 1-丁烯的有限温度校正值 G。将 1-丁烯的行 1 和行 3 中的值相加，并在表的第 4 行中输入结果。

对环丁烷重复上述步骤以填充表的剩余表格。

使用以下公式计算 1-丁烯异构化为环丁烷的 G 值，单位为 kcal/mol：

$$G_{\text{reaction}}^{298.15K} = 627.51 \left[E_{Tcorr}^{298.15K}(\text{cyclobutane}) - E_{Tcorr}^{298.15K}(\text{butene}) \right]$$

计算的反应自由能大约为+10.75 kcal/mol，非常接近实验值。自由能的正号表明这种反应在室温下不会自发发生。

从本实例教程中获得的值中可能会发生轻微的变化。这主要是由于在 DMol3 几何优化中使用 Medium 收敛水平而导致的轻微的结构差异。

从菜单栏中选择 File | Save Project，然后选择 Window | Close All。

3.2.5 模拟电子输运

DMol3 中的 Electron Transport(电子输运)任务采用非平衡 Green's function 格林函数(NEGF)形式来模拟两电极间的电子输运。电子传输任务允许计算传输函数和电流电压特性。在本教程中，使用 DMol3 模块计算连接到两个氢链电极的锂基团的输运特性。

3.2.5.1 开始

首先启动 Materials Studio 并创建一个新项目。打开 New Project 对话框，输入 DMol3 Transport 作为项目名称，单击 OK。新项目是使用 Project Explorer 中列出的 DMol3 Transport

创建的。

3.2.5.2 前期准备

第一步是导入 device structure(设备结构)。

从菜单栏中选择 File | Import…，打开 Import Document 对话框。导航并选择 Examples \ \ Documents \ \ 3D Model \ \ HChainLi4. xsd，单击 OK。

该装置由两条氢链和四个位于中心的锂原子组成。

3.2.5.3 设置电子输运作业

现在有了一个装置结构，可以用于 DMol3 Electron Transport 任务。

首先设置装置输运的计算。在 Modules 工具栏上，单击 DMol3 工具按钮：DMol3 Tools 按钮。选择 Calculation。将显示 DMol3 Calculation 对话框。在 Setup 选项卡上，在 Task 下拉列表中选择 Electron Transport。点击 More…，打开 DMol3 Transport 对话框(图 3-35)。

DMol3 Transport 对话框包含特定于 Electron Transport 任务的设置。确保选中 Calculate transmission function(计算输运功能)复选框。这将要求计算电极之间的输运函数。可以修改输运函数的范围和步数，以适合该装置。能量范围是相对于电极的最低费米能量给出的。

在 DMol3 Transport 对话框的 Setup 选项卡上，单击 More… 用于计算输运功能，打开 DMol3 Transmission 对话框。From 设置为-2，To 设置为3，Steps 设置为1001。关闭对话框。

由于输运装置是开放系统，因此在 SCF 循环期间，它不会维持电荷，并且经常容易发生电荷波动。因此，用于电荷混合的混合参数应小于 DMol3 中使用的正常混合参数。

在 DMol3 Transport 对话框的 Setup 选项卡上，将 Mixing amplitude(混合振幅)设置为 0.015。作为计算的一部分，每个电极将建模为一个周期性结构，以便设置计算过程中的费米水平和描述电极所需的其他性质。应该确保用于计算的 k 点数量足够大，能够正确预测电极的费米水平和电子结构。对于这个计算，默认值25就足够了。选择 Electrodes(电极)选项卡(图 3-36)。

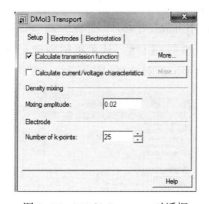

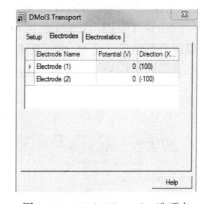

图 3-35　DMol3 Transport 对话框　　　图 3-36　DMol3 Electrodes 选项卡

Electrodes 选项卡显示有关氢电极的信息，并可修改相关设置。

将更改电极的名称，以便以后更容易识别。将 Electrode(1)的名称改为 source，将 Electrode(2)改为 drain。关闭 DMol3 Transport 对话框。电极对象的名称也在 3D Atomistic document 中修改。如果使用 Properties Explorer 更改电极的名称，则电极将使用与新名称相关的任何设置。如果没有设置，将应用默认设置。在 DMol3 Transport 对话框上更改名称时，当前设置将与新名称一起使用。

由于 SCF 循环的收敛性对于输运计算有很大影响，因此应谨慎增加 SCF 循环的最大数量。在 DMol3 Calculation 对话框的 Electronic 选项卡上，单击 More...，打开 DMol3 Electronic Options 对话框。在 SCF 选项卡上，将 Max. SCF cycles 设置为 500。现在可以开始输运作业了。单击 Run。

将显示名为 Status. txt 的文本文档，报告计算的状态。此文档会定时更新，直到计算完成，它可以帮助掌握计算进度。输运计算只需几分钟。

现在，将为同一装置设置当前计算。关闭所有输出文件，并使原始 HChainLi4. xsd 成为工作文档。

打开 DMol3 Transport 对话框，在 Setup 选项卡上取消选中 Calculate transmission function 复选框，并选中 Calculate current/voltage characteristics（计算电流/电压特性）复选框。点击 More...，用于计算电流/电压特性，以打开 DMol3 Current/Voltage 对话框。将 Vary potential 设置为 source，将电位范围 From 设置为 0，To 设置为 1.5，Steps（步数）设置为 16。关闭对话框。

在 DMol3 Transport 对话框上，选择 Electrostatics（静电）选项卡（图 3-37）。

在 DMol3 Transport 对话框的 Electrostatics 选项卡上，将 Max. grid spacing（最大网格间距）设置为 0.3。可以计算电荷密度和静电势，以提高对装置的了解。选择 DMol3 Calculation 对话框的 Properties 选项卡，选择 Electron density（电子密度）性质，然后选中 Deformation density（变形密度）复选框。选择 Electrostatics 性质，并点击 Grid... 来打开 Dmol3 Grid Parameters 对话框。将 Grid resolution 设置为 Fine。

现在开始准备启动任务。点击 Run 按钮，并关闭对话框。根据使用的计算资源，当前的计算可能需要几个小时。

3.2.5.4 分析输运功能

传输计算完成后，结果将返回到 Project Explorer 的 HChainLi4 DMol3 Transport 文件夹中。从菜单栏中选择 File | Save Project，然后选择 Window | Close All。

在 HChainLi4 DMol3 Transport 文件夹中双击 HChainLi4. xsd。现在，将使用 DMol3 Analysis 模块分析结果。在 Modules 工具栏上单击 DMol3 按钮。从菜单栏中选择 Analysis 或选择 Modules | DMol3 | Analysis。这将打开 DMol3 Analysis 对话框（图 3-38）。

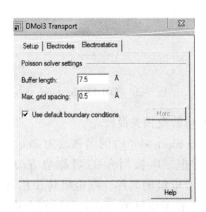

图 3-37　DMol3 Electrostatics 静电选项卡

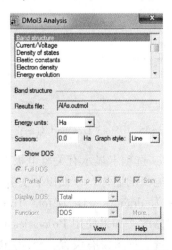

图 3-38　DMol3 Analysis 对话框

从列表中选择 Transmission，然后单击 View 查看 transmission function(输运功)(图 3-39)。

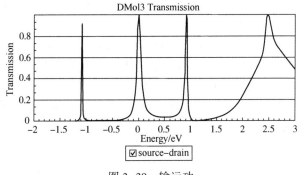

图 3-39　输运功

该装置的输运将在锂岛有状态的地方出现峰值。如果锂岛和电极引线上的状态都离域，那么电极将使峰变宽，而如果岛上的状态强局部化，则峰将变陡。输运函数的能量与电极的最低化学势有关。

3.2.5.5　分析电流电压特性

当前计算完成后，结果将返回到 Project Explorer 的 HChainLi4 DMol3 Transport（2）文件夹中。在 HChainLi4 DMol3 Transport（2）文件夹中双击 HChainLi4. xsd。

打开 DMol3 Analysis 对话框，选择 Current/Voltage，然后单击 View。关闭对话框。图 3-40中显示了电流-电压特性图。

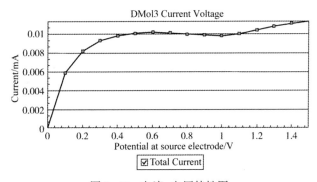

图 3-40　电流-电压特性图

由于该装置沿输运方向对称，预计正负偏压的电流只会相差一个符号。电流在漏极处测量，电压在源极处变化。

分析 charge density(电荷密度)和 potential(电势)。在 HChainLi4 DMol3 Transport（2）文件夹中双击 HChainLi4. xsd。打开 DMol3 Analysis 对话框并选择 Electron density。在 Density field 字段下拉列表中，选择 Deformation density(变形密度)，然后单击 Import(导入)。

在 HChainLi4. xsd 文档中，打开 Display style 对话框。在 IsoSurface 选项卡上，将 IsoValue 设置为 0.015，并将 Type 设置为+/-。现在 HChainLi4. xsd 文档包含表示装置变形密度的等值面。

在 HChainLi4 DMol3 Transport（2）文件夹中双击 HChainLi4. xsd。打开 DMol3 Analysis 对话框并选择 Potentials。

在 Potential field 下拉列表中，选择 Biased electrostatic potential(偏压静电势)。在 Bias potential 下拉列表中，选择 1.0 V。单击 Import 以导入 field。

当切片穿过装置时，可很好地观察到势场。在 Volume visualization 工具栏上，单击 Create slice 按钮：选择 Parallel to A & B axis(平行于 A&B 轴)，然后选择 Dmol3 electrostatic potential Ha * electron(-1)(1.0000 V)。

势能是以原子单位表示的，并且具有接近原子的较大值。要查看装置上的电势降，需要更改颜色映射的范围。在 Volume visualization 工具栏上，单击 Color maps 按钮：From 设置为-0.05，To 设置为 0.05。将 Spectrum 光谱更改为 Blue-White-Red(蓝-白-红)。电荷密度和静电势场的范围都设置为所定义装置的范围。范围可以扩展到包括在 DMol3 计算期间创建的装置扩展部分。在 HChainLi4.xsd 文档中，打开 display style 窗口，在 Field 选项卡上，将 A 的 Display range 设置为 0.25 和 0.7。

HChainLi4.xsd 文档现在显示了穿过装置中心的一个潜在切片。请注意装置的锂岛屿处电势下降趋势。

第4章 科技文献检索

4.1 Internet 在材料科学信息资源检索中的应用

4.1.1 Internet 的重要性

材料研究与应用所涉及的领域极其广泛，除了大量的材料科学专业信息以外，还涉及化学、物理、数学、机械、冶金、环境、市场、投资、法律以及教育等方面，这些信息资源存在着地理上分散、组织上松散、数据类型多样等特点。不同类型的信息资源分布和检索方法各不相同。因此，如何在 Internet 上快速、准确、全面地获取信息成为迫切需要解决的问题。

Internet 的发展十分迅速，一方面信息非常广泛，而且很多信息在定期或不定期地更新；另一方面信息资料的混乱度也在增加，信息的平均质量严重下降，系统化整理成本越来越高。人们不得不花费大量宝贵的时间阅读重复的信息。因此，信息质量的重要性远胜过数量，信息挖掘的深度远胜于广度。Internet 信息检索工具可以帮助用户系统地浏览所要检索的目标，筛选和提高信息检索的速度和质量。

Internet 上的材料科学信息资源非常丰富，除了提供通用信息检索的网站以外，还出现了针对材料科学领域的综合信息网站和各类材料研究网站。这些网站为用户提供研究文献、材料数据库、专利信息等一系列信息资源。

4.1.2 强大的搜索引擎

搜索引擎是互联网上搜索信息最有效、最常用的方法之一，对于初涉互联网的人员来说更是如此。

互联网上通用搜索引擎分三类：第一类是分类目录型的搜索，一般是基于人工建立的搜索引擎，这种搜索引擎比较精确，用户一般在检索相对静态稳定的信息时使用这一类搜索引擎，如 Yahoo、Sina 等；第二类是基于关键词的检索，如 Baidu（http：//www. baidu. com）、AltaVista（http：//www. altavista. com）、Lycos（http：//www. lycos. com）、Excite（http：//www. excite. com）等，用户可以用逻辑组合方式输入各种关键词，搜索引擎根据这些关键词寻找用户所需资源的地址；第三类是多元搜索引擎，实际上它本身不具备搜索索引，要依靠其他原始引擎的搜索或索引接口，来完成其搜索任务的引擎。

搜索引擎按照搜索的内容又可以分为通用搜索引擎（General Search Engine）和专业搜索引擎（Specific Search Engine）。

4.1.2.1 通用搜索引擎（General Search Engine）

通用搜索引擎大家肯定很熟悉，凡是上过网的人都知道 Baidu、Yahoo、Sina、Sohu、Google 等搜索引擎，它是上网时经常用的查询信息资源的工具。通用搜索引擎所涉及的信息包罗万象，也包含一些专业信息。

搜索引擎的发展经过了好几个阶段，最初追求的是数据库的大小，即收集网页的多少，但后来发现搜索到的结果太多，信息的相关性并不高，反而令用户无所适从，于是开始注重网页质量和相关性的结合，大大提高了搜索的质量。搜索引擎未来的发展是进一步提高准确性、查全率和响应速度，其数据库要做到及时更新，要更符合用户的检索习惯，同时要大力发展搜索结果表现、搜索向导、搜索行为分析等技术，向更精确、更专业化、更个性化、更主动化方向发展。

4.1.2.2 专业搜索引擎(Specific Search Engine)

与通用搜索引擎相比，专业搜索引擎在内容上涉及更多的专业信息，是为搜索专业信息而设计的搜索引擎，它主要与一些专业数据库相联接。

例如，www. chemspy. com 是一个有关化学材料信息和数据的搜索引擎；化学搜索引擎，如 chemedia. com、chemindustry. com、chemie. de 等可以检索到有关化学、材料的专题研究网站；专利搜索引擎，如 Canadian Patent Database、US Patent Database 等可以获取有关化学材料的专利；还有材料学术期刊搜索引擎、材料物理性能数据搜索引擎，以及半导体材料的搜索引擎(http：//www. semiseek. com) 等。

4.1.3 专业网站

4.1.3.1 学会、协会网站

利用专业学会网站是获取专题信息的一个捷径，它除了提供学会介绍、论文征集启事外，还提供与专题有关的电子出版物、热门话题、标准信息以及专业数据库等。例如中国材料研究研究学会(http：//www. c-mrs. org. cn)。

中国材料研究学会(C-MRS)是我国从事材料科学技术研究和产业的科技工作者和单位，自愿结合并依法成立的全国性、非营利性法人社会团体，是中国科协的组成部分，挂靠在中国科学院。中国材料研究学会是国际材料研究学会联合会(International Union of Materials Research Society，简称 IUMRS)的发起单位之一，并代表国家身份作为该会的成员。

学会现有分支机构 14 个，团体会员 162 个(拥有上万的材料科技工作者)。会员是学会的主体和基本依靠力量，密切与他们的联系，倾听意见和呼声，努力做好为服务工作，充分发挥积极性、主动性、创造性，使学会不断增强凝聚力、影响力，成为"材料科技工作者之家"是学会工作的中心任务。

下面列举了 4 个与材料研究相关的学会、协会网站：

(1) 材料、矿物和矿业学会(IOM3)：http：//www. iom3. org/

(2) 金属矿石和材料协会(TMS)：http：//www. tms. org/

(3) 国际晶体学联合会：http：//www. iucr. ac. uk/

(4) 国际材料研究学会联合会：http：//www. iumrs. org

4.1.3.2 主题网站

(1) http：//www. bindt. org/：英国无损检测中心，提供 100 多个与无损检测相关的网站链接。

(2) http：//www. ctcms. nist. gov/：计算材料学中心，提供大量材料研究及计算机模拟技术相关的资料。

(3) http：//www. twi. co. uk：提供全球范围的材料焊接技术服务，包括信息咨询、培训与认证、技术转让等。

(4) http：//www. einet. net/directory/29736/Materials-Science. htm：提供大量与材料学相关的网址链接。

（5）http：//www. matweb. com：提供大量与材料性能相关的数据表。

（6）http：//www. msel. nist. gov：材料领域网络数据库的权威性网站。

（7）http：//icsd. ill. fr/icsd/index. php：无机晶体结构数据库。

（8）结晶学（Crystallography）研究专题网站。

① http：//www. ccdc. cam. ac. uk/

② http：//www. iucr. ac. uk/

③ http：//www. physics. uiuc. edu/Physics/library/crystal. html

④ http：//www. hwi. buffalo. edu/ACA/

⑤ http：//www. ill. fr/

⑥ http：//www. icdd. com/

⑦ http：//fluo. univ-lemans. fr：8001/iniref. htmJ

（9）国内材料专题网站。

① 中国功能材料网：http：//www. chinafm. org. cn

② 中国电子材料网：http：//www. cemia. org. cn/

4.1.4　数据库资源

4.1.4.1　专利数据库

专利数据库是指专用于专利情报检索的数据库。收录文献一般限于专利文献及某些专利局的防卫性公告中的内容。

（1）美国专利库

美国专利与商标办公室（The US Patent and Trademark Offce，简称 USPTO）提供书目型和全文型专利数据库，是非常重要的专利信息资源。该数据库收录的美国专利的时间最早可追溯到 1976 年 1 月 1 日。网络用户可免费检索该数据库，并可浏览检索到的专利的标题、文摘及包括附图在内的专利说明书等信息。

美国专利库的检索网页提供了三种方法：

① 布尔检索：布尔检索方式容许用户使用两个检索词进行简单的逻辑组配（AND、OR、ANDNOT、XOR）来检索。

② 高级检索：高级检索方式提供了非常灵活的检索途径，主要包括：复杂的布尔表达式、字段检索、词组检索、日期检索、前方一致检索、检索结果按年代排列或按相关度排列、检索统计等。

③ 专利号检索：若用户已经知道所要检索专利的专利号，可直接在专利号检索框中输入专利号码进行检索。

（2）中国专利

中国专利信息网（https：//www. patent. com. cn/）始建于 1998 年 5 月，集专利检索、专利知识、专利法律法规、项目推广、高技术传播、广告服务等功能为一体，用户在此既能实时了解和中国专利相关的任何信息，又能方便快捷地查询专利的详细题录内容，下载专利全文资料。

中国专利信息网是关键字检索，在检索框内键入关键词（Keyword），各关键词之间用空格隔开，然后选择检索范围系统，会在新打开的窗口中列出检索结果。网站检索默认"and"的关系，即检索结果包括所有的关键词；如果选"or"的关系，则检索出的专利文献的题录信息中至少包含其中的一个关键词，同时，检索关键词会被高亮显示。

4.1.4.2　全文数据库

目前可通过教育网利用的全文数据库主要有：Elsevier 全文数据库、美国 John Wiley 出版公司电子期刊、Kluwer Online、Springer 全文电子期刊、美国化学学会（ACS）会刊、英国皇家化学学会（RSC）全文电子期刊及数据库、Science 全文、Nature 全文、IEEE 全文数据库以及国内的中国期刊网和维普、万方数据库等。

与传统数据库相比，全文数据库有以下几个特点：

（1）全文数据库能根据文献线索直接迅速地获取一次文献资料，使检索更直接、更彻底。

（2）全文数据库检索点多，使用方便，允许对文献全文中的任何信息进行检索，打破了主题词对检索的限制。

（3）全文数据库标引深度高，采用自然语言进行标引，就可以找到许多可贵的边缘信息。

（4）界面友好，各种按钮易于理解，具备简单检索和高级检索（专家检索）两种选择。

（5）使用文本形式的自然语言，因而使检索系统的建立和用户的使用变得容易和轻松。

4.2　材料科学科技文献检索

4.2.1　科技文献的概念和特点

4.2.1.1　科技文献的概念

科技文献是用文字、图形、声像等表达的科技知识，是人类从事科技活动和科学实验的客观记录。反映不同时代生产技术和科学的发展状况和水平，反映当前科学和生产技术的发展状况、趋势和方向。

4.2.1.2　科技文献的特点

科技文献具有以下特点：

（1）数量大。科技发展迅速，研究规模大，研究成果多。

（2）形式多。计算机与网络技术的介入，印刷、电子出版物、Internet 在线出版物等多形式并存。

（3）文种多。据统计，每年收录的文献语种多达 56 种。

4.2.2　科技文献的种类

4.2.2.1　按文献的出版形式划分

可分为：期刊论文、会议论文、学位论文、专利、文摘和索引、专著和手册。

（1）期刊论文（journal）

学术论文中也包括一些研究简报（communication）、研究快报及研究评论（review）。研究简报的篇幅较短。研究快报是为了尽快发表，以便开展学术交流，阐述已取得的成就及存在的问题，并展望未来。快报所报道的内容带有综述性，篇幅较大，引用文献很多。作者多是这一领域的专家。

（2）会议论文

由于会议的专业性一般很强，论文集中反映当前国际上该领域的最新研究成果、进展情况及发展趋势。会议论文经补充修改后，多数还会在期刊上正式发表，故与会者可以比在期刊上更早地了解论文的内容。

（3）学位论文

学位论文主要指博士生、硕士生毕业前书写的论文。这类论文原始素材较多，实验分析、讨论等内容较详细，参考文献较多。

学位论文文本印数有限，不公开发行，不易获得。国外学位论文可通过《国际学位论文文摘》（Dissertation Abstracts International，缩写为 DAI）查阅。

（4）专利

材料科学研究很多成果是通过专利发布的，利用专利数据库不仅能跟踪专利上材料研究相关领域的最新进展，还有利于保护专利。

（5）文摘和索引

文摘和索引属于二次文献，据一次文献提炼并科学归纳而得，为科研工作者快速提供文献信息。通过对文摘的检索可以了解其主题和内容要点，明确是否要进一步寻找原件。

1）文摘

文摘是将散见于世界各个国家和地区的期刊、回忆录、专利、学位论文，甚至专著，集中分类缩写的定期连续出版物。

2）索引

指一类刊物，即论文索引（单独成册的出版物，不是指文摘、手册、专著内设的索引）。这种索引只有论文作者、题目及来源等，没有论文摘要。

著名的索引有：

①《科学引文索引》（Science Citation Index，缩写为 SCI）；

②《工程索引》（The Engineering Index，缩写为 EI 或 Ei）；

③《科学技术会议录索引》（Index to Scientific and Technical Proceedings，缩写为 ISTP）；

④《科学评论索引》（Index to Scientific Reviews，缩写为 ISR）。

（6）词典、手册、专著、百科全书

词典、手册、专著、百科全书就是将文献按不同需要综合归纳的出版物，属于三次文献。

1）词典

不同于常规查阅单字的词典，而是化合物词典。这类词典以化合物为条目，介绍化合物的分子式、结构式、主要物理性质和化学性质。中型或大型词典还有参考文献。

2）手册

通常指篇幅不大，查阅物性数据、试剂、实验、操作等使用方便的工具书。手册种类繁多，有综合性的，有专科性的。

3）专著

就某一专题编写的专门性著作，针对性强，涉及面较窄，但论述深入。专著均附有参考文献。

4）百科全书

内容涉及该领域的各个方面，篇幅一般在一二十卷，甚至更多。正文由主题词组成，行文围绕主题词逐一展开论述。百科全书内容丰富，有覆盖面，文字精练，图、表、公式应用得当。

（7）标准及其他

标准是政府职能部门制定的，要求有关从业人员共同遵守的统一规定。

国际标准(intenational organization for standardization,缩写为ISO)

中国国家标准(缩写为GB,汉语拼音guojia biaozhun的缩写)

国家标准

日本工业标准(japanese industrial standard,缩写为JIS)

德国工业标准(deutsche industrie norm,缩写为DIN)

4.2.2.2 按文献的加工深度划分

（1）零次文献

零次文献是未经人工正式物化，未公开于社会的原始文献。例如：手稿、讨论稿、设计草图、生产纪录、实验记录等。

零次文献的特征为：广泛分散性，使用和传播范围小，保密性强，收集、验证、管理困难；原始性、新颖性，具有较大的使用价值。

（2）一次文献

也称为原始文献，是以科研成果、新产品设计为依据写成的原始论文，有的是零次文献的总结。例如：期刊论文、科技报告、会议资料、专利说明书、学位论文、技术标准等。

一次文献是首次科学发现、系统总结的新知识、新技术、新工艺；是对已有事实材料的新理解、新观点，在科研、生产和设计中起参考和借鉴作用；是文献检索的最终对象。

（3）二次文献

二次文献是按照一定规则对一次文献进行分类整理、浓缩加工后形成的有系统的文献。二次文献能全面、系统地反映某学科的一次文献线索；一次文献在先，二次文献发表在后，也有次序相反的。

（4）三次文献

三次文献是在二次文献的引导下，对所选择的文献内容进行分析、综合和评价。例如：学科动态综述、评论、年度总结、领域的进展等；在大量原始文献基础上筛选出来编写的著作、教材、丛书、手册、年鉴、参考书或工具书。

4.2.3 文献检索

4.2.3.1 全文数据库检索

（1）CNKI中国期刊全文数据库

① 初级检索

进入CNKI中国期刊全文数据库主页以后，即可进行文献检索、知识元检索以及引文检索。

初级检索的检索主题包括：主题、篇关摘、关键词、篇名、全文、作者、第一作者、通讯作者、作者单位、基金、摘要、小标题、参考文献、分类号、文献来源、DOI等选项，如图4-1所示。

根据需要选择相应的主题以及检索内容，即可获得需要的文献。以"篇名"作为主题，"透明导电氧化物"作为检索内容，及可得到图4-2的初级检索结果。

点击检索出来的文献题名后即可查看文献的基本信息，并按照需要进行下载，如图4-3所示。

图 4-1 CNKI 初级检索界面

图 4-2 CNKI 初级检索结果

图 4-3 CNKI 文献信息

② 高级检索

高级检索界面如下，可按照需要以不同的逻辑关系组合不同的检索主题进行高级检索，如图 4-4 所示。

例如，以"透明导电氧化物"作为主题，同时以"夏维涛"作为作者，可得到更为准确的检索结果，如图 4-5 所示。

图 4-4　CNKI 高级检索界面

图 4-5　CNKI 高级检索结果

（2）Elsevier 全文数据库

Elsevier 公司出版的期刊是世界上公认的高品位学术期刊，全文数据库名称为 Science Direct On Site，该数据库涉及数、理、化、天文、学、生命科学、商业及经济管理、计算机科学、工程技术、能源科学、环境科学、材料科学、社会科学。Science Direct 的全文电子期刊包括以下分类：Physical Sciences and Engineering、Life Sciences、Health Sciences 和 Social Sciences and Humanities 四个大类，共包含 Chemical Engineering、Chemistry、Computer Science、Earth and Planetary Science、Energy、Engineering、Materials Science、Mathematics、Physics and Astronomy、Agricultural and Biological Sciences、Biochemistry，Genetics and Molecular Biology、Environmental Science、Immunology and Microbiology、Neuroscience，Medicine and Dentistry、Nursing and Health Professions、Pharmacology，Toxicology and Pharmaceutical Science、Veterinary Science and Veterinary Medicine，Arts and Humanities、Business，Management and Accounting、Decision Sciences、Economics，Econometrics and Finance、Psychology、Social Sciences 等 24 个小类。

检索途径包括简单检索、高级检索。其中，简单检索的界面如图 4-6 所示，用户可以通过关键词、作者姓名、期刊名或者书名，以及卷、期、页码等作为检索项进行检索。

图 4-6　Elsevier 简单检索界面

高级检索的界面如图 4-7 所示，用户可通过将检索项与期刊名或者书名、作者及其单位、题目、摘要、关键词、卷、期、页码、参考文献以及 ISSN 或 ISBN 号码等自由组合，实现快速、精确的检索。

图 4-7　Elsevier 高级检索界面

（3）维普全文数据库

维普中文科技期刊数据库是重庆维普资讯有限公司的产品，自 1989 年以来一直致力于报刊等信息资源的深层次开发和推广应用，收录有多种中文报纸中文期刊和外文期刊。

维普中文科技期刊数据库提供两种检索方式：初级检索及高级检索。初级检索入口位于网站首页的中央，提供了包括：题名或关键词、题名、关键词、摘要、作者、第一作者、机构、刊名、分类号、参考文献、基金等检索主题，用户可根据需要进行文献检索，检索界面如图 4-8 所示。高级检索可以进行功能更强、灵活度更大的检索，检索到的结果还可通过限定检索条件条件进行二次检索，进一步提高检索的准确性，检索界面如图 4-9 所示。

图 4-8　维普简单检索界面

图 4-9　维普高级检索界面

（4）IEEE 全文数据库

IEEE/IEE Electronic Library 数据库提供 1988 年以来美国电气电子工程师学会和英国电

气工程师学会出版的120多种期刊、600多种会议录、近900种标准的全文信息，包括很多材料在电子领域应用方面的论文。用户可以通过快速检索（图4-10）、高级检索（图4-11）等方式，浏览、下载或打印所需文献的全文信息。

图4-10　IEEE快速检索界面

图4-11　IEEE高级检索界面

其他的全文数据库包括：

① Springer Link：http：//lib. xsyu. edu. cn/info/1015/1044. htm

② Academic Press 电子期刊全文库：http：//www. idealibrary. com/

③ Science Online：http：//china. sciencemag. org/

④ Kluwer Online Journals：http：//Kluwer. calis. edu. cn/

⑤ Wiley Interscience：http：//www3. interscience. wiley. com/journalfinder. html

⑥ 英国皇家物理学会电子期刊：http：//di. iop. org/

⑦ GALE：http：//infotrac. galegroup. coml

⑧ Blackwell 电子期刊：http：//www. blackwell-synergy. com/

4.2.3.2　索引数据库

（1）美国工程索引（EI）数据库

美国工程索引（The Engineering Index，简称EI），在全世界学术界、信息界中享有盛誉，也是历史最为悠久的一部大型综合性检索工具。EI是一种文摘刊物，文摘比较简短，一般仅指明文章的目的、方法、结果和应用等方面，不涉及具体的技术细节。文摘条目按其内容分别编排在有关标题词下，标题词按字母顺序排列。EI报道的文献资料是经过有关专家精选的，具有较高的参考价值，是世界各国工程技术人员、研究人员经常使用的检索工具之一。EI所报道的文献，学科覆盖面很广，涉及工程技术各方面的领域，也包括大量材料科与工程方面的文献，但不收纯理论性的基础学科文献和专利文献。收录的文摘要摘自世界各国的科技期刊和会议文献，少量摘自图书、科技报告、学位论文和政府出版物。EI

Compendex Web 是 EI 的网络版，是 EI Inc. 近年推出的以万维网为基础的综合信息服务，是 EI Village 的核心数据库。内容包括原来光盘版和后来扩展的部分。该数据库侧重提供应用科学和工程领域的文摘索引信息，数据来源于 5100 种工程类期刊、会议论文和技术报告；内容更新及时，有利于科技人员了解世界上最新的科研信息，对于课题查新和论文查引查收，更具有权威性和时效性。目前国内多所高校都已购买了其网上使用权，在校园网的有效 IP 地址范围内就可以通过校园网进行信息检索。

EI 的检索方式有：快速检索、专业检索、分类检索、作者检索、研究机构检索以及工程研究公报检索，如图 4-12 所示。用户可根据需要选择合适的检索方式进行文献检索。

图 4-12　EI 检索方式

（2）科学引文索引数据库（SCI）

科学引文索引数据库 SCI（Science Citation Index）收录了自然科学、工程技术、生物医学等 150 多个学科领域内的核心期刊 5800 多种，是最权威的科学技术文献的索引工具。ISI 推出了引文索引数据库 ISI Web of Science，将引文索引与 WWW 相结合，获得了用户的普遍好评，已经成为世界各国政府、高校、研究机构在科技信息资源建设领域最重要的战略资源之一。

Web of Science 提供基本检索和高级检索，检索界面分别如图 4-13 和图 4-14 所示。其中，高级检索也是用布尔逻辑算符来确定检索词之间的关系，从而进行更精确的检索。用户可根据需要进行相应的文献检索。

图 4-13　Web of Science 基本检索界面

图 4-14　Web of Science 高级检索界面

参 考 文 献

［1］许鑫华，叶卫平．计算机在材料科学中的应用［M］．北京：机械工业出版社，2014.

［2］杨明波．计算机在材料科学与工程中的应用［M］．北京：化学工业出版社，2008.

［3］张朝晖．计算机在材料科学与工程中的应用［M］．长沙：中南大学出版社，2008.

［4］乔宁．材料科学中的计算机应用［M］．北京：中国纺织出版社，2007.

［5］占海明．MATLAB 数值计算实战［M］．北京：机械工业出版社，2017.

［6］王正林，龚纯，何倩．精通 MATLAB 科学计算（第 2 版）［M］．北京：电子工业出版社，2009.

［7］丁毓峰．MATLAB 从入门到精通［M］．北京：化学工业出版社，2011.

［8］周品，何正风．MATLAB 数值分析［M］．北京：机械工业出版社，2009.

［9］刘德胜．Word Excel PPT 高效办公应用从入门到精通［M］．北京：中国商业出版社，2020.

［10］周剑平．Origin 实用教程（7. 5 版）［M］．西安：西安交通大学出版社，2007.

［11］W. Tsang, J. Chem. Phys. 42（1965）1805.

［12］P. Flubacher, A. J. Leadbetter, J. A. Morrison, Phil. Mag. 4（1959）273－294.

［13］V. J. Minkiewicz, G. Shirane, R. Nathans, Phys. Rev. 162（1967）528－531.

［14］S. P. Gao, C. J. Pickard, M. C. Payne, J. Zhu, J. Yuan, Phys. Rev. B, 77（2008）115122.

［15］Jaouen et al. , Microsc. Microanal. Microstruct. , 6（1995）127.

［16］Baker, J. J. Comput. Chem. 13（1992）240.

［17］J. P. Perdew, Y. Wang, Phys. Rev. B, 45（1992）13244.

［18］J. P. Perdew, K. Burke, M. Ernzerhof, Phys. Rev. Lett. , 77（1996）3865.

［19］B. Delley, J. Chem. Phys. 113（2000）7756－7764.

［20］S. Grimme, J. Comput. Chem. 27（2010）1787－1799.

［21］X. G. Luo, E. Zurek, J. Phys. Chem. C 120（2015）11770.

［22］J. Paiera, M. Marsman, K. Hummer, G. Kresse, J. Chem. Phys. 124（2006）154709.

［23］B. Delley, Phys. Rev. B 66（2002）155125.

［24］D. J. Pack, H. J. Monkhorst, Phys. Rev. B 16（1977）1748－1749.